THINK
新思

新 一 代 人 的 思 想

气候变迁与文明兴衰

与

Climate Chaos

Lessons on Survival from Our Ancestors

文明兴衰

人类三万年的生存经验

[英] 布莱恩·费根 [英] 纳迪亚·杜拉尼————著

欧阳瑾 黄春燕————译

by

Brian Fagan
Nadia Durrani

中信出版集团 | 北京

图书在版编目（CIP）数据

气候变迁与文明兴衰：人类三万年的生存经验 /
（英）布莱恩·费根，（英）纳迪亚·杜拉尼著；欧阳瑾，
黄春燕译 . -- 北京：中信出版社 , 2022.7
　书名原文：Climate Chaos: Lessons on Survival
from Our Ancestors
　ISBN 978-7-5217-4332-6

　Ⅰ . ①气 … Ⅱ . ①布 … ②纳 … ③欧 … ④黄 … Ⅲ .
①气候变化－关系－人类生存－研究 Ⅳ . ① Q988

　中国版本图书馆 CIP 数据核字（2022）第 073147 号

气候变迁与文明兴衰——人类三万年的生存经验
著者：　　　［英］布莱恩·费根　［英］纳迪亚·杜拉尼
译者：　　　欧阳瑾　黄春燕
出版发行：中信出版集团股份有限公司
　　　　　（北京市朝阳区惠新东街甲 4 号富盛大厦 2 座　邮编　100029）
承印者：　　北京盛通印刷股份有限公司

开本：880mm×1230mm　1/32　　印张：14　　　　字数：296 千字
版次：2022 年 7 月第 1 版　　　　　印次：2022 年 7 月第 1 次印刷
京权图字：01-2021-3637　　　　　　审图号：GS（2022）3360 号
书号：ISBN 978-7-5217-4332-6

定价：78.00 元

谨以此书，

献给迈克尔·麦考密克（Michael McCormick）

感谢他的不吝鼓励与金玉良言。

在"对人类与自然之过去进行跨学科协同探究的黎明时代"，

此人堪称杰出之典范。

目　录

前 言

　　上埃及的尼肯（Nekhen），公元前2180年前后。在饱受异见和饥荒困扰的埃及，安赫提菲（Ankhtifi）是一个权势熏天的角色。他身为州长，属于地方行政长官，至少在理论上算是法老的臣属；可实际上呢，他却是全国最有影响力的人物之一。此人在庄重严肃的队伍中，由全副武装的守卫簇拥着，走向太阳神阿蒙（Amun）的神庙。他身穿一袭白袍，头上的假发整整齐齐，脖子上挂着几串由次等宝石串成的项链。这位贵族大人沐浴着明亮的阳光，毫不左顾右盼，似乎对聚集于路边的一群群沉默而饥饿的民众视而不见。他手持自己那根长长的官杖和一根仪式用的权杖，腰间则系着一条装饰华丽且打着结的腰带。士兵们的目光来回扫视，提防着矛和刀。百姓们全都饥肠辘辘；他们所得的口粮少得可怜，偷盗与轻微暴力的现象正在日益增加。号角响起，这位大人物走进了神庙，太阳神就在那座阴暗的神殿里等着他。州长向太阳神阿蒙献祭，祈祷来一场充沛的洪水以缓解近年的灾情时，全场一片寂静。

这种情况已经持续了数代之久，连许多的当地农民也记不清了。在尼罗河的下游，祭司们多日来都在观察洪水的情况，在河岸边的台阶上标出洪水的上涨位置。其中有些祭司摇了摇头，因为他们感觉到，洪水的流速正在变缓。不过，大家还是满怀希望，因为他们相信，众神掌管着这条河流，掌管着来自遥远上游且滋养了这里的洪水。安赫提菲是一位强悍直率的领导人，用铁腕手段统治着子民。他定量配给食物，控制人们的流动，封锁了治下之州的边界；只不过，这个能干而又魄力非凡的人心中也深知，他和子民都任凭众神摆布。向来如此。

安赫提菲及其同时代人所处的埃及世界，位于尼罗河流域。他生活在一个动荡不安的时代，当时的埃及深受河水泛滥与饥饿的困扰，这两个方面都威胁到了国家的生存；这一点，与我们如今这个世界并无太大的不同。只不过，我们这个时代的气候风险是全球性的，其严重性也史无前例。从政治家和宗教领袖到基层活动家和科学家，有无数人士都已强调，人类的未来岌岌可危。许多专家则提醒说，我们还有机会来纠正人类的前进路线，避免可能出现灭绝的命运。的确如此，只是我们在很大程度上已经忘记，我们其实继承了人类与气候变化方面的巨大遗产。

人们普遍认为，古代人类应对气候变化的经验，与当今这个工业化的世界无关。完全不是这样的。我们不一定要直接学习过去的做法。但是，通过多年的考古研究，我们已经更深入地了解了自身；无论是作为个体还是作为一个社会，都是如此。而且，我们也开始更加理解长期适应气候变化带来的种种挑战。

遗憾的是，如今我们对碳形成的化石燃料的依赖程度几乎没有降低。2020年肆虐美国西部的灾难性森林火灾提供了有力的证据，说明了人类导致的气候变化所带来的威胁。持续变暖，飓风与其他一些极端天气事件更加频发，海平面上升，史无前例的干旱，屡创纪录的气温……种种威胁，似乎不胜枚举。基础性科学研究的浪潮已经确凿无疑地证明，我们人类就是造成大气中碳含量升高和全球变暖的罪魁祸首。

尽管有了这种研究，但许多否认气候变化的人（通常会获得他们捍卫的产业提供的资助）却声称，如今的全球变暖、海平面上升以及极端气候事件的日益频发，都属于事物的自然循环中的一部分。这些"怀疑论者"花费大笔的资金，精心策划一些具有误导性的运动，甚至是炮制出一些阴谋论来诋毁科学。他们言之凿凿，以至于很大一部分美国公民认为他们说的是真话。不过，他们又是根据什么来得出这种结论的呢？在这里我们最关注的是，对于人类在过去的3万年里应对气候变化的情况，我们的认识取得了巨大的进步。以前的人们，是如何应对天气与气候中的这些不确定因素的呢？他们采取的措施，哪些有效，哪些又无效呢？我们能从他们的生活中吸取什么样的教训，来指导我们自己和未来的决策呢？否认气候变化者的主张，在这些讨论中都没有立足之地。

哪怕是在25年之前，我们也还不可能讲清这些问题。在所有的历史学中，考古学的独特之处就在于，它能够研究人类社会在极其漫长的时期里发展和演变的情况。考古学家的历史视角可以回溯的时期，要比美国《独立宣言》发表的时候和古罗马帝国时代久远得多。与人类600万年的历史相比，约5 100年有文字记载的历史不过是一眨眼儿的工夫。在本书中，我们会把透视历史的"望远镜"的焦点集中于这段漫长历史中的一个部分，即从最近一次"大冰期"*处于巅峰状态时的顶点到现代这3万年间的人类和气候变化上；这一时期，也是人类社会一个显著的变革期。古气候学领域里的一场重大革命，最终改变了我们对古代气候的认知。其中的大部分研究都具有高度的专业性和技术性，并且发展迅猛，每周都有重要的论文问世。掌握这门知识是一项艰巨的任务，几乎引不起外行的兴趣。但是，我们并没有一头扎进大量的科学细节中去，而是先撰写了一篇关于气候学的"绪论"，作为本书的开篇。这样做，是想概述一些重大的气候现象（比如厄尔尼诺现象和北大西洋涛动），以及人们在研究古代气候时运用得最广泛的方法，它们既可以是直接的，也可以是利用所谓的"替代指标"（proxy）、较为间接的方法。由于本书内容是以考古与历史为主，故我们认为最好是对这些主题分别进行讨论，以免偏离叙述的主要方向。

有史以来头一次，我们这些考古学家与历史学家能够真正开

---

* 大冰期（Ice Age）指地质史上气候寒冷、冰川广布的时期，大冰期中又可分为相对寒冷的冰期（glacial period）与相对温暖的间冰期（interglacial period）。小冰期（Little Ice Age）则一般特指距今最近的一次寒冷时期，始于约1250年，终于约1850年。——编者注

始讲述古代气候变化的情况了。我们认为，过去的人类如何适应长期性与短期性气候变化所带来的影响，与如今人类导致的（即人为的）全球变暖问题之间，具有直接的相关性。为什么呢？因为我们可以吸取过去的经验教训，即我们的祖先是如何应对或者没有应对好气候变化带来的种种困难的。诚如天体物理学家卡尔·萨根在1980年所言："唯有了解过去，方能理解未来。"

《气候变迁与文明兴衰》一书不但吸收了最新的古气候学研究成果，而且借鉴了一些新的、经常具有高度创新性的研究成果，它们涵盖了人文学科与人类科学，范围广泛，其中包括人类学、考古学、生态学与环境史学。我们还会为您提供那些在过去20年里对人类行为与古气候之间的关系进行了深入研究的人所做的贡献；他们的研究成果，常常都深藏于专业期刊与大学图书馆里。我们搜集了这些资料，以便生动地将过去人类对气候事件所做的反应再现出来。

长达 3 万年的故事

本书并非一部论述古代气候变化的科学教科书，而是一个关于我们的祖先如何适应各种大小变化的故事。气候变化这门科学，则只是我们在本书中讲述的人类故事逐渐展开时的背景；它们讲述的是过去的人，即构成了各种不同社会的个人——无论他们身为猎人和觅食者、农民和牧民，还是生活在工业化之前各个文明中的人。这些故事，跨越了万千年历史，发生于政府机构、天气预报、全球模型、卫星，以及我们如今认为理所当然的任何一项技术出现之前（参见下文中的"15 000年前至今的重大气候与历史事件年代表"）。

我们的故事始于"大冰期"末期，距今大约3万年。我们理当如此，因为此后的数千年里，人类一直采用服装、技术和各种风险管理策略去适应极端的寒冷。"大冰期"的艺术，尤其是洞穴壁画有力地证明了历史上人类与自然界之间的复杂关系；这种关系尽管有着不同的形式，却一直延续到了现代世界。"末次盛冰期"（last glacial maximum）在大约18 000年前达到了巅峰，接着出现了一段漫长而没有规律的全球自然变暖期。"大冰期"晚期人类的适应技能，就成了15 000年前之后那些后来者面对快速变化和不断变暖的世界时一种充满活力的遗产。我们很快就会发现气候变化的一种现实，那就是气候变化反复无常。它环绕着人类的方方面面，在寒冷与温暖的循环、降雨与洪水的循环、长期与短期的严酷干旱的循环，以及偶尔由大型火山喷发引起的气候变化中消长交替。

本书前三章讲述的是大约15 000年前"大冰期"结束到公元1千纪之间的情况。这是一个非常重要的时期，其间出现了从狩猎与采集到农业与畜牧业的转变，随后不久又兴起了工业化之前的第一批城市文明。直觉与社会记忆，对自给农业的成功发挥了至关重要的作用；在这种农业中，经验与对本地环境的深入了解始终都是风险管理和适应能力当中一个利害攸关的组成部分。然而，日益复杂和产生了等级分层的社会不但很快出现了严重的社会不平等现象，而且越来越容易受到气候快速变化的影响。通过将大量人口迁入城市，并且让城市人口依赖于国家配给的口粮，统治者又反过来开始严重依赖于城市腹地的粮食盈余，以及由政治精英阶层掌控的集约化农业。随着罗马与君士坦丁堡这些城市的发展，它们开始严重依赖于从埃及和北非其他地区等遥远之地进口的粮食，风险也日益增加了。这些城市还越来越容易暴发流行性的瘟疫，比如公元541年那场灾难性的"查士丁尼瘟疫"*。

第四章至第十章讲述的，则是公元1千纪，直到罗马帝国终结、伊斯兰教在中东地区崛起，以及中美洲的玛雅文明达到鼎盛时期的情况。在此期间，人们对气候的记录变得精细多了。我们会再次看到，工业化之前那些复杂的中央集权国家变得日益脆弱，有时这会导致灾难性的后果。在柬埔寨的吴哥窟复杂的供水系统受到压力之后，这座伟大的城市便土崩瓦解了。从安第斯山脉南部的冰盖与湖泊中开采出来的岩芯，记录了1 000多年前玻利维亚和秘鲁高原上的蒂亚瓦纳科与瓦里这两个国家的崛起与崩溃（这个词，用在此处恰如其分）。强季风和弱季风，则要么是

---

* 查士丁尼瘟疫（Justinian Plague），公元541年到542年间拜占庭帝国皇帝查士丁尼在位时暴发的一场流行性鼠疫。它不但是地中海地区暴发的首场大规模鼠疫，肆虐了近半个世纪，还对拜占庭帝国造成了致命打击，最终导致东罗马帝国走向崩溃。据估计，这场瘟疫总共导致近1亿人丧命，与"雅典鼠疫"、中世纪的"黑死病"等并称人类历史上八大最严重的瘟疫。——译者注

对东南亚与南亚诸文明发挥着支撑作用，要么是危及了这些文明，并且对非洲南部那些变化无常的王国产生了影响。

这七章里，描述了工业化之前各种不同文明的情况，对古代的气候变化进行了重要的概述。长期或短期的气候变化，从来就不曾"导致"一种古代文明崩溃。更准确地说，在那些专制的领导阶层为僵化的意识形态所束缚的社会里，它们是在生态、经济、政治和社会脆弱性方面助长危险程度的一个主要因素。您不妨想一想，把一颗鹅卵石扔进一口平静的池塘里，涟漪从撞击点向外一圈圈地辐射开去的情形。气候变化所激起的"涟漪"，就是一些经济因素与其他因素；它们会结合起来，撕裂繁荣发展的国家看似平静的表面。

接下来，我们将进入大家更加熟悉的、过去1 300年间的气候学和历史领域，其中就包括了"中世纪气候异常期"（Medieval Climate Anomaly）与"小冰期"这种气候变化无常的情况；在第十一章至第十四章里，我们将加以论述。同样，我们的论述视角是全球性的，关注的是气候变化对一些重大事件的影响，比如欧洲1315年至1321年的"大饥荒"和1346年的黑死病，以及太阳黑子活动减少的影响，其中包括了1645年至1715年间那段著名的"蒙德极小期"（Maunder Minimum）。我们将描述寒冷对北美詹姆斯敦殖民者的影响，美国西南部的古普韦布洛印第安人如何适应漫长的特大干旱期，以及气候如何促进了尼德兰地区所谓的"黄金时代"，那里的精明商人和水手曾经利用寒冷天气造成的盛行东风远洋航行。第十四章里还会描述1816年那个有名的"无夏之年";它是前一年的坦博拉火山爆发造成的,而那次火山爆发还带来了全球性的影响,导致了严重的饥荒。最后,我们还谈到了始于19世纪晚期、由日益严重的工业污染导致的全球变暖问题。

这是一场很有意思的历史之旅,但这一切对我们来说又意味着什么呢?第十五章里会强调指出,人类过去应对长期性和短期性气候变化所积累下来的经验,对于我们如今应对史无前例的人为变暖至关重要。在这一章里,我们会仔细列举出今昔之间的差异,尤其是今昔气候问题的规模差异。各种各样的书籍中,对气候"末日"(Armageddon)的预言比比皆是,以至于它们听上去常常像是现代版的《圣经·启示录》,带有"末日四骑士"。相比而言,我们认为,无论是古时的传统社会,还是如今仍在兴旺发展的传统社会,都有许多重要的教训可供我们去吸取。例如,我们应对气候变化的方法中,必须包括长期规划和财政管理两个方面,可古人却不知道这一点,只有安第斯地区的社会除外,因为他们了解长期干旱的种种现实。我们已经知道,就算是到了今天,许多方面也是既取决于我们对具有威胁性的气候变化做出**地方性**反应,也取决于以过去不可想象的规模进行国际合作。

来自过去的礼物

在适应气候变化方面,古人给我们留下了许多宝贵的教训。

但首先来看，最基本的一点就在于：与祖先一样，我们属于人类；我们继承了与前人相同的前瞻性思维、规划、创新以及合作等优秀品质。我们是智人，而这些品质也始终帮助我们适应着气候变化。它们都是宝贵的经验遗产。

来自过去的第二件礼物，是一种持久不衰的提醒：亲族纽带与人类天生的合作能力是两种宝贵的资本，即便在人口稠密的大都市里也是如此。我们只需看一看美国西南部古时或者现代的普韦布洛社会就能认识到：亲情、彼此之间的义务以及一些打破孤立的机制，仍然是人类社会面临压力之时一种必不可少的黏合剂。如今，在各种各样的社会群体（无论是教会，还是俱乐部）中，我们仍能看到那些相同的关系。亲族关系是一种应对机制。分散和人口流动两种策略也是如此；数千年的时间里，它们都是人类应对干旱或者突如其来的洪水所造成的破坏时极具适应性的方法。非自愿移民这种形式的人口流动，如今仍然是人类面对气候变化时的一种重要反应；看一看成千上万从非洲东北部的干旱中逃离的人，或者试图向北迁移到美国去的人，您就会明白这一点。如今，我们经常会说到生态难民。但我们见证的，实际上就是古时人口流动的生存策略，只不过其规模真正庞大而已。

教训还不止于此。过去的社会与其生活环境联系得很紧密。他们从来没有得益于科学的天气预报，更不用说得益于电脑模型，甚至是得益于如今可供我们利用的众多替代指标中的某一种了。古巴比伦人与包括中世纪的天文学家在内的其他一些人，都曾探究过天体的奥秘，却无一成功。直到 19 世纪，连最专业的天气预报也只涉及一些局部的天气现象，比如云的形成或者气温的突然变化。农民与城市居民一样，靠的都是历经一代又一代习得的一些细微的环境提示，比如浓云密布预示着飓风即将到来。同样，渔民和水手也能看出强风暴到来之前海洋涌浪方面的细微变化。过去的经验提醒我们，适应气候变化的措施往往是人们根据地方性的经验与理解而采取的地方性举措。这种适应措施，无论是修建防海堤、将房屋搬到高处还是共同应对灾难性的洪水，靠的都是地方性的经验与环境知识。小村庄也好，大城市也罢，古时的大多数社会都很清楚，他们受到气候力量的制约，而非掌控着气候力量。

回顾过去数千年间的情况，我们就可以看出祖先们面临的气候变化挑战的一般类别。像秘鲁沿海异常强大的厄尔尼诺现象，以及大规模火山喷发带来的破坏性火山灰云毁掉庄稼之类的灾难性事件，虽说持续时间很短，却会让人们苦不堪言，有时还会造成重大损失和伤亡。但是，一旦这种事件结束，气候条件就会恢复正常，受害者也会康复。它们的影响一般是短期性的，且会很快结束，常常不会超过一个人的一生之久。从此类气候打击中恢复过来，需要合作、紧密联系和强有力的领导：这一点，就是过去留给我们的一种永久性遗产。

在规模很小的社会中，领导责任落在部族首领和长者的身上，落在经验丰富、个人魅力能够让别人产生忠诚感的人身上。这一点，在很大程度上依赖于亲族同胞之间的相互义务，同时也有赖于领导人掌控和统筹粮食盈余的能力。

气候事件与短期的气候变化并不是一回事：一场漫长且周而复始的干旱，长达10年的多雨，或者持久不退、毁掉作物的洪水，都属于气候事件。过去许多自给自足的农业社会，比如秘鲁沿海的莫切人和奇穆人，就非常清楚长期干旱带来的危害。他们依靠安第斯地区的山间径流，来滋养沙漠河谷中精心设计出来、朝太平洋而去的灌溉设施。莫切人与奇穆人的饮食，在很大程度上也依赖沿海地区丰富的鳀鱼渔场；他们靠着精心维护的灌溉沟渠，在一个滴水如油的环境里对水源供应进行分配。他们的韧性，取决于在有权有势的酋长监督下以社区为基础的供水系统管理。

过去5 000年中，工业化之前的诸文明都是在社会不平等的基础上发展起来的，这一点并非巧合，因为社会维护的就是少数人的利益。一切都有赖于精心获取并加以维持的粮食盈余，因为像古埃及与东南亚的高棉文明这样的社会，都是用分配的口粮来供养贵族和平民的。在土地上生活和劳作的乡村农民，可以靠一些不那么受人欢迎的作物，或许还有野生的植物性食物，熬过短期性的干旱。他们有可能挨饿，但生活还是会继续下去。不过，旷日持久的干旱循环，比如公元前2200年到公元前1900年那场著名的特大干旱，就是另一回事了；这场大旱，通常被称为"4.2 ka事件"，曾经蔓延到了地中海东部和南亚地区。面对这种干旱，法老们根本无法再养活手下的子民。于是，古埃及就此分裂，诸州之间开始你争我夺。干得最成功的州长们比较熟悉如何解决地方性问题，故能设法养活百姓，限制人口流动。人们不再说什么神圣的法老控制着尼罗河泛滥这样的话了。后来的诸王则在灌溉方面实行了大力投入，而古埃及也一直存续到了古罗马时期。

工业化之前的文明在很大程度上属于变化无常的实体，其兴衰速度之快令人目眩，这一点也并非巧合。它们的兴衰，很大程度上取决于统治者远距离运输粮食与基本商品的能力。尼罗河近在历代法老的眼前，而玛雅文明以及华夏文明、美索不达米亚地区的许多国家，却只能依赖人力与驮畜进行运输。从政治角度来看，这就再次说明适应气候变化是一种地方性事务，因为当时的基础设施具有严重的局限性，以至于绝大多数统治者只能牢牢掌控方圆约 100 千米的领土。解决的办法，就是进行散货水运。虽然古罗马诸皇曾用埃及和北非其他地区出产的粮食养活了成千上万的臣民，但这些偏远地区的作物歉收给古罗马带来气候危机的可能性，也增加了上百倍。

随着工业化的进步、蒸汽动力的发展以及 19 世纪到 21 世纪全球化进程的加速，较大规模社会的种种复杂性，已经让适应气候变化成为一项更具挑战性的任务。不过，未来还是有希望的；这种乐观态度，在一定程度上源自我们人类拥有抓住机遇和大规模适应气候变化的出色本领。过去的教训，也为我们提供了鼓舞人心的未来前景。

果断的领导与人类最核心的素质，即我们彼此合作的能力，就是过去在应对气候问题时的两种历史悠久的根本性策略。人性以及我们对变化与突发事件的反应，有时是完全可以预测出来的。掩埋了庞贝古城的那次火山爆发与其他灾难中，都记录了人类面对灾难性事件时的相关行为。我们属于同一个物种，有很多东西可以相互学习，可以从我们共同的过去中吸取经验教训。假如不从现在开始，那么过不了多久，人类就将不得不转而采取艰难的办法，因为最终的现实是：有朝一日，或许就在明天，或许是几个世纪之后，人类就将面对一场超越了狭隘的民族主义，同时影响到所有的人并且像瘟疫一样严重的气候灾难。我们撰写本书旨在分析过去，帮助读者把握当下，并且借鉴古人的远见卓识，迈向未来。

作者说明

年代

所有利用"放射性碳定年法"测定的年代，都对照日历年进行了校准。本书通篇使用的，是公元前（BCE）/公元（CE）这种惯例。早于公元前10000年的年代，则以"若干年前"表示。

地名

现代的地名，采用的是当前最常用的拼写方式。在合适的地方，我们也使用了普遍公认的古代拼法。

度量衡

本书中所有的度量衡都采用公制，因为公制如今已是一种通用的科学惯例。

地图

在有些例子当中，地图上略掉了一些并不知名或者并不重要的地点，以及位于现代城市之内或者紧挨着现代城市的地点。

年代表

下文列有一份概括性的年代表。考虑到本书所述内容的时间跨度很大，有时不免会在世纪与千纪之间突然切换，故每一章的标题和章节中的许多小标题里也给出了年代信息。

15 000 年前至今的重大气候与历史事件年代表

本表列出了"大冰期"以来的一些重大气候事件与文化发展。我们并未试图做到面面俱到。其中的重大气候事件用黑体标注。公元前 10000 年以前的年代，则列为"若干年前"。

公元

2020	**人为造成的气候变暖仍在持续。**
1875—1877	印度与中国华北出现严重的干旱。有数百万人死亡。
约 1850	**随着碳排放量剧增，人为变暖日益严重。"小冰期"逐渐结束。**
1817—19 世纪 30 年代	严重的霍乱疫情，导致了成千上万人丧生。
1816	"无夏之年"，火山爆发导致气候寒冷。 玛丽·雪莱创作《弗兰肯斯坦》。
1815	坦博拉火山爆发。
约 1760	所谓的"工业革命"开始。

1645—1715	**"蒙德极小期"。**
1607	詹姆斯敦建立。1606 年至 1612 年间的干旱，造成了严重损失。
1602	荷兰东印度公司成立。
1600	秘鲁的于埃纳普蒂纳火山（Mount Huaynaputina）喷发。
17 世纪	阿拉斯加的努纳勒克（Nunalleq）有人定居。
1590	法国国王亨利四世围攻信奉天主教的巴黎。
1584—1586	罗阿诺克岛有人定居，后来又被废弃。
1565	美国佛罗里达州的圣奥古斯丁建立。
16 世纪 60 年代—1620	**"格林德沃波动期"（Grindelwald Fluctuation）。**
1458	位于西南太平洋瓦努阿图的库维火山（Mount Kuwae）喷发。
1453	东罗马帝国被奥斯曼土耳其人打败。
约 1450	诺曼人遗弃了格陵兰岛上的定居点。
1450—1530	**"斯波勒极小期"（Spörer Minimum）导致了气候寒冷。**
1431	吴哥（高棉）文明崩溃。
1346—1353	黑死病导致了数百万人死亡。
1315—1321	欧洲的大饥荒夺走了上百万人的性命。
约 1300—1450	非洲南部的大津巴布韦处于其实力鼎盛期。
约 1250	**"小冰期"开始。**
1220—1448	统治着尤卡坦半岛北部的玛雅潘王国处于鼎盛期。
约 1220—1310	马蓬古布韦（Mapungubwe）王国在非洲南部处于鼎盛期。
约 1200	**"中世纪气候异常期"开始逐渐结束。**
1113—1150	东南亚的吴哥窟兴建，此后又兴建了吴哥城。
约 1050—1350	美国密西西比河流域的卡霍基亚成了

气候变迁与文明兴衰

	一个主要的政治和宗教中心。
约 1017	斯里兰卡的阿努拉德普勒王国解体。
约 1000	诺曼人在纽芬兰建立了兰塞奥兹牧草地这个基地。
约 950	**"中世纪气候异常期"开始。**
850—约 1470	秘鲁北部沿海的奇穆王国繁荣发展起来。
800—1130	查科峡谷成为美国西南部一个主要的宗教中心。
750—950	至少有 8 次大规模的火山喷发，对区域性气候产生了影响。
约 550—1000	蒂亚瓦纳科统治着安第斯高原。
541	"查士丁尼瘟疫"在埃及暴发，并且蔓延到了整个罗马帝国。
536	冰岛出现严重的火山爆发。
450—约 700	**"古小冰期晚期"。**
405—410	西罗马帝国开始解体。
330	君士坦丁堡建立，成为古罗马的国都。
250—约 900	古典玛雅文明在中美洲繁荣发展起来。
166	罗马暴发"安东尼瘟疫"（Antonine Plague）。
约 100	第一批自给农民抵达非洲的赞比西河以南。
约 100—800	莫切国在秘鲁北部沿海地区日益繁盛。

公元前

30	屋大维将埃及并入罗马。
约 200—公元 150	**"罗马气候最宜期"（Roman Climatic Optimum）。**
377	斯里兰卡的阿努拉德普勒建立。
912—610	新亚述文明统治着亚洲西南部的大部

	分地区。
1000—400	玛雅农民迁徙到了尤卡坦半岛上的低地。
1472/1471	哈特谢普苏特女王远征蓬特。
2200—1900	**"4.2 ka 事件"（特大干旱）。**
	干旱席卷了整个美索不达米亚。
	直到公元前2060年，埃及境内都动荡不安。
约2500	埃及兴建吉萨金字塔群。
2600—1700	印度河流域诸城繁荣发展起来。
2334—2218	阿卡德文明统治着美索不达米亚。
约2900—2300	美索不达米亚地区的苏美尔文明。
3100	埃及统一了上埃及与下埃及。
3000—1800	卡拉尔（Caral）在秘鲁沿海地区蓬勃发展。
3500	乌鲁克在美索不达米亚地区获得了统治地位。
6200—5800	严重干旱影响到了中东的大部分地区。
约6200	**多格兰*最终被淹没。**
7400—5700	土耳其一个重要的农业与贸易社会加泰土丘开始脱颖而出。
约9000	阿布胡赖拉与中东北部的其他地区开始兴起农业与畜牧业。
约11 000	狩猎兼采集部落开始在叙利亚的阿布胡赖拉定居下来。
约11 650（即13 650年之前）	**全新世开始。**
约13 000（即15 000年之前）	美洲出现第一个定居地。
约18 000（即20 000年之前）	**自然性的全球变暖开始。**

---

* 多格兰（Doggerland），如今欧洲北海中的一块"失落之地"，位于英格兰、荷兰和丹麦之间，亦译"道格兰"。——译者注

开始之前

冰与火的时代，以及更多

就在我们撰写本书之时，快速蔓延的森林大火已经席卷了美国加州的大部分地区。迄今为止，过火土地的面积已超过 160 万公顷，有大大小小几十处火场失去了控制，有时还会连成一片，形成规模更大的火灾。浓密的灰云飘散到了遥远之地，造成了严重的空气污染，威胁着人们的健康。由于温度较高，故火势不可能再在一夜之间得到控制。北加州的"北方综合大火"（North Complex Fire），过火面积**在一夜之间**扩大了 40 468 公顷。自 1972 年以来，加州每年被火灾焚毁的土地面积已经增加了 4 倍。来自美国和世界各地的 14 000 多名消防员，一直都在奋力灭火。成千上万的民众被疏散，数百座房屋在大火中付之一炬。气温已经上升；降雨已经减少，并且变得难以预测；在人们常常难以到达的地方，植被变得更加干燥；山区的积雪，正在消失。该州有不少于 30% 的人口生活在可能发生森林火灾的地区；至于原因，部分在于一些不恰当的土地利用政策助长了城市的扩张。越来越多的人，正在火灾风险很高的地区建造或者重建房屋。由于人们重新栽种的植被品种很单一，故森林管理的力度也在减弱。当局几乎也没有采取什么措施，去鼓励民众远离危险。加州人与俄勒冈人面临的，似乎正是日益变化无常、具有毁灭性且由人为导致的气候变化的后果，即看上去无法控制的火灾。

这可并非人类在历史上第一次面临环境灾难，无论是洪水、干旱还是肆虐的火灾。只不过，这一次却有所不同。这一次，气候导致的灾难是近期我们自身一些活动带来的直接后果。有些人在问，我们究竟能不能适应气温极端和毁灭性火灾频发的新现实。那些人口密集的地区，极其容易为肆虐的火灾所害；这种火灾由雷击引发，猛烈的下坡风则会将火星吹到数千米之外，在短短的几分钟里就会让整个社区陷入火海。我们是否注定要灭绝，或者被迫疏散到更安全的环境里去呢？还是说，我们终将适应很大程度上是由我们自身造成的、种种更加危险的新状况？直到如今，我们才开始严肃地面对这些问题。

本书论述的，就是人类适应各种气候变化的举措。古代社会曾经成功地适应了一些突如其来、时间短暂的事件，比如遥远的火山喷发带来的火山灰云，或者持续数年的干旱。我们的祖先还适应了较为长期的气候波动，比如海平面上升、数个世纪之久的干旱周期，以及间隔性的多年低温。总的来说，我们拥有的合作、互助以及有效管理风险的能力，都发挥了有益的作用。尽管付出的代价常常很大，但历史记录有力地表明，我们终究会挺过这场最新的环境灾难。我们终将通过短期适应和一些长期性的措施，经过艰苦的辩论，对整个社会和我们的生活方式做出永久性的改变，有时还会付出高昂的代价才能实现这一目标。

幸好，过去的半个世纪，已经见证了研究古代气候的古气候学领域里发生了一场革命。19世纪末和20世纪初，少数天才科学家做出的大胆而具有开拓性的努力，如今已变成科学领域里的重大任务。近年来，论述古代气候的专业文献，有如雨后春笋一般纷纷涌现出来。差不多每周都有重要的论文发表，连气候学家们自己也几乎跟不上文献资料问世的步伐了。像我们这些不是气候学家的人（我们是考古学家），有时更是会对与时俱进失去信心。就算只是适度涉猎一下学术资料，有时甚至只是浏览一下更普通的文献，也会让人对一系列的术语和首字母缩写感到眼花缭乱；其中，"恩索"（厄尔尼诺现象和南方涛动的合称，略作ENSO）也许就是最常见的一个。

我们撰写本书的目的，**并不是要深入探究全球气候学或者古气候学当中种种令人望而生畏的复杂之处**；这两个领域，本身都是自成一体的编年史。相反，我们是利用最新的信息，讲述过去之人及其与不断变化的气候之间的关系，从古代一直讲到最近；要知道，研究漫长的年代学，正是考古学家之所长。在探究古代的气候变化情况时，我们发现，本书各章中所述的种种气候变化背后，隐藏着许多重要的力量。其中包括人们熟悉的一些现象，比如厄尔尼诺现象与拉尼娜现象、"大冰期"、特大干旱，以及季风。我们在本绪论中，将对气候变化中的这些重要因素和其他一些方面加以说明。我们还会说明一些"替代指标"，即可以揭示古代气候变化情况的间接方法。至于本绪论中余下的内容，假如您愿意的话，不妨像伟大的幽默作家 P.G. 沃德豪斯那个令人难忘的说法一样，把它们想象成"真正开怀畅饮之前的小酌"。如果您并不熟悉其中的一些气候因素，那就随着我们，先来简单地了解一下全球的气候吧。

乔治·菲兰德是一位地球科学家兼研究厄尔尼诺现象的专家，他在《气温正在上升吗？》这部论述全球变暖的经典作品中，为我们的研究奠定了基础。[1] 他论述了大气与海洋之间的不对称耦合关系，称二者并非理想的一对："大气迅速而敏捷，能对来自海洋的暗示做出灵活机敏的响应，可海洋却呆板而笨拙。"这一句话，就概括出了古气候学最根本的挑战之一，即弄清楚一对并不相配的气候"巨人"是如何做到成功共舞的。这对"舞伴"当中，是谁处于主导地位？由谁来改变节奏，或者放慢节奏到几乎停顿下来的程度？这种复杂而不断变化的伙伴关系中，有诸多的细节我们还没有搞清楚。所以，在此我们只能探究一下其中的主要因素。

多种层次的替代指标

全球性的气候变化多数都具有规模宏大的特点。就在一个多世纪之前，奥地利的两位地质学家阿尔布雷希特·彭克（Albrecht Penck）和爱德华·勃吕克纳（Eduard Brückner）发现，阿尔卑斯地区至少经历了四个重大的冰期，而两个冰期之间则隔着气候温暖的间冰期。这两位地质学家研究的，是高山河谷中的冰川沉积物；只不过，如今他们的研究早已落伍了。用这四个冰期来描述"大冰期"，未免太过简单，因为"大冰期"构成了人类进化与现代人类出现在世界舞台之上的背景。如今我们知道，"大冰期"（即"更新世"）是在大约 15 000 年前的"武木冰期"（Würm glaciation）结束的。随着"大冰期"的结束，"全新世"（词源中的希腊语 holos 意为"新的"）带来了气候的自然变暖，并且朝着气候学上的现代世界稳步前进了。

我们对"大冰期"气候的认识，建立在气候变冷与变暖这种笼统的基础之上。在这个方面，我们所用的时间尺度须以千年计、以万年计。例如，我们知道上一个冰期里气候最寒冷的数千年，是在 21 000 年之前左右。但是，后来的记录极其清楚地表明，气候一直都在变化；因此，对于 30 000 年前至 15 000 年前"大冰期"中的气候，我们最终就不会根据冰川沉积物，而是根据气候替代指标来进行更加细致的描述。

所谓的替代指标，是指源于大自然的气候信息资料，比如冰川钻芯和树木年轮，它们可用于判断 19 世纪中叶首次利用仪器做出准确记录之前的变化气候条件。在西南太平洋钻取的深海岩芯，可以追溯至 78 万年之前的情况，涵盖了"大冰期"的大部分年代；它们表明，在这几千年间，至少出现了多个完整循环的冰期与间冰期。显然，"大冰期"的气候变化要比人们一度推断的剧烈得多。然后我们有了冰芯，取自格陵兰冰盖与南极冰层的深处；现在，这种冰芯为我们提供了准确得多的气候记录，其年代至少可以追溯至80万年之前的更新世。例如，我们如今得知，过去的77万年里有一个时长达10万年的周期，支配着全球从寒冷的冰期转换到气温较高的间冰期。气候变冷是一个渐进过程，而变暖的速度却要快得多。

当然，在利用如今几乎从每一个海洋中都能钻得的深海岩芯，以及从许多地方（其中包括了安第斯山脉秘鲁段的热带冰川）钻取的冰芯时，还存在许多的复杂因素。源自冰芯和海洋岩芯的替代指标正在变得越来越精确，但从考古学的角度来看，它们通常为我们提供的是"大冰期"中广泛的气候背景。大量的黄土沉积物也是如此，这些风积尘土源自"大冰期"里的冰川，常常在乌克兰和其他地区的河谷中把"大冰期"晚期的定居点掩埋起来。虽说这是一种很不错的总体视角，但在考虑人类适应气候变化的措施时，我们必须依赖一些更加精细的替代指标才行。

"洞穴沉积物"（speleothem）一词有点儿拗口，这种替代指标在气候舞台上虽然算是相对新鲜的事物，却具有极其重要的作用。钟乳石（聚积于洞穴顶上）和石笋（长在洞穴地面上）是由富含矿物质的水透过地面，滴入洞穴之后形成的。随着富含矿物质的水不停地流动，洞穴沉积物中就会形成许多有光泽的薄层。滴入洞穴的地下水越多，洞穴沉积物里形成的层次就会越厚，而滴入洞穴的地下水越少，分层也就越薄。岩溶洞穴沉积物中的层次，可以通过测量从其周围基岩溶入水中的铀含量来确定年代。这一过程中会形成一种碳酸盐，这种碳酸盐则会变成不断生长的洞穴沉积物里每一层的组成部分。铀会以世人已知的速度衰变为钍，因此我们可以确定各层的年代。这就形成了地下水位随着时间变化的一种大致记录。各种各样的因素，比如当地地下水的化学成分，都会对洞穴沉积物的生长产生影响。这就意味着，我们必须把源自一个洞穴的气候记录，与源自一个广阔地域里其他洞穴中的沉积物所记录的气候信息进行对比才行。

考虑到水中既存在重氧也存在轻氧，因此氧同位素比率就为我们提供了一种方法，可以了解降水随着时间推移而变化的情况。大雨会带来较多的轻氧，重氧则是雨水较少的标志；不同来源的水中，二者的比率也不同。对洞穴沉积物的研究，如今还处于发展阶段，但这种研究有着巨大的潜力，能为我们提供历史上的精确降雨数据；它们可能与过去的事件直接相关，比如公元10世纪玛雅低地文明的没落。在全球许多地区，重要的洞穴沉积物记录都在迅速积累起来。它们有可能成为所有气候替代指标中最有用的一种。

在"大冰期"末期的数千年里，随着海平面上升了90米左右，达到了现代海平面的高度，全球的地形地貌也发生了巨大的变化。本书第二章中描述了两个经典的例子，即曾经将西伯利亚东北部与阿拉斯加连接起来的那条沉没的大陆桥，以及多格兰直到公元前5500年左右曾将英格兰与欧洲大陆连在一起的众多沼地河流平原。在公元前 4000 年左右之前，撒哈拉沙漠曾是牧民的家园，而从钻取的岩芯与孢粉分析中我们得知，这一时期的数千年里，撒哈拉地区到处都是浅湖和半干旱草原。

我们研究过去 15 000 年间的气候变化时，开始使用更加完整的替代指标资料，比如来自北美洲和欧洲北部的孢粉记录，它们记录了全球气候变暖以来复杂的植被变化情况。第一批较精确的气候替代指标，就是来自欧洲北部沼泽与湿地的微小颗粒状孢粉化石；它们表明，"大冰期"之后那里的植被出现了巨大变化，从开阔的草原变成了桦树林，最终又变成了桦、栎混交林。此时的孢粉序列，加上木炭之类的其他源头，非但记录了欧洲西部早期农耕村庄周围不断变化的植被情况，而且记录了空地上蓬勃生长的栽培性杂草的情况。例如，人们从英格兰东北部的一个湖畔定居地获得了桦树孢粉和芦苇燃烧后形成的木炭，那里自公元前 9000 年至公元前 8500 年间就开始有人居住了；当时的人曾在春秋两季，趁着芦苇很干燥和新苗开始生长的时候反复焚烧芦苇。这种受控焚烧不但有助于植物的生长，而且可以引来觅食的动物。

人们利用树木年代学（即用古树的年轮来测定年代）的历史，差不多有一个世纪之久了。这种方法，是由对太阳黑子颇感兴趣的美国西南部的天文学家安德鲁·道格拉斯（Andrew Douglass）率先提出来的，后来，它很快演变为一种精确的测定方法，用来判断古普韦布洛遗址发掘出的横梁的年代，比如新墨西哥州查科峡谷中的"普韦布洛波尼托"（Pueblo Bonito）遗址。树木年轮是由木质与树皮之间的形成层或者生长层构成的，其中记录了特定品种的树木每年的生长情况，比如美国西南部的道格拉斯冷杉。与现存活树中的年轮序列结合起来之后，古时的树木年轮就能让我们得知一些建筑物的建造年代，比如欧洲的大教堂、美国西南部的普韦布洛村落、沉船，以及其他各种各样的建筑。它们还能为世人提供宝贵的气候信息，这种信息是通过记录夏季降雨产生的氧同位素信号提供的。现在，树木年代学可以达到惊人的精确程度了。利用来自欧洲中部的 7 000 个树木年轮序列，人们已经估算出了公元前 398 年至公元 2000 年间，每年 4 月至 6 月间这个重要的种植季与生长季的降雨量。树木年轮如今已是气候学研究的重要对象，世界许多地区都有大量年轮序列业已测定了年代。它们不但可以用于测定考古遗址的年代，还能提供非常精确的干湿降雨周期图。如今的树木年轮序列极其丰富，我们据此可以了解到严重干旱在美国西南部蔓延的情况。其中的多场干旱和其他一些气候变化，都是强大的全球性气候力量造成的。

墨西哥湾暖流

大西洋上的墨西哥湾暖流（简称湾流），是一个巨大的全球流动水体传输带中的组成部分，能够改变气候，影响人类的生活。高纬度的冷却作用与低纬度的加热作用——我们可以称之为"热力强迫"（thermal forcing）——会推动海水流向北方。大量的热量随着海水向北流动，然后升腾到北大西洋上空的极地气团中。北部的海水下沉，便形成了这条巨大的海洋传送带，将较高的气温带到了欧洲。这种加热作用，正是欧洲具有相对温暖的海洋性气候，并且盛行湿润的西风的原因。尽管其间也有所变化，但自"大冰期"以来，欧洲一直盛行这种西风。

但情况并不是始终如此。"大冰期"结束后，随着北方的广袤冰盖开始消退，一个叫作"阿加西湖"的巨大淡水湖探入了北美洲正在消退的劳伦太德冰原（Laurentide），长达11 000千米。这个淡水湖是以19世纪著名的地质学家路易斯·阿加西（Louis Agassiz）的名字命名的。一片广袤的冰原向南隆起，阻止了湖水东流，使之无法经由如今的圣劳伦斯河谷注入北大西洋。势不可当的全球变暖与日益稀少的积雪，导致这处冰原开始消退。接下来，在公元前11500年左右，这道屏障终于倒塌了。大量积聚起来的冰川融水向东奔流，涌入了大西洋。更暖的海水仿佛在向北、向东而去的湾流那温暖的水体之上形成了一个盖子，让欧洲的气候变得更加暖和。在随后长达1 000年的时间里，湾流与大西洋的水体曾经停止了循环。欧洲的气温迅速下降，斯堪的纳维亚半岛上的冰原则开始步步进遁。欧洲与中东地区变得更加干旱了。气候学家以北极苔原上的一种野花"仙女木"（*Dryas octopetala*）为名，将这桩长达1 000年的气候事件称为"新仙女木"事件（Younger Dryas），并且利用大量的放射性碳样本，测定其年代处在公元前11 500年至公元前10 600年之间。然后，湾流蓦然恢复了循环，全球开始逐渐变暖，并且一直持续至今。

"新仙女木"事件见证了人类社会发生的巨变，其中就包括中东地区开始出现农业和畜牧业（参见第二章）。接下来，基本上就是现代的气候条件开始发挥作用了。它们当中包括了没有规律却不那么旷日持久的气候变化，其持续时间要短得多。这些变化造成了不可预测的降雨和干旱，给人类社会带来了新的挑战。气候波动出现的时间，正值人口密度不断上升、定居农业变成常态的数千年。早在人为造成的全球气候变暖出现之前，人类就必须适应这些波动了。

降雨和干旱对局部地区有影响，但造成这些影响的气候因素往往源自数千千米以外的地方。大西洋上的湾流会把温暖的海水从亚热带地区输送至北极。它的作用就像是欧洲的一台空调，会让气温的波峰与波谷之间的落差趋于平缓。从长期来看，气候模型表明，湾流到 21 世纪末很可能会有所减弱，但这一点，在很大程度上取决于人类排放的温室气体量。最糟糕的情况是环流量减少 30%，只不过，这主要取决于格陵兰岛上的融冰对环流的影响程度。对此，我们迄今还没有做出什么准确的预测。

北大西洋涛动

对于欧洲地区和地中海的大部分地区而言，影响气候的主要因素就是北大西洋涛动（NAO）。它有如一座巨型的大气"跷跷板"，位于亚速尔群岛上空的永久性副热带高压和北方持久存在的副极地低压之间的海平面上；整个欧洲和地中海地区从 12 月份至次年 3 月间的气温与降水变化中，有高达 60% 的变化都是由北大西洋涛动造成的。它是北大西洋上冬季气候变化的主要因素，对从北美洲中部到欧洲，再到亚洲北部的广大地区都有影响。与厄尔尼诺现象不同（参见下文），北大西洋涛动主要是一种大气现象。

北大西洋涛动会在一种正、负指数之间波动。正指数会造成一个更强大的副热带高压中心和一个低于往常水平、以冰岛附近为中心的副极地低压。这就意味着，更强大和更频繁的冬季风暴会沿着一条较为靠北的路径越过大西洋。于是，欧洲的冬季会变得暖和、湿润，但加拿大北部与格陵兰岛在相同的月份里却气候干燥。美国东海岸的冬季，气候也会温和而湿润。北大西洋涛动若为正指数，会让地中海大部分地区和中东大部分地区的冬季变得更凉爽和干燥。由于北大西洋涛动会调节从大西洋进入地中海的热量与水分，故大西洋和地中海的表面气温曾经影响并且如今仍在影响着中东地区的气候。通常来说，北大西洋涛动对北美洲的影响要小得多。

北大西洋涛动处于负指数时的情况，则正好相反，即会形成一个弱副热带高压和一个弱副极地低压。二者之间的压力梯度会减小。冬季风暴会减少和变弱，并且沿着一条更偏东西走向的路线越过大西洋。它们会把湿润的大气带到地中海，把冷空气送到欧洲北部。美国东海岸的冬季则会较为寒冷，降雪也较多。由于北大西洋涛动会调节从大西洋进入地中海的热量与水分，故大西洋和地中海的表面温度会对中东地区的气候产生影响。公元3世纪末至4世纪，在罗马帝国历史上的一个重要时期，处于正指数的北大西洋涛动曾经发挥过重要的作用，为欧洲中部和北部带来了充沛的降水（参见第五章）。

太阳辐照度与火山作用周期上的变化，是过去1000年间气温变化的主要原因。尽管更早的情况可能也是如此，但北大西洋涛动如今已是全球广大地区一种主要的气候驱动因素。其影响范围东至地中海东部；我们可以把那里称为一个"气候十字路口"，因为亚洲的季风系统与远处西南太平洋上的厄尔尼诺现象都会对那里产生影响。这种情况，就导致整个中东地区在干旱与降雨两个方面都存在巨大的地区性差异。

季风

我们最难忘的经历之一，就是乘坐印度洋上的一艘单桅帆船，在也门最南端的亚丁以东和红海的入口，迎着冬季的东北季风航行。那艘装有大三角帆的货船驶近海岸，每每在眼看就要靠岸时转向一条离岸航线，就这样航行了一个又一个小时。海面平滑如镜，柔和的热带风接连刮了好几天；度过了一天难忘的航程之后，我们得知的情况大致如此。除了离岸的信风航道，借助印度洋上的季风差不多就是最佳的航海选择了。

季风区的范围十分广袤，从东南亚和中国一直延伸到整个印度洋，而在季节性降雨的一般时间方面，则存在几种重要的变化。从根本上说，季风属于大规模的海洋风，当陆地上的气温高于或者低于海洋上的气温时，季风强度就会增大。陆上气温的变化速度比海上更快，海上往往会保持更加稳定的气温。在较为炎热的夏季，陆地与海洋的温度都会上升，只是陆地气温上升得更快。陆地上方的空气会膨胀扩散，从而形成一个低压区。与此同时，海洋上的气温始终会低于陆地，故其上空的气压较高。二者之间的气压差，就会导致季风从海洋吹往内陆，为陆地带去较为湿润的空气。随着湿润的空气上升，风又会往回飘向海洋，但在此期间空气会冷却下来，从而降低了空气当中保持水分的能力，故经常导致暴雨。在天气较为寒冷的月份，情况则正好相反：陆地上的气温下降得比海上快，故岸上的气压较高。陆地上方的空气飘向海洋，雨水则落在近海上。接下来，冷空气往回飘向陆地，大气循环就完成了。

几千年以来，印度洋上的季风都是驱动帆船航行的动力。季风贸易利润可观，让商船可以在 12 个月内从印度西海岸前往红海或者非洲东部，然后再返回来。商船也可以沿着波斯湾地区和印度西北部之间那片荒无人烟的海岸航行。在数个世纪的时间里，丝绸与其他的纺织品再加上亚洲的舶来品，曾经源源不断地运往西方，而黄金和非洲的象牙则流往了东方。在印度洋上，夏季的西南季风会从 7 月份一直刮到 9 月份，而这几个月里，富含水汽的空气则会涌到整个印度次大陆那片炎热干旱的土地上。印度的降水当中，差不多有 80% 来自夏季风；有 70% 的印度人口靠农耕过活，他们种植棉花、水稻和粗粮。印度西部的农民严重依赖季风带来的降雨，故极易受到季风雨延迟到来的影响；就算只是延迟几天或几个星期，影响也不容小觑。季风未能如期而至，曾经导致了无数次饥荒，让成千上万人丧了命；比如根本就没有季风雨的1877年，情况就是如此。一些更为局部性的印度季风，则会对阿拉伯海和孟加拉湾产生影响。西南季风十分强大，连中国西北的新疆这样遥远的北方地区也能感受到它的威力。

东亚季风则属于一种温暖多雨的气候现象，使得这里的夏季风通常很湿润，而冬季风则寒冷干燥。季风性降雨集中在一个地带，5月初由华南地区开始，一路向北，然后来到长江流域，最后在7月份到达中国北部与朝鲜半岛。到了8月份，降雨带又会南移，退回到中国南部。在过去，季风性降雨曾经至关重要。柬埔寨吴哥地区的高棉农民向来都依赖于亚洲季风；目前认为亚洲季风最初形成于1000万年左右之前，远早于地球上出现人类的时间。季风的强度各时不同，尤其在"大冰期"结束之后不久；但在全球气候中，亚洲季风始终发挥着一种主导作用。它给全世界60%以上的人口带来了相当可靠的季节性降水和干燥的气候条件，如若不然，就是带来干旱。夏、冬两季里，欧亚大陆及其毗连的海洋在升温方面具有差异，导致风向会在半球范围内每年都出现一次逆转。还有一个因素，那就是热带辐合带（Intertropical Convergence Zone，略作ITCZ），也就是信风带相交的地方。还有三个区域性季风系统，也是影响东南亚地区的那种复杂气候动力中的组成部分。此外，厄尔尼诺现象与"太平洋年代际振荡"（Interdecadal Pacific Oscillation）会造成短期或者较长期的扰动，从而有可能给包括吴哥在内的亚洲大部分地区带来严重的干旱。

热带辐合带环绕着地球，位于赤道上或者赤道附近，也就是南、北半球信风的交汇地带。那里有强烈的阳光与温暖的海水，会让热带辐合带的空气受热，并且增加空气的湿度，使之变得轻盈起来。随着南北信风交汇，这种轻盈的空气便会上升；而上升、膨胀然后冷却的空气，则会在频繁但毫无规律的雷暴中释放出水分。海面附近的风力通常较弱，这就是水手们把热带辐合带称为"赤道无风带"（Doldrums）的原因。热带辐合带的季节性移动，会对许多热带国家的降水产生影响，并且导致热带地区有雨、旱两季之分。在北半球的夏季，热带辐合带会在北纬 10° 到 15° 之间移动。这种季节性的移动，曾对中美洲玛雅低地的降水产生过强大的影响（参见第六章）。随着亚洲大陆的升温幅度超过海洋的升温幅度，热带辐合带就会在太平洋上向北移动。大陆上的暖空气上升，空气从海上流往陆地，由此形成的南风就会带来季风雨。接着，到了南半球的夏季，热带辐合带就会南移了。

"恩索"

可以说，"恩索"是全球气候中最强大的一个因素。起初，人们以为厄尔尼诺是一种局部现象，会定期影响秘鲁沿海的鳀鱼渔场，通常出现在圣诞节前后。气象学上的一项伟大成就诞生在印度，由英属印度时期的气象学家吉尔伯特·沃克（Gilbert Walker）贡献；此人原本是一位训练有素的统计学家，后来却孜孜不倦地寻找季风形成的原因，变成了一位研究厄尔尼诺现象的专家。沃克是最早认识到"恩索"是一种全球性现象的观察人士之一。他总结称，当太平洋地区气压很高时，印度洋上从非洲直到澳大利亚的气压往往就会很低。他称这种现象为"南方涛动"，其回旋起伏改变了热带太平洋和印度洋的降雨模式与风向。可惜的是，当时的沃克没有海洋表面与次表层的温度数据，无法证实南方涛动的作用机制，因为 20 世纪 20 年代还没有这种数据资料。

曾经任教于加州大学洛杉矶分校的挪威气象学家雅各布·皮叶克尼斯（Jacob Bjerknes）也用一种全球性的视角对大气循环进行了研究。1957 年至 1958 年间一次强大的厄尔尼诺现象，使其将注意力转向了西方。他受此影响发现，赤道东太平洋的海水温度相对较低，而西至印度尼西亚之远的西太平洋广袤海域则水温较高，二者正常的海面气温梯度之间具有密切的关联。他认为，赤道平面附近存在一个巨大的东西向环流圈（circulation cell）。干燥的空气会在相对较冷的东太平洋上缓慢下沉。然后，它会成为东南信风系统的一部分，随之沿赤道往西飘去。东边的气压较高，西边的气压较低，就导致了大气运动。然后，空气会在上层大气中往东回流，完成整个环流模式。皮叶克尼斯把这种环流命名为"沃克环流"（Walker Circulation）。他认识到，东太平洋地区升温时，东、西太平洋之间的海面气温梯度就会减小。这种情况，会导致驱动沃克环流下半圈的信风强度减弱。东太平洋与赤道太平洋之间的气压变化，其作用就像是一座"跷跷板"，由此便形成了沃克环流。

"恩索"的这种关联性，是由许多要素共同构成的，其中包括涛动的"跷跷板"式运动，导致太平洋升温的大气与海洋之间大规模的相互作用，以及它们与北美洲和大西洋地区的气候变化之间种种更广泛的全球性联系。皮叶克尼斯指出，大洋环流好比是驱动一台巨型气候"引擎"的"飞轮"。每一次"恩索"，都有不同的特点。有些涛动极其强大，还有一些则软弱无力、持续时间短暂，在东太平洋与西南太平洋之间一个广袤而自我延续的循环中，为大洋环流所驱动。沿着赤道，还有一个正常的南北环流，叫作"哈得来环流"（Hadley Circulation），将热带地区与北纬地区的大气连接起来。它会将冬季风暴往北带到阿拉斯加，除非厄尔尼诺现象扰乱了这一模式。风暴轨迹会慢慢东移，袭击美国加州的沿海地区。

1972 年至 1973 年间一次大规模的"恩索"，引发了科学界人士的广泛关注；这在今天被视为一种全球性的现象，在几乎没有预警的情况下颠覆了干旱与降雨模式——这与秘鲁的鳀鱼渔业因过度捕捞而崩溃基本没有关系。如今，我们对"恩索"有了更多的了解，明白它像一个混乱无序、情绪会突然变化的"钟摆"，一旦摆动起来，就有可能持续数月，甚至是数十年之久。

这个"钟摆"永远都不会沿着同一条轨迹摆动；就算摆动中有一种潜在的节奏，也是如此。从爪哇的柚木、墨西哥的冷杉、美国西南部的刺果松以及其他一些树木的年轮序列中可以看出，在1880年以前，差不多每7.5年就会出现一个降雨量较高的年份。现在，似乎是每4.9年就会出现一次，而拉尼娜现象则是每4.2年就会出现一次。海洋中的珊瑚与取自高山冰川的冰芯则表明，"恩索"作为全球气候中的一个因素，其历史至少已达5 000年，很可能还要久得多。"恩索"的循环成了一台驱动全球气候变化的强大"引擎"，故许多专家都认为，它是气候变化方面仅次于季节的第二大原因。

"恩索"是一种热带气候现象，非但对热带地区的千百万觅食者和自给农民的生活产生了强大的影响，而且对位于河谷、雨林以及安第斯高原的那些工业化之前的文明造成了巨大的影响。全球有75%以上的人口都生活在热带地区，其中三分之二的人口都靠农耕为生，因此这些社会始终都很容易受到旱涝灾害的威胁。随着人口不断增长，热带环境的承载能力承受的压力日多，这些社会的脆弱性也在与日俱增。直到近来，人类才获得了预测"恩索"或者其他重大气候事件的能力。如今，我们的计算机与模型完全能够预测出这些气候事件了。在我们适应全球变暖的过程中，这种知识具有极其宝贵的经济、政治和社会价值。本书所描述的古代社会，全都没有这种难得的技术，故适应"恩索"成了古人面临的一项巨大挑战，有时还是一种致命的挑战。

最后是特大干旱

数个世纪的树木年轮研究已经为我们提供了丰富的记录，表明了"中世纪气候异常期"（约950年至约1250年）与"小冰期"（约1250年至约1850年）里出现的长期性特大干旱（这个术语用于气候学文献中）的情况；在第十一章至第十四章里，我们将对这两个时期加以探究。

根据树木年轮所得的气候序列，具有极其精准、可以精确到某一年份的优势。幸好，如今美国的广大地区都获得了丰富的树木年轮序列，故一个令人瞩目的气候学家团队还编纂了一部《北美干旱地图集》（North American Drought Atlas），以世人所称的"帕尔默干旱强度指数"（Palmer Drought Severity Index）为标准，重建了2 000年里的夏季湿度。最新版的《北美干旱地图集》中，还强调了两场对美国原住民社会产生过重大影响的特大干旱。其中一次发生在13世纪末的美国西南部，导致了弗德台地与福科纳斯两个地区的古普韦布洛族群人口锐减（参见第八章）。第二次则发生在14世纪的中部平原地区。这场特大干旱，是在伟大的宗教中心卡霍基亚被人们废弃之前不久出现的，并且此后一直持续；卡霍基亚位于密西西比河上的"美国之底"（American Bottom，亦请参见第八章）。但是，树木年轮序列的分布并不均匀，中部平原之类的地区尤其如此，因此会阻碍人们去了解这两次干旱和其他干旱的影响。

美国西部近期出现的特大干旱都非常严重，但在过去的

2 000年里，特大干旱却要持久得多。它们的持续时间，无疑要比1932年至1939年间那场著名的"尘暴"干旱久得多。一系列有影响力的研究已经表明，特大干旱几乎影响过美国西部的每一个地区，但在"公历纪元"后的早期至中期，墨西哥、五大湖区和太平洋西北部等地也发生过特大干旱。

直到19世纪中叶至19世纪晚期，古代社会都不得不去适应自然出现的气候变化，而其中的大部分变化，又是由过去主导着全球气候变化的一些强大力量导致的。随着化石燃料大行其道和工业活动日益加剧，"人为强迫"（即人类经济活动导致地球的能量平衡出现变化）开始发挥作用，而我们当前的气候危机也就开始了。不过，要想与其可能导致的破坏做斗争，最重要的一点就在于：我们必须了解数个世纪和数千年以来自然性气候变化背后的各种力量。

第一章

冰封的世界
（约 3 万年前至约 15 000 年前）

24 000 年前，欧洲中部，时值深秋。两名饱经风霜的猎人坐在溪边一块巨石之上，背对着风，转头朝天际望去。小溪对岸，有头驯鹿在秋天的枯叶间觅食，他们没有理会。彤云飞卷，几近贴地，向北方聚集。天色越来越暗，两人看着眼前那幅寒冷干燥的光景，什么也没说。接着，他们对视了一眼，点了点头，把兽皮制成的外套紧紧地裹在肩膀上。

他们的夏季居所紧挨地面，是一种用草皮和兽皮盖成的穹顶建筑。猎人们俯身走进烟雾缭绕的室内，大家围坐在一座熊熊燃烧的火炉旁边，用动物油脂制成的灯火在昏暗中闪烁摇曳。随着夜幕降临，屋外风雨大作，人们都蜷缩到了兽皮之下。其中一位猎人据说拥有超自然的力量，他讲述了一个众人耳熟能详的故事，是关于很久以前第一批人类当中的一个神话人物的。大家已经听过这个故事很多次，内容就是人们曾经在春、秋两季跟着驯鹿与野马不停地迁徙。就在讲故事的过程中，长者会听取每个人的意见，不分男女老少。到了他们该搬往冬季营地的时间了。

我们都是智人，也就是自封的"智者"。我们这个物种，出现于至少30万年之前的气候温暖的非洲；不过，世人对这个时间还存有争议。我们是一种灵活、聪明的动物，越过了一片片广袤的狩猎区域，通过在可靠的水源附近生活，适应了像漫长的干旱周期之类的气候变化。我们曾是彻头彻尾的机会主义者，靠着仔细观察、深入了解周围的地形地貌，以及合作——在家庭、部落的狭窄范围内进行合作，同时也与其他亲族进行合作——来生存。我们使用简单、轻便的工具与武器，随着当地的气候变迁生活。几乎在人类生存的所有时间里，我们都过着这样的游牧生活，即随着动物的迁徙与季节的更替，不断地迁徙。在文字出现之前，我们都是通过口耳相传的方法，将所有真实的或者想象的知识传授给下一代，有时也会通过艺术来传授；文字发端于亚洲西部，距今不过5 000年之久。

在古代，我们的生存依赖于对现实世界的深入了解与尊重；人类身处其中，是这个现实世界的一部分。尽管当今没有哪一个群体能让我们直接回到遥远的过去，但思考一下目前仅存的寥寥几个从事狩猎与采集的游猎社会的生活情况，是大有益处的。在北极地区的因纽特人或者非洲南部的桑人当中，我们发现了一种对猎物的强烈尊重和一种对生存环境的深刻理解，即对季节、植物性食物以及野生动物之迁徙的深刻认识。这种知识意味着生死之别，并且一向如此。

回想远古时代人类的非洲家园，猛烈的风暴、密集的干旱期以及大规模火山爆发之后余下的遍地灰烬，始终都是那里的气候现实。但是，一些智人在大约 45 000 年前迁徙到气候寒冷得多、人烟稀少的欧洲与亚洲之后，我们生存上面临的挑战急剧增加了。我们发现，自己正在与我们这个物种经历过的一些最恶劣的气候环境做斗争。但还不止于此：我们并不是唯一的人类物种。在人类 600 多万年的进化过程中，不管什么时候，始终都有几个不同的古人类物种与我们同生共存着。

例如，在欧亚大陆上，大约 40 万年前到 3 万年前存在着尼安德特人，尽管世人对这个时间范围还存有争议。从进化的角度来看，这些古人类与我们之间具有密切的联系。至少在 70 万年之前，我们在非洲都有一个共同的祖先。直到大约 5 万年之前，东南亚的一座岛屿上还生存着另一群与世隔绝的矮人，即"弗洛里斯人"（Homo floresiensis），也就是所谓的"霍比特人"，以个子矮小而闻名。如今在很大程度上仍然不为人知的第三种人类，是"丹尼索瓦人"（Denisovans），他们曾经生活在西伯利亚，以及更远的东部与南部。还有其他一些古人类物种，我们对他们的情况几乎一无所知。而且，尽管一些不同的人类物种（尤其是智人、尼安德特人和丹尼索瓦人）之间出现过程度最低的杂交，但除了我们之外，其他的所有物种都注定要灭绝。到了 3 万年之前，我们智人就成了唯一存世的古人类物种了。

其他的古人类物种究竟为什么会全都灭绝，一直都是人们围绕着史前时代进行持久争论的问题之一。这些古人类物种的消失，往往与智人来到每个地区的时间大体一致。这就导致许多人如今都赞同一种"他们对决我们"的情况，也就是我们将他们全都杀光了、战胜了他们，或者二者兼而有之。然而，认为不同的古人类物种之间相对没有什么联系，只有偶尔的、有时还属于性吸引的相遇，这种说法同样有道理。或许，当时还发生了其他更严重的情况。像大卫·赖希（David Reich）这样的进化遗传学家认为，从大约 10 万年前开始，尼安德特人的数量就一直在减少，很可能是气候急剧变化导致的结果，故待到智人抵达尼安德特人的家园时，尼安德特人就只剩几千人了。类似的环境历史，可能也有助于解释如今业已灭绝的其他一些古人类物种的消亡原因。唯一可以肯定的就是，智人最终在世界各地定居下来，适应了种种新的、有时还极具挑战性的环境。

不一样的世界

这个以前的世界，又是个什么样子呢？ 45 000 年前的世界，与如今这个供养着 75 亿多人、正在日益变暖的世界可大不一样。[1] 当时，广袤的冰盖笼罩着北欧大地，并从阿尔卑斯山脉向外涌出。有两个大冰原，一直延伸到北美洲的腹地，向南远至如今的西雅图与五大湖区。除了南极洲那片深度封冻的大冰盖，非洲的乞力马扎罗山与鲁文佐里山，南美洲的安第斯山脉，以及新西兰的南阿尔卑斯山上，也全都为冰雪所封冻。由于冰原中吸纳了大量的水，故当时全球的海平面比如今低了 90

米左右，或者更低。一个人可以步行穿过一条极其寒冷而多风的大陆桥，从西伯利亚走到阿拉斯加，连鞋子都不会打湿。北海与波罗的海当时还是干燥的陆地，不列颠则与欧洲大陆连在一起。一些巨大的沿海平原，从东南亚大陆向外延伸，直达新几内亚与澳大利亚。大片大片生长着低矮灌木的北极苔原，从大西洋沿岸一直延伸到了欧洲和西伯利亚的腹地。接连几个月里，猛烈的北风裹挟着来自北方冰原的细小冰尘，在无边无际的干旱草原上肆虐。在欧洲和欧亚大陆的大部分地区，动物与人类每年都要熬过长达 9 个月的冬季，以及持续低于零度的气温。当时到底有多冷呢？气候学家杰茜卡·蒂尔尼及其同事开发出了一些模型，可以利用源自海洋浮游生物化石的数据，结合模拟"末次盛冰期"的气候，重现海洋表面的温度。他们的研究证实，当时的全球平均气温要比如今低 6℃，而您也可以料到，高纬度地区的温度降幅最大。[2]

源自格陵兰岛冰芯中的数据已经表明，在一个气候不断变化、有时变化还很迅速的时期，那些生活在北方的人适应了那个极度寒冷、气候变幻莫测的世界。从全球范围来看，北半球的气温下降幅度大得多。这种情况，主要是海洋的调节作用导致的。北半球有 60% 的地表为水所覆盖，而赤道以南却有将近 80% 的地表为水。这就意味着，南半球的陆上气温常常会较高；当然，南极洲附近地区除外。北半球的冬季气温较低，季节性差异更大，而离赤道较远的地方，降温也更加剧烈。大约 24 000 年之前，纽约附近的气温降幅为 10℃，芝加哥地区的气温降幅更是高达20℃。相比而言，加勒比地区的气温下降幅度只有2℃左右。北极与赤道之间的温差梯度较大，使得北半球的风速显著更高，从而导致风寒因素上升到了对动物与人类都很危险的程度。

不过，当时并未出现永久性的深度封冻。格陵兰岛上的冰芯表明，在6万年前到3万年前这段时间里，曾经出现了多于12个短暂的较暖时期，称为"D–O事件"（Dansgaard-Oeschger events）。38 000年前，格陵兰岛上突然出现了一个升温期，导致那里的平均气温在极短的时间里（也许只有一个世纪）跃升了12℃。但是，当地的年均气温很可能仍比如今低了5℃至6℃。同样短暂而寒冷的间隔期则导致了气温骤降，比那些较为温暖的振荡期低了5℃至8℃。

在大约35 000年前的智人当中，北方的人口增长速度似乎有所放缓；这种情况，也许是冰原不断扩大导致的。[3]随着规模很小的家族部落慢慢退避到那些较少受到风雨侵袭的地方，比如靠近地中海的一些深邃河谷与山谷当中，人口数量可能事实上已经有所减少。当时，只有几百个狩猎部落生活在欧洲。一个人在大约20年至30年的寿命当中，碰到的人很可能不超过几十个，而且其中许多人都生活在其他的群落里。假如没有这种接触，就没有人能够生存下去，因为无论怎样专业，都没有哪个狩猎部落可以做到彻底的自给自足，尤其是在"大冰期"那种令人生畏的环境中。从一开始，我们的祖先就严重依赖于亲族关系，来获得信息、专业知识和配偶。人员流动和接触他人，令技术上的创新在极短的时间内传播到极远的地方。幸运的是，在气候最寒冷的数千年里，人口数量从未下降到极其严重的程度，既未让人们丧失适应"大冰期"的严寒时所用的重要技术手段，也没有让他们丧失有助于维持其生存的、与超自然世界之间种种错综复杂的象征性关系。

3万年前之后，充分的冰川条件卷土重来，导致 24 000 年前至 21 000 年前的气温达到了极端寒冷的程度。它们是"大冰期"末期最寒冷的几千年，通常称为"末次盛冰期"。由于大量的水被冻入了冰层中，故当时全球的海平面比如今低了差不多 91 米。

裹住全身

"大冰期"末期的人，是如何适应如此极端的寒冷的呢？我们智人，（本质上）全都起源于非洲的无毛猿类。倘若不穿衣物，那么，气温降到低于 27℃时，我们的身体就会对寒冷做出反应。气温降到 13℃时，我们就会开始发抖。不过，这些都只是实验室数据，是人们站在静止的空气中时得出的。刮风之时，裸体的热量会流失得更快。即便是稍低于零度的气温，对未穿衣物的人来说可能也很危险。倘若气温到了 -20℃，风速为 30 千米每小时，那么不到 15 分钟，人体就会冻伤。[4]

倘若在寒冷当中再加上潮湿，那么，由于我们体表的水分在温度降低时会凝结起来，出汗就成了一个严重的问题。汗水会浸透衣物，从而让衣物丧失其保暖与隔冷的功能。假如感到太冷，我们的核心体温就会下降到低于 37℃ 这一临界水平。倘若这种核心温度因为体温调节失败而下降，我们的身体就会出现体温过低的状态。体温降到 33℃，我们就会陷入昏迷。若是体温低于 30℃，我们的心跳就会放缓，血压则会下降，而心脏停搏几乎就是不可避免的事情了。

那么，我们的祖先究竟是如何适应"大冰期"晚期的极端寒冷与气温突变的呢？如今，我们绝大多数人都会把汽车里的空调设置在 21℃ 左右，因为这是我们穿着衣物时觉得舒适的温度。但我们知道，那些打一出生起就不穿衣服的人，都具有较强的挨冻能力。1829 年，英国皇家海军"小猎犬号"的船长罗伯特·菲茨罗伊（Robert FitzRoy）在考察麦哲伦海峡时，遇到了雅甘人。他前往那里的时候，雅甘族可能有 8 000 人，全都矮矮胖胖，平均身高约为 1.5 米。尽管那里气温很低，经常有雨雪，可他们一般都是赤身裸体，而在天气寒冷的时候，也只是披一件用水獭皮或者海豹皮制成、长度只到腰间的斗篷。年轻的查尔斯·达尔文曾在 1833 年随着"小猎犬号"前往，他对此大感震惊。"四五人兀然现身崖上，皆赤身露体，长发飘逸。"[5] 他们的耐寒能力之强，着实令人瞩目。

除了通过人口流动和皮肤表层的基因改变这种普遍的方式来适应低温之外，人类抵御寒冷的仅有武器，就只有火、衣物和高效的石器了。没人确切地知道，我们第一次驯服火是在什么时候，但根据最近从南非的旺德韦克山洞里发掘的证据来看，我们的古人类祖先似乎在大约 100 万年之前，就已围坐在（有意识地加以控制的）火边了。无疑，火具有难以想象的重要性。火为人类带来了众多的益处，从保护我们免遭野生动物袭击，到提高我们摄取煮熟的食物时的热量，不一而足。（从食物中摄取更多的能量，供我们需要消耗巨大热量的大脑所用，可能一直都是推动人类进化的一个关键因素。）但可以说，最最重要的还在于火可以帮助我们保暖。火既让人们走出非洲之后能够在较寒冷的环境中生存，也为那些留在故土的人缓解了夜间气温的寒冷。人们甚至用火来清理洞穴，然后才住进去。我们还应当记住，穴居本身就是一种进步，不仅可以保护人类免遭掠食动物袭扰，也可以保护人类免受天气之害。

至于衣物，则是另一种了不起的防寒之物；其基本原理也很简单，那就是遮住自身。与其他众多的创新之举一样，将兽皮和别的遮盖物披在自己身上的理念，在很多场合和不同时期都曾为人们所采用，只是我们不知道衣物的确切发明时间罢了。最简单的形式是，人们只用兽皮遮住上半身，火地岛人、非洲南部卡拉哈里沙漠中的桑族猎人以及澳大利亚原住民都是如此。这种兽皮并非仅仅用作衣物，它们还有多种用途：可以包住年幼的孩子，然后挂在肩上；可以将坚果或者其他的植物性食物运送回营地；可以在打制石器时保护双手，或者用于携带从刚刚宰杀的动物身上切下的肉。人们穿着兽皮制成的斗篷入睡，也用这种斗篷裹埋死者。

驯鹿皮足以让人们应对较为寒冷的气候，而热带地区的桑人身上披的则是羚羊皮。夏威夷人与新西兰的毛利人还发明了羽毛斗篷，那可是威名赫赫者所穿的衣物。脱下或者穿上这种斗篷，都只需几秒钟，并且披在身上时，它们从来都不会让人觉得很紧。这是一种极具实用性的多功能衣物，在气温较低的情况下紧裹身体时，其保暖效果会大大增强。

假如没有厚厚的衣物，"大冰期"中就没人能够在北方的寒冬里幸存下来。从生活在5万年至6万年前最后一次冰期那数千年酷寒当中的尼安德特人的遗址中，人们发掘出了大量边缘细长、形状经过小心打磨的石制刮器，用于将兽皮加工成床上用品、斗篷与其他物品。不过，我们的"近亲"尼安德特人所用的技术还不具备强大的适应性，只能加工出披在身上的兽皮；尽管他们可能也曾用锋利的石头或者荆棘作为针来缝制衣物，但就算如此，这种东西也早已湮灭在时间的无情流逝之中了。平心而论，在考古记录中找到针，要比大海捞针更难。然而，在南非斯布都（Sibudu）的智人洞穴遗址进行发掘的一个研究小组，却真的做到了这一点：他们发现了61 000年前的一个尖头，有可能是一种特制骨针的针尖。

无疑，在最后一个"大冰期"中的某个时候，生活在欧亚大陆上的人就已认识到，多穿几层更加贴身的衣物会提高个人的防寒效果，并且就算是在极其寒冷的环境下，也有保暖作用。不过，要想真正有效，他们就必须使用由动物肌腱或者植物纤维制成的线，让衣物的内层贴合个人的四肢、臀部和肩膀等部位。有眼骨针和精心制作的尖锥，使他们得以用兽皮缝制衣物。一如以往，需求乃发明之母，这样的例子在欧洲和西伯利亚地区就有。然而，我们所知的最古老例子，还是大约5万年之前的一根鸟骨针，是在西伯利亚的"丹尼索瓦洞穴"发掘出来的；人们认为，这根鸟骨针并非智人所制，而是丹尼索瓦人所制——他们是一个在我们智人到来之前，就已在欧洲生活了数千年之久的人类物种。这些工具，既说明了人类的独创性，也推动了人类为应对变幻莫测的气候而采取技术适应措施，那就是制作能够适应不同气温的多用途衣物。不过，这些其他的古人类物种全都灭绝了，并且原因不明，尽管气候变化可能也在其中发挥了作用。3万年前之后，地球上只剩下一个人类物种，那就是我们智人了。

先进的技术

虽然经常出现持久不断的严寒，智人还是在欧洲这个新的家园里蓬勃发展起来了。他们可能是在一个较为温暖的间冰期里从非洲迁徙到欧洲的，结果使得人口密度缓慢增长，而狩猎武器也出现了重大变化。诚如南非考古学家林恩·瓦德利（Lyn Wadley）所言，这些创新不一定是有意迁徙的结果，而是在不同部落之间的人定期接触、交流想法的过程中出现的。我们知道，至少在7万年以前，非洲南部就发生了技术上的变革；当时，锋利致命的小型石制矛尖已经开始在大范围里得到广泛应用了。我们可以肯定的是，在地中海以北的陌生环境里，人们以相同的进程产生了其他的想法，发明了其他的技术。

我们并不知道人类究竟是在什么时候向北迁徙到欧亚大陆

的，但极有可能，他们是在大约45 000年前，首先迁徙到了如今黑海以北的东欧平原上；当时的黑海，还是一个巨大的冰川湖。[6]在遥远的西方，古人类物种之间可能出现过竞争。在我们到来之前，尼安德特诸部落早已成功地适应了那里相对寒冷的气候条件。这一点，可能就是智人先在气候较为寒冷、环境也不那么吸引人的东部定居下来，并且在北纬66°以北的北极圈里建起季节性营地的原因。不过，到了35 000年前，一些智人就已在西部尼安德特人领地的中心地带站稳了脚跟，尽管有些现代智人群落肯定早在此时的1万年之前就已到达那里。

智人在很短的时间里就极其迅速地适应了如此广泛多样的环境，这一点是非比寻常的。随着他们逐渐散布到欧亚大陆上的广大地区，智人也带来了一些复杂的符号、信仰和时空概念，形成了独特的世界观与行为方式。其中一个至关重要的因素，就是流利的口语和语言；尽管语言很可能并非我们这个物种所独有，但它无疑让我们的祖先拥有了通过词句和艺术来构建其世界的能力。他们用吟唱、舞蹈、音乐和歌曲来诠释周围的环境，诠释动物、云彩、冷热、白雪、雨水和干旱。然而，考古遗址中却很少保存下来能够发出声音的鼓与其他乐器，比如长笛。这些东西，就是人们以实际的和象征性的方式构建他们的宇宙及其周围世界时所用的工具。这就反映出，智人的定居地与如今业已灭绝的其他人类物种相比，组织上更加严密。树叶颜色的变化、四季的更替、天体的运行周期，再加上其他一些象征形式，比如时卷时舒的云层，衡量出了时间的流逝与各种空间现实。

与当今北极地区的民族及各地的狩猎与采集民族一样，新到北方大地上的这些居民也积累了关于其周围环境的大量知识。单是他们掌握的植物用途知识就是一部百科全书，有各种各样的术语来描述植物的独特特征；而他们对冰雪的了解，可能也是如此。这种知识代代相传，从制作捕捉松鸡的陷阱所用的最佳材料，到连帽兽皮大衣的正确加工方法，不一而足。

这些方面，几乎全都属于无形的、不成文的和短暂的知识。身为考古学家，我们只能凭头脑去推断，北方智人所用的那些非同寻常和日益复杂的技术究竟是如何产生的。技术最先出现在热带非洲，那里的石匠发明了制作锋利的小型工具的方法。反过来，这又导致他们发明了用不同原材料（包括鹿角、骨头、贝壳和木材）制造工具且更加复杂的方法。

一个正在迁徙的家族，能够在数秒钟之内就从一块燧石上劈下几片窄窄的刃片，然后将它们变成相对具有专门用途的不同工具。他们制造过各种各样的工具，从锋利的矛尖和刮刀，到在皮革或者木头上打孔的锥子，以及考古学家称之为"錾刀"（burin）的模样像凿子的工具，什么都有。这些便于携带的工具很锋利，能够把鹿角切成长条，然后制成鱼叉叉尖和其他的武器。这些手艺不凡的工具制作者还会把一块经过精心打磨、纹理细密的石头当作模板，来制造专用工具。北方智人掌握的技术，与当今的"莱瑟曼"牌多用工具或者"瑞士军刀"的制作技术之间有着惊人的异曲同工之妙。而在一系列令人眼花缭乱的工具当中，还有一种堪称人类到此时为止所发明的最有用、最经久不衰的工具之

———有眼针。

针、用于刺破兽皮的尖头石锥、锋利的刀刃，以及由割下的动物肌腱或者植物纤维制成的细线：这些毫不起眼的工具，彻底改变了人类在酷寒地区的生活。

鲜明的打扮

衣物容易腐烂，故很少在考古遗址中保存下来。就像研究气候变化时一样，我们必须依靠替代指标；如此一来，石刀和刮器这些最普通的工具的磨损程度，就能说明问题了。例如，从捷克共和国境内的帕夫洛夫定居地（Pavlov settlement）遗址发掘出来的刀片与刮器，其边缘的磨损状况就说明了石刃的用途——似乎是用于日常切割；在 22 000 年到 23 000 年前，帕夫洛夫定居地就有人居住了。这些工具，能够让人们制作出合身的复杂衣物，以遮挡脆弱的躯干，裹住圆柱形的四肢。当时的裁缝，不但能够制作复杂的衣物，还能用精心挑选的材料，选取像驯鹿和北极狐等动物身上的独特皮毛，制作衣物的不同部位，比如皮外套及其兜帽，或者制作鞋子。穿上从内衣到防水防风的厚风衣与裤子这样的三四层衣物之后，人们就能在低于零度的气温中高效地工作与生活了。这些衣物全都是精心制作的，非常合身。人们可以用锋利的锥子钻孔，制作出相当合身的衣物；这种锥子，很可能就是现代人最初在气候较为寒冷的北纬地区定居下来时，精心选择的一种工具。但是，有眼针让人们能够制作出复杂得多的衣物，比如内衣。衣物分层的好处就在于，假如气温迅速变化，一个人就可以轻松地穿上或者脱下多余的衣服。

穿合身的衣物，意味着人们开始习惯于穿着衣服，从而导致他们不穿衣物就更难应对寒冷的气候了。较复杂的多层衣物，则可以缓解人们从暖和的洞穴居所走到严寒的户外时感受到的寒意。任何一个跑步者或骑自行车的人都可以证明：迅速加上一层衣物，就可以保护自身免遭气温骤降、雨雪或者冷风所害。所有具有保护性的现代衣物，都是按照分层的原理制成的。

随着气候变得更加寒冷和更具挑战性，简单的衣物也发展成了更加复杂、更加贴身的服装。在中国西北地区的水洞沟*，随着北纬 36° 到 40° 之间的气候变得越来越寒冷，这里的人大约 3 万年前就开始使用有眼针。[7] 而在遥远的西方，有眼针则是在大约 35 000 年前地处北纬 51° 的乌克兰出现的。西欧温度稍高一些，到了大约 3 万年前开始使用有眼针。在大约 21 000 年前"末次盛冰期"气候最寒冷的那个时期，有眼针就变得更加常见了。

合身的衣物与服装制作技术，再加上对环境的深入了解与不停迁徙，就是人类适应"大冰期"晚期持续不断、有时还很迅速的气候变化时采用的主要手段，寒冷时尤其如此。

---

* 水洞沟，中国一处旧石器时代的文化遗址，位于宁夏灵武市临河镇，1923 年由两名法国古生物学家率先发掘。——译者注

寒冷中的舒适

尽管古人在鹿角、骨头和洞壁上创作过很多出色的艺术作品，但在早至 35 000 年前（同样，这一时间也存有争议）猎人们精彩地描绘出的那些动物当中，我们却并未看到他们的自画像。事实上，我们只是在一些极其罕见的情况下一睹了古人的身影，比如从法国西南部发掘出的一尊大约有 25 000 年历史、用象牙雕制的头像，人称"布拉桑普伊的妇人"（Lady of Brassempouy）。这个妇人头像（尽管它的模样更像是一个小姑娘，甚至像是一个男孩），是欧洲已知最古老的、对人脸进行真实再现的艺术作品。至于头像有什么意义，人们一直争论不休；头像上还覆盖着一种角度倾斜、垂在肩膀上的图案，人们对此的解释也各不相同，有人说是假发，有人说是头巾。其实更有可能的情况是，这一图案不过是此人紧紧编成了辫子的头发而已。这种发型并不令人觉得惊讶，因为目前的遗传证据表明，当时欧洲的智人有着卷发和黑色／深色的皮肤；这就明明白白地提醒世人，我们拥有非洲血统。

这些早期的狩猎部落有许多都居住在岩石洞穴里，洞穴则位于深邃的河谷两岸大小不一、天然形成的悬垂峭岩之下。像法国西南部莱塞济（Les Eyzies）村附近的费拉西（La Ferrassie）和阿布里帕托（Abri Pataud）这些大型的栖身之处长期有人居住，至少也是季节性地有人居住。有迹象表明，住在上述两地和其他一些居所的古人，曾经在峭岩的突出部位悬挂大块大块的兽皮，目

布拉桑普伊的妇人，法国 1894 年出土的一尊象牙雕像（图片来源：Natural History Museum/Alamy Stock Photo）

的就是形成一个个较为暖和的居所，抵御刺骨的寒风；兽皮之后，则是一座座大火塘和人们睡觉的地方。

　　当时，人们一年中最忙碌的时节必定是春秋两季；各个部落会聚到一起，捕猎正在迁徙的驯鹿群。秋季迁徙很重要，因为度过了较为暖和的数月之后，野兽都变得膘肥体壮了。此时，就是人们将兽皮、油脂和干肉储存起来供冬天所需的时候。通过对古代和现代的驯鹿牙齿进行研究，我们得知，当时有 8 个方圆 200千米至 400 千米的驯鹿活动区，其中的 3 个就位于法国西南部，而智人也生活在那里。

韦泽尔河上阿布里帕托岩穴中密集的居住遗迹层表明，在28 000年前至20 500年前这个气候严寒的时期里，智人的生活几乎没有发生什么变化。[8] 大约24 000年前，人们曾在悬崖与洞穴前面的几块大石之间建起一个结实的帐篷状结构，并且以之为中心生活着。后墙与地面之间立有用缝制的兽皮遮住的柱子，从而形成了一个牢固的居所。我们可以想见，在无风的日子里，炉塘中升起的炊烟会在突出的崖壁之下缭绕。当时的居民捕猎野马、驯鹿和凶猛的欧洲野牛（一种体型庞大的野牛，在欧洲生存了数千年之久，直到1627年才灭绝）。无论以何种标准来衡量，这些早期的人都属于高效而机灵的猎手，对于当时的严苛环境和如今不可想象的种种气候变迁方式都了如指掌。您只要看一看他们对于野牛与其他动物形象的出色描绘就能认识到，他们花了大量的时间去观察猎物的独特习性。他们绘制的驯鹿交配、野马的夏季与冬季皮毛、正在梳理身侧皮毛的野牛、动物处于警觉状态或者摆出威胁姿势的图画，表明他们已经深刻地理解了自己的生活环境。

最重要的是，"大冰期"晚期人类创作的艺术作品，还揭示了他们与自然界以及周围宇宙中种种超自然力量之间的复杂关系。如今许多遗址仍然留有手印，仿佛是访客们通过接触深处地表下方的彩绘岩面，就获得了某种力量似的。法国的派许摩尔（Pech Merle）洞穴中有两匹绘制于大约24 600年前的黑马，它们面对着面，四周则是一些巨大的黑点和彩色手印。在比利牛斯山山麓的加尔加斯（Gargas）洞穴里，世世代代的人，不论男女老少，甚至是婴儿，都在洞穴下层的岩壁上留下了手印。至于手印的意思，我们就只能去想象了。这些手印，是否有可能属于保护性的标志（触摸石头以求好运，是许多人类种族的共同理念），提供了他们接触超自然世界的不可磨灭的证据呢？它们也可能具有其他的作用，比如可能是标示人际关系的一种方式，或是表明一个人隶属于整个群体的手段，等等。[9]

　　尽管早期的人类了解环境与食物来源，可气候变化却从不由他们所掌控。多年的漫长寒冷与食物匮乏之后，就是一段气候较为温暖、猎物充足的时期。像所有的猎人与觅食者一样，"大冰期"晚期的人也会利用每一次机会，在具有战略优势的地方捕杀猎物。大约 32 000 年前，在如今法国中部马孔市附近的梭鲁特，"大冰期"晚期的狩猎部落曾经在一个天然的围场里，年复一年、长久不变地屠戮猎物。[10] 在"末次盛冰期"气候寒冷的岁月里，周围的开阔草原上有大量的野马和驯鹿。每年的 5 月至 11 月，猎人们就会将年轻的公马诱入这个围场，然后大肆杀戮和屠宰。几千年里，至少有 3 万匹野马在梭鲁特的围猎中被人们捕杀；这个山谷中，到处都是腐烂的马匹尸体与骨架。这种狩猎一直持续到了大约 21 500 年前，直到严寒促使猎人们南下，迁徙到了气候较为温暖的环境里才作罢。

　　而在遥远的东部，在那些开阔的平原、隐蔽的河谷和山麓地区，拥有不同传统的狩猎部落则在相遇、融合与保持着联系。他们能够与相距遥远、生活在东方广袤草原的边缘和延伸到了乌拉尔山脉的一些浅河河谷里的民族相互往来。东部诸地是一个残酷而寒冷的世界，到处是灰褐色的尘土，风沙肆虐，还有无情的干旱。尽管环境可能极其艰苦，但东部平原上却养活了数量惊人的野兽，以及众多以捕猎野兽为生、坚韧剽悍的狩猎部落。

如今保存得最完好的一些营地遗址，位于顿河沿岸；大约25 000年以前，这里的人主要猎杀马匹和毛皮类动物。夏季里，他们会在露天营地里短暂地住上一阵子；此时，遍布各地的部落会聚在一起进行贸易、通婚、解决争端和举行宗教仪式。到了漫长的冬季，人们就会弃这种露天营地而去，分散成规模较小的部落，住进他们在冻土上挖出的半地下的居所里。

位于乌克兰第聂伯河流域的梅日里奇（Mezhirich）遗址，可以追溯到大约15 200年前，已是"末次盛冰期"结束之后很久了。当时的气温可能有所回升，但冬季依然极其寒冷。[11]人们通过部分迁入地下，住进直径约为5米的穹顶状居所，极好地适应了这种气候。他们利用猛犸的头骨和骨头，经过精心设计，搭建成外面那道穹顶形的护墙，然后用兽皮与草皮盖成屋顶。据美国考古学家奥尔加·索弗（Olga Soffer）估计，要想建造出4座梅日里奇遗址那种聚集在一起的房屋，只需14位或15位工人花费10天左右的时间。

梅日里奇这样的地方属于大本营，人们每年在此居住的时间长达6个月；它们修建在很浅的河谷中，能够在一定程度上抵御无情的北风。夏季到来之后，部落就会迁徙到较为开阔的乡间，住在临时营地里。每个冬季营地可能会住五六十人，每处居所里住一两个家庭。在冬季的几个月里，他们会以夏季狩猎所得然后

第一章和第五章涉及的欧洲地名

放在永久冻土层的坑洞里加以精心储存的肉类为食。这里和其他
地方一样，捕猎迁徙的驯鹿是人们在春、秋两季里的主要活动；
此外，他们也会用陷阱捕捉一些较小的动物和禽类，甚至会捕
鱼。但他们最重要的狩猎活动还是捕杀身上带有皮毛的猎物，因
为在如此严酷的环境下生存，靠的就是合身的衣物与动物皮毛。
在气温低于零摄氏度的环境中，设陷阱诱捕，也就是在野兔与狐
狸惯常所走的小径沿途设下简单而高效的陷阱，是一项重要的技
能。这不仅为人们提供了在寒冷中生存所需的食物，也提供了熬

过漫漫寒冬所需的衣物。

在"末次盛冰期"里，欧洲有人类群体居住的地区从未出现过常年的深度冰冻。随着气温升高，各个部落会在时间较长的夏季里离开有所遮蔽的河谷；但是，对于困在河谷之外的极寒天气中面临的种种危险，他们一定没有过任何幻想。如今，若是气温远低于零度，连北方那些土生土长的猎人也不愿长途跋涉去打猎了。当时的人肯定都很清楚，在这种气候条件下，徒步狩猎会非常危险。一些人出去狩猎，其他人则是留在营地里，花大量的时间制作衣物、制备兽皮和毛皮，即用刮刀除去兽皮上的脂肪，让它们变得柔软起来。"大冰期"末期的人曾经鞣制过各种各样的兽皮，甚至是禽类的皮毛，将其细细刮擦，并用油脂加以处理。"大冰期"末期人们无休无止地用石器刮擦兽皮的做法，就像如今城市里的车水马龙之声一样，属于一种恒久的需要。

深入了解不断变化的环境，小心谨慎地定时迁徙，并且对自然世界深怀尊重之情，就是人类适应这个原始的"大冰期"世界时必不可少的几项技能；随着一年又一年、一个世纪又一个世纪、一个千年又一个千年过去，这些技能也被代代相传。最重要的是，作为群居动物，我们的早期祖先依赖的是他们精心编织出来的群体纽带、不断从他人那里获取的智慧以及合作——合作正是人类在适应气候变化时最历久弥坚的品质之一。合作曾是维系人类生存的黏合剂。由于人口数量很少，又生活在条件艰苦、掠食性动物众多的环境中，故几乎每一项活动，甚至是制备兽皮或者分配狩猎所得的肉类，参与的都并非只是个人，而是家庭和整个群体。人们很少单独出去打猎，因为警觉的猎人两两结伴去打猎的成功率更高，也更安全。妇女们经常结成紧密的团体，去寻找可食用的植物和坚果，有时离家的距离需步行几个小时。这种合作，得益于她们对坚果林和其他食物所掌握的知识；无论老少，每个人在一生中都会获得这种知识。防止食物短缺，积聚即食的食物，以及在坑、洞穴和岩石居所里储存供冬季里吃的食物，属于人们不言而喻的日常任务。此外，还有其他一些现实情况。以狩猎与采集为生且规模很小的部落，都住在临时性的营地里或者寒冷天气更持久的地方，但由于人数太少，故一场事故就有可能在瞬间让两名技艺高超的猎人丧命，并且毁掉一个部落。一场突如其来的霜冻，有可能在一夜之间毁掉尚未采摘的坚果的收成，并且威胁到冬季的食物供应。分娩则有可能让一名母亲丧生，然后留下一个无助的孤儿。在这些情况下，人们只有相互依靠才能生存下去；无论是依赖住得很近的其他部落成员，还是依靠住得较远的其他人，都是如此。[12] 坦率地说，倘若没有其他人，没有将家庭、亲族和部落团结起来的各种紧密的习俗纽带，一个人就不可能生存下去。

在过去，群体和亲族会以紧密合作为纽带，将小型的狩猎部落团结在一起。正是因为有其他人，既有身边的人也有远方的人，人类才得以生存。合作意味着他们在狩猎和采集时能够获得成功；部落集体掌握的专业知识则确保了生存，降低了风险，并且通过夏天傍晚和漫漫冬夜里的吟诵、歌唱和讲故事而得到了强化；这些方面，既是生存的基本特点，也界定了那些以合作为基础、确保人类不论年景好坏都能生存下去的基本行为。猎人的世界充满了生机与活力。人类曾经对猎物与不断变化的环境心怀敬意，从现在与以前来看，这都并非巧合。这些古老的合作品质，加上一种精心培养出来的环境知识，在人类社会中存续了数千年之久，而如今在少数社会中也依然存在。遗憾的是，在我们这个拥挤不堪的工业世界里，其中的许多品质和知识已经彻底消失，或者被人们低估了。

不过，正如近年来经历的极端气候事件，如"卡特里娜"飓风所教导我们的那样，我们比以往任何时候都更需要这些古老品质中的许多品质。飓风带来的后遗症，以及由极端高温、雷击和下坡风导致的大规模森林火灾所带来的后果，摧毁了美国加州小型乡村社区，已经让一些看似无名的社区团结起来，携手救援与重建。这种时候，人们会依赖亲族关系，以及教会会众或者俱乐部之类组织严密的机构，来提供住所、食物和帮助。在这种时候，共同利益会变得比个人目标更加重要。此时，合作似乎成了我们与生俱来的本领。不过，由于如今我们大多数人的生活环境与2万年前的冰封世界截然不同，故我们并没有回顾过去和从中吸取教训。实际上，就连我们的祖先当时也处在剧变的风口浪尖上，因为"大冰期"即将结束，一场毫无规律、后来又变得很剧烈的全球变暖即将开始；而且不久之后，大多数人的生活方式将发生改变。

第二章

冰雪之后
（15 000 年前至约公元前 6000 年）

大约 12 000 年前，中东地区北部，当今的黎巴嫩。夏日并不像夏日，出奇地寒冷，天空中乌云密布。部落里的人都躲在橡树林中的营地里，冻得瑟瑟发抖。他们前不久才在那里安顿下来，是被附近一条湍急的溪流吸引过来的。日子一天天过去，小溪逐渐干涸，涓涓细流最终在日益变小的水塘里变成了一潭死水。据长老们的记忆来看，此时的雨水量只有过去年岁的一小部分了。每个人都饥肠辘辘，靠着用陷阱捕捉的禽鸟、啮齿类动物以及在林间顽强生存着的野草勉强维生。围坐在篝火边，部落长老们讨论了附近一个山谷中有积水、食物较丰富的消息。他们听取了男女老少的意见，然后决定迁徙。第二天，整个部落便背起行囊，开始了一场他们自己并不知道将持续数代人之久的搜寻之旅。

狩猎与采集民族在地中海沿岸与叙利亚-阿拉伯沙漠之间水源相对充足的土地上，已经繁衍生息了数千年之久。自 2 万年前以来，先前"大冰期"末期的严寒气候已经慢慢变暖了。到了14 500年前至12 700年前，当地人就像是生活在一个"伊甸园"里：那里温暖湿润，雨水日益增多，食物供应情况也较易预测了。可到了如今，也就是7个世纪之后，噩运却即将来临。气温正在迅速下降。部落的未来变得很不明朗。我们是怎样得知这一切的呢？这个问题的答案，就在非洲鲁文佐里山深处的冰川沉积物与湖芯当中；鲁文佐里山位于如今的乌干达与刚果民主共和国两国的边境上。从地质学的角度来看，这些巨大的山峰能为我们揭示古代气候变化的情况；关键的一点是，其中包括了"大冰期"末期气候开始变暖的时间。

理解古代的气候

鲁文佐里山（当地人称之为"鲁文朱拉山脉"）的顶峰高达5 100米，上面有5个植被带，从热带雨林到高山草甸和积雪地带，依次分布。[1] 在24 000年前的"末次盛冰期"里，鲁文佐里山中部诸峰上的冰川，开始顺着穿过整座山脉的山谷往下流去。冰川汇合之后，在海拔约2 300米的地方形成了一条超级冰川。现在早已消失的那片冰盖融化之后留下的冰川碎石，在海拔3 000米的地方围出了一个完整的潟湖，即马霍马湖（Lake Mahoma）。如今，那些山谷中都长满了郁郁葱葱的热带植物。险峻的山坡高高耸立，白雪皑皑的顶峰常常笼罩在云雾之中。尽管如此，情况仍然令人担忧。1906 年，鲁文佐里山中有 43 条业已命名的冰川，它们分布在 6 座山上，面积为 7.5 平方千米。但在如今全球变暖的形势下，只有 3 座山上还有冰川，面积也只有 1.5 平方千米了。冰川的长期融化，给鲁文佐里山的植被与生物多样性带来了巨大的影响。

这些山顶积雪的山峰，本是显示现代气候变化的晴雨表，可上面的冰雪却正在以惊人的速度融化。然而，它们也提供了关于远古时期的一些关键信息。冰川前进时，会裹挟着一堆堆的岩石与泥土；而冰川消退时，宇宙射线就会不断地照在这些刚刚裸露出来的一道道岩石与泥土之上（即冰川碎石堆积物，称为"冰碛"）。将这些冰碛碾碎，然后测量其中的宇生同位素铍-10（或者写作 10Be）的累积量，科学家就能确定冰川消退的时间，了解冰川随着时光流逝而向山上消退的情况，然后间接计算出气候变暖的程度。结果我们得知，鲁文佐里山上的冰川面积在大约21 500 年前到 18 000 年前之间达到了最大，然后由于全球气温上升，它们在大约 2 万年前至 19 000 年前的某个时候，开始无可阻挡地消退。[2] 这个地质时刻，标志着地球当前的自然变暖的开始，从而预示着最后一个"大冰期"结束了。

人们在东非的湖泊中钻取的岩芯，也表明了类似的情况。到19 000 年前，热带地区的海洋便开始升温了。此时，也正是覆盖着北美洲北纬地区那片广袤的劳伦太德冰原开始消退的时候，而南半球的冰原也是如此。"大冰期"末期的世界，发生了划时代的改变，而北纬各地区尤其如此。差不多 19 000 年前至 16 000

年前，海洋与陆地的温度都仍然较低。此后，气候变暖就开始加速了。但在15 000年前到13 000年前那段时间里，气温迅速上升，可能每个世纪的升温都高达7℃。到了大约13 000年前至11 600年前，气候这座"跷跷板"出人意料地再次跳水，气温下降到了寒冷得多的程度。这段寒冷的"瞬间"就是所谓的"新仙女木"时期（参见绪论），持续了约1 000年。气温骤降后，欧洲重新出现了北极地区的植被，冰原也再次开始前进。欧洲与亚洲西南部变得更加干燥。一场严重的干旱袭击了中东的许多地区，迫使众多部落开始迁徙，以寻觅食物。如今人们对造成干旱的原因争议颇多，从一系列火山活动到可能是陨石撞击，不一而足。"新仙女木"事件的影响是区域性的，并且在一定程度上与中东地区首次出现农业的时间相一致。这个时期以地球再次开始逐渐变暖而告结束，而这种变暖一直持续至今。

不断变化的地形地貌（自16 000年前起）

但是，这种情况对我们的祖先又意味着什么呢？在欧亚大陆北部，大约16 000年前之后，狩猎部落进一步向北迁徙，进入了冰川刚刚消融、变成了开阔草原的一些地区。随着"新仙女木"事件之后气温升高，森林逐渐取代了这些草原，先是桦树林，最终则成了橡树林。[3] 欧洲的狩猎部落，也从捕杀驯鹿和喜欢寒冷气候的猎物转向了捕猎马鹿、野猪和其他的森林动物。当时的猎人仍然使用长矛和投矛器，后者是一根带钩的棍子，能够准确无误地将长矛投掷出去。简单的弓箭此前早已为人们所使用，可能是 5 万多年前在非洲率先开始使用的；不过，在新的石器技术让人们能够制作出小而锋利的箭头之后，弓箭才开始盛行。这些轻型武器的射程更远，故拥有一种巨大的优势，能够猎杀飞行中的禽类。

人类有了弓箭之后，野兔、啮齿类动物以及迁徙的水禽就变成了颇受重视的食物；人们不仅用网子和陷阱捕捉，而且可以用这种轻便的新型武器捕猎它们了。木箭的顶端带有小而致命的锋利倒钩，以及重量几乎可以忽略不计的致命箭头。考古学家把这种箭头称为"细石器"（microlith），即细小的石头。在猎物种类增加的同时，人们也扩大了对各种植物性食物的利用。此时，禾谷植物、水果和坚果绝对不只是补充性食物，而是"后大冰期"时代人类饮食中的核心组成部分。许多部落定居在湖畔、河滨和避风挡雨的海湾边，而在这些地方，捕鱼与寻觅软体动物也变得日益重要起来。在很多地方，大大小小的部落群体曾经可能年复一年甚至是永久地利用相同的营地；这一点，取决于各季食物的丰富程度。

随着冰川融化、全球海平面上升，数千年的气候变暖也导致海岸线与河流发生了巨变。大陆架消失了，比如东南亚的近海大陆架就是如此。位于西伯利亚与阿拉斯加之间的"白令陆桥"，变成了一个风暴肆虐、波涛汹涌的海洋。直到大约 8 500 年前，不列颠群岛与欧洲大陆之间的北海还是一处由低洼的湿地与湖泊组成的陆桥。地质学家根据地名"多格浅滩"（Dogger Bank），将这个沉没的古代世界称为"多格兰"；如今，多格浅滩成了一处富饶的渔场。[4]曾经有好几千人在那里繁衍生息。许多部落必定是划着独木舟、撒渔网、布渔栅、猎野禽，捕杀鹿和其他小型猎物，几乎终生如此。像"大冰期"里的所有人一样，他们也在不停地奔波，只不过，他们流动的必要性不仅是由动物的迁徙或植物性食物的时令所决定的，还取决于水位的变化情况。在这种近乎一马平川的环境中，海平面若是上升，甚至像某一次那样，爆发一场海啸，那就意味着到处都会洪水滔天。一个有所遮蔽的独木舟码头，可能会在一个人不到一辈子的时间内就没入水下。

由此导致的影响，是很深远的。动物们都选择了新的迁徙路线，而当栖息地变成泽国之后，它们又会继续迁徙。突如其来的洪水，带来了疾病与新的寄生生物。最重要的是，在一个人口密度不断上升的时代，失去狩猎场地和明确划界的部落领地，会导致严重的社会动荡，会让人们为了获得开始稀缺的食物而展开争夺，从而不可避免地出现暴力现象和战争。持续不断且似乎势不可当的变化与环境威胁，引发了一种持久的不安全感，甚至是恐惧感，就像当今这个世界里，海平面上升带来的威胁让太平洋诸岛和其他低洼地区的人都心感忧惧一样。多格兰地区内发生的每一场大洪水，都意味着人们失去了一片曾经饱含意义与情感记忆、浸润着家族历史与亲族纽带的土地。它也意味着人们丧失了许多实用性的知识，比如在哪里可以找到最优质的鱼类，或者优质的燧石。尽管一些分析人士可能会不以为意地指出，人口流动是一条适应气候变化的可行之道，但在有些时期，生态环境变化必定曾带来创伤，甚至是危机。大约在公元前 6500 年到公元前 6200 年间，大西洋海平面上升，形成了北海，淹没了以前的多格兰陆桥，使之变成了如今的汪洋大海，将不列颠与欧洲大陆分隔了开来。

不过，随着全球变暖，机会主义开始发挥作用了；其实，人类一贯如此。早期的人类既没有被永久性的住宅所束缚，也没有在庄稼种植方面进行投入，故他们会发现，不断迁徙相对容易，至少比后来定居的一代又一代人更加容易。同时，人们对环境了如指掌，这就意味着他们可以用灵活而具有创造性的方式去应对不断变化的气候。当然，我们在古人的技术创新中也会看出这个方面的蛛丝马迹，比如新型的渔具；1931 年人们在多格浅滩附近发掘出的一把经过精雕细刻的多齿骨制鱼叉叉尖，就是一个例子。

大约 15 000 年前的某个时候，第一批人类横跨白令陆桥，从西伯利亚来到了阿拉斯加；他们极为了不起地适应了新环境中的生活。[5] 率先迁来的，是北极地区的狩猎民族；他们很可能是沿着太平洋海岸往南，无比迅速地扩散到了北美洲及其以南的地区。在几千年的时间里，尽管人口仍然稀少，但人类已经适应了各种各样的环境：从北极苔原到广袤开阔的平原，再到沙漠和热带雨林，范围惊人。

起初，美洲的人口数量极少，分布广泛，并且分成了一个个的小部落。第一批美洲人属于来去匆匆的民族，他们不停地迁徙，只是偶尔与其他民族接触一下。他们的工具都很轻便，易于携带；至于狩猎武器和其他设备，许多都是到需要的时候才制作出来，然后很快就丢掉了。他们留下的东西，如今我们几乎都无从看到，通常只有散落的石器和石片，偶尔也有动物的骨头。据我们所知，当时人类用的是锋利的石刀和石尖长矛，它们与西伯利亚出土的工具几乎没有什么相似之处；这就表明，新的环境导致人类采取了新的适应手段。一些零散的石器和经放射性碳测定的工具，其年代可以追溯到 14 000 年前，甚至更早。

大约 13 000 年前，北美洲出现了分布广泛的克洛维斯人，他们以制作出了独具特色、带有薄底座的石制枪头而闻名。克洛维斯人全都是技术高超的猎手，能捕杀各种大小的猎物，但他们也曾广泛采集各种植物性食物。与先辈们一样，他们的流动性极强，能够长途追踪野牛和体形较小的猎物。克洛维斯人还曾从遥远的地方获得纹理细密、用于制造工具的石头。例如，在相距 1 770 千米之远的密苏里州圣路易斯附近，人们竟然发现了用来自北达科他州一些采石场的"刀河燧石"（Knife River Flint）制作而成的克洛维斯燧石矛尖。这些流动性强、多才多艺的克洛维斯部落适应了各种具有挑战性的环境，从"大平原"上的草地直到西部的沙漠之地，以及从寒冷的北方到炎热的沙漠这样的极端气温。

克洛维斯人的文化传统，繁荣发展了大约 500 年。接下来，克洛维斯文化就被另一种从事狩猎与采集、称为"福尔索姆"

（Folsom）的传统文化取代了；后者是一个文化标签，代表了从阿拉斯加的边境到墨西哥湾这个广袤地区里繁衍生息的数百个小型的狩猎部落。许多部落都曾逐猎北美野牛，可福尔索姆诸部落却适应了从落基山脉到"大平原"东部的草原林地等广泛多样的环境。数个世纪过去之后，他们的后继者也适应了各种各样的自然环境，包括西部的沙漠、东部的林地，以及异常富饶的河口与湖滨之地；在这些地区，日益复杂的狩猎采集文化曾于同一个地方繁衍生息数代之久，主要依靠鱼类、植物性食物和猎物为生。在这里，亲族纽带加上食物与其他商品的互惠交换既增加了人们的居住稳定性，也让他们与古老的土地之间形成了紧密的联系。其中有些社会，还成了后来一些更加复杂的狩猎与农耕社会的前身。

所有这些社会都一如既往，将文化价值观、本能以及像拓展食物来源与流动性等经过了深思熟虑的策略结合起来，成功地应对了严重的气候变化，尤其是日益加剧的干旱与气温上升这两个方面。人口密度不断增长与定期接触其他部落，使得人们更加容易分享食物、进行合作，尤其是更易提供有关复杂环境的知识；当时的人类社会，普遍对环境心存敬意。

完美风暴

随着先前数千年里"大冰期"气温的升高，亚洲西南部的森林面积也迅速扩张了；只不过，当时的气温仍然比如今低，而降雨则相对充沛一些。植被变得更加丰富多样，其中还出现了野生谷物，为人类提供了大量可食用的谷物种子。猎物很丰富，而谷类植物和可食用的坚果（比如开心果与橡子）也是如此。底格里斯河与幼发拉底河的下游地区尤其如此，一代又一代的狩猎与采集民族都生活得极其富足，以至于他们开始在那里定居下来。他们兴建了一些规模越来越大的定居点，并且把死者安葬在墓地里，其中许多死者还有奢华的装饰品陪葬。有迹象表明，当时出现了较为复杂的社会组织，尤其是有迹象显示，他们对祖先，即以往数代居住在同一片土地上的人怀有一种更加深刻的敬畏之情。这一点并不令人觉得奇怪，因为将人们的土地所有权合法化的一个好办法，就是强调他们跟曾经拥有这片土地的祖先之间有着密切的联系。

不过，刚开始时他们为什么要定居下来呢？要知道，在600多万年的漫长岁月里，古人类一直都在迁徙，而智人也迁徙了30万年之久呢。一种说法认为，是冰川融化之后，大约14 500年前至12 900年前，那种食物丰富、气候也较温和的环境条件，促使觅食民族开始在距肥沃土地不远的村庄里永久定居下来的。还有一种观点则认为，是降雨量增加和食物供应状况改善导致了人口增长，这就意味着人们会积极主动地想要获得"部落领地"的所有权。至于实际情况，很可能是二者兼有。

然而，食物充裕的温暖期过后，就迎来了气候寒冷的"新仙女木"事件；它不但导致了黎巴嫩北部等地的气候条件变得更加干燥、气温有所下降，而且给那些地方带来了大范围的干旱。我们早已得知，"新仙女木"事件对亚洲西南部以采集觅食为生的社会造成了影响，但如今我们还对这种影响的细节有了十分详尽的认识；这一点，要归功于人们对以色列的索瑞克石窟（Soreq Cave）中的洞穴沉积物所进行的研究，以及用其他气候替代指标（包括花粉和同位素记录）进行的研究。

对人类而言，气候条件变得较为干燥之后，他们就更加重视收获野生谷物和建造野生谷物的储存设施了。与此同时，植物栽培实验也进展得很顺利；早在23 000年前，在以色列加利利海（太巴列湖）岸边的"奥哈罗二号"（Ohalo Ⅱ）营地，人们就开始率先种植大麦与小麦，至少也是暂时开始种植了。当时的实验似乎为时不久，降雨量增加之后就没有再进行下去。在干旱环境里，动植物都属于无法预测的资源，栽培野生禾草显然已成为一种公认的策略。无疑，其他群体在"大冰期"末期也栽培过谷物；但此时人类栽培的谷类植物出现了基因改变，既导致了全职农业的产生，也导致了人口的显著增长，故人们开始广泛地转向了有意的作物栽培。

不过，转向粮食生产属于一个适应过程，情况比乍看之下要复杂得多。既不是哪一个人"发明"了农业，也不是哪一个人在某天决定要去驯养有用的动物。相反，它是在多达14个地方（很可能更多）逐渐展开、独立进行的一个转变过程，通常是为了应对气候变化。[6]

第一批农民（约 11 000 年前）

尽管人类进行过各种各样的早期实验，但正经的粮食生产，始于约 11 000 年前的亚洲西南部、东亚和南美地区。大约 3 000 年至 4 000 年后，中国的长江与黄河沿岸都出现了农民。5 000 年前，南亚与东南亚、非洲大草原的部分地区以及北美洲都兴起了农业和畜牧业。这些新兴经济以不可阻挡之势扩张开去，但取决于当地的环境而速度不一。有了较为可靠的粮食来源之后，人口数量与密度都出现了持续的增长。人类刚开始进行粮食生产时，全球只有 500 万左右的人口，但到了基督时代，这一数字急剧增长到了 2 亿到 3 亿之间。现在，自给农业与工业化农业养活着全世界 75 亿人口，而这个数字还在不断增长。但是，如今仍有不到 100 万的人口，在以古老的狩猎和采集方式生活着。

半个多世纪以前，考古学家维尔·戈登·柴尔德曾经撰文论述人类历史上出现过的两大革命，即农业革命与城市革命。[7] 柴尔德笔下的这两大革命，掩盖了粮食生产能力曾经导致人类社会出现的一些复杂得多的变化。其中，不仅有人类在农作物与动物方面的专业知识的发展，还有规模更大、人口也要密集得多的永久性定居地的建立。

柴尔德是一位马克思主义者，故尤其关注一些与定居生活相关的社会和经济问题，比如财产的积累、对有限土地的投资，以及后来少数人对多数人的统治。人类过上定居生活之后，的确出现了一种朝着竞争、社会不平等以及社会等级日益森严等方面发展的强大趋势。但另一方面，新兴经济也意味着此时一些人摆脱了筹集食物的日常任务，可以专攻其他的事情，比如制陶或冶金，或者只是花时间去思考和关注生活中的其他方面。这正是定居社会促使冶金、写作、艺术与科学领域里出现了大量创新的原因。此外，随着人口倍增，人们的想法也是如此，尤其是在他们会聚于城镇，能够分享知识与思想的时候。人口增长并非只因为食物供应很充足这一个方面（这种充足，从来都没有什么保障），还因为多生几个孩子（作为未来的劳动力）在农耕社会里往往是一种优势。这一点，与从事狩猎和采集的社会形成了鲜明的对比，因为子女太多会给后一种群体的食物供应带来负担。随着人口增长，村落变成了集镇，集镇变成了城市，而城市则变成了王国，然后有了实力强大的帝国。

这种情况，还导致了一些意想不到的后果，即出现了由家畜或者昆虫滋生引发的新传染病，并且给环境带来了种种压力。这些"文明的变革"，对全球气候产生了重大影响。回顾过去的75万年，其间至少交替出现了8个气候温暖的"间冰期"，以及它们之间气候寒冷的冰期；其中的每一个冰期开始的时候，大气中的温室气体含量都很高，然后，随着气温下降，温室气体的含量也会缓慢下降。接着迎来了当今这个时代，地质学家称之为"全新世"；当然，这是一个农耕时代。气候学家威廉·拉迪曼已经指出了大气中的二氧化碳含量起初逐渐下降，但在大约7 000年前又开始上升的过程。[8] 大气中的甲烷含量，则在差不多2 000年之后开始上升。他认为，二氧化碳含量增加是人们砍

东非坦桑尼亚的刀耕火种。自给农业与畜牧业导致的滥伐森林，已经极大地改变了全球的环境与大气中的碳含量（图片来源：Ulrich Doering/Alamy Stock Photo）

伐森林以进行农耕导致的，而甲烷含量上升则是人类种植水稻的结果。拉迪曼的理论虽然备受争议，如今却已日益被人们广泛接受。可以说，从狩猎与觅食到农耕这个古老的转变过程，缓慢却势不可当，并且确实在无意当中助长了全球变暖，大大增加了我们在面对短期与长期性气候变化时的脆弱性。

当然，人类一向都很脆弱。像灾难性干旱之类的短期事件，有可能在气候并未变暖的情况下突然降临。以前的社会为何能够适应突如其来的气候变化，并且幸存下来呢？很显然，寻找食物是推动当时社会发展的压倒性因素。当环境有利，猎物和植物性食物都很丰富时，人类的生存决策相对简单，其依据的是哪些食物最容易获得，并且会受到他们与邻近部落之间竞争的影响。环境条件恶化之后，就出现了新的问题；其中之一，就在于最大限度地降低风险。人类的直觉发挥了重要的作用，而一些传统的生存策略也不例外。有些人可能在不发生冲突的情况下，迁徙到新的地方；其他一些人则有可能争夺资源，诉诸暴力，可结果却毫无保障。

当时，人们在很多方面必定都是依赖长期的社会记忆，依赖于人类代代相传的关于环境与食物资源方面的知识。不同于狩猎与采集民族，一旦与土地紧密联系起来，农民就会规避风险；他们非常清楚，反复出现的作物歉收与禽畜疾病有可能让他们无法适应天灾，比如一场旷日持久的干旱。结果，必定有很多人丧命，也必定有一些群体走向了灭绝。在这个方面，不断迁徙的觅食民族与世世代代留在一个地方尝试耕作的农民之间，就出现了一种重大区别。连最早的农民，也对他们的土地、房屋、储藏设施和仪式中心进行了大力投入。在对环境的这种精神依附的作用下，他们往往会对环境变化做出积极的反应，比如养羊而不养牛。抛弃一个定居地和整个部落所珍视的土地，是一种迫不得已的策略。

在气候快速变冷的"新仙女木"事件中，黎凡特*北部地区才真正开始了农业；假如仔细思考一下这个事实，我们就能看出环境在人类生活当中所扮演的角色。[9] 这种气候变化，可能导致

人们开始进行粮食生产，因为冬季的霜冻杀死了种子，并且推迟了谷类作物的发芽与成熟时间。各个群落都不得不改变他们的食物来源。这是一个个季节性气候条件不断变化和很不稳定的时期。在只能养活少量人口的地区，存在严重的人口压力。结果，就出现了剧烈的社会动荡、争夺食物和无数次小规模的迁徙。觅食民族做出的反应，是从内盖夫沙漠（Negev Desert）和叙利亚-阿拉伯沙漠边缘这种较为干旱的地区，迁徙到了有可耕土地的地方。但短期内，觅食民族只能在靠近沙漠、不可耕作的边缘地区勉强生存。

巨大的转变，出现在有地中海植被的地区，或者说靠近"肥沃新月"中那个大草原的地区。[10] 在其他一些森林较多的地区，觅食民族则继续与农民一起繁衍生息。在 11 700 年前到 11 200 年前的这段时间里，农民不但开发出了新型的斧、锛，而且开始使用效率更高的磨石、石镰，以及效果更好的新式箭头。他们的定居地变得更加恒久，还有足以傲人的土墙房屋或者砖墙房屋，这种平顶建筑常常建在石头地基上。宗教建筑的最早证据，比如土耳其东南部哥贝克力山丘（Göbekli Tepe）上的神殿，就可以追溯到这个时期。据我们所知，那处遗址的居民曾经把整座山顶变成一个祭祀中心，但他们仍然属于狩猎采集者，而不是农民。不过，他们建造了一座复杂的、带有石雕立柱的圆形建筑，立柱上雕着动物图案，表明那里曾是一个重要的圣地。

与这种神殿有关的画作、雕像和石膏人类头骨，既反映出当时的人心怀一种强烈的执念，认为祖先是土地的守护者，也反映

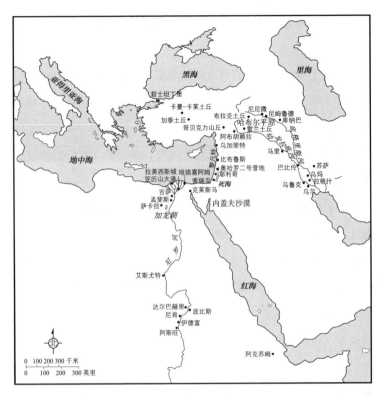

黑海

里海

亚得里亚海

君士坦丁堡

卡曼-卡莱土丘

加泰土丘

哥贝克力山丘

尼尼微
布拉克土丘
尼姆鲁德
哈布尔平原
库纳巴

阿布胡穀拉
乌加里特

比布鲁斯
马里

苏萨

地中海

拉美西斯城　培琉喜阿姆
亚历山大港　索瑞亚
吉萨　克莱斯马
孟斐斯
萨卡拉

奥哈罗二号营地
耶利哥

巴比伦
乌玛
乌鲁克
拉格什
乌尔

死海

内盖夫沙漠

加龙湖

红海

艾斯尤特

达尔巴赫里　底比斯
尼肯
伊德富
阿斯旺

阿克苏姆

0　100 200 300 千米
0　100　200　300 英里

第二章文中涉及的中东地区一些地点

出他们极度迷信创造环境、力量强大的神秘生物和滋养环境的各种气候力量。这些执念，又反映出他们更加关注领地的控制权。与此同时，神殿内精心设计的动物雕像、人类雕像或者墙壁装饰则证明，他们与不论远近的相邻部落都经常交流。随着这些交流而来的，就是共享耕作与放牧的知识，从而让其他人也能采用新的生存方式与可持续发展方式。

第一批城镇：药物、干旱与疾病（约公元前 7500 年）

面临干旱时，随着森林范围逐渐缩小，野生禾草的收成也开始大幅下降。一些饥肠辘辘的部落依靠猎杀小羚羊与对谷物和豆类进行精耕细作而幸存了下来。在土耳其东南部和叙利亚北部这样的地区，一些群落开始种植野生禾草，想要扩大它们的种植范围；这种做法是人们熟悉的一种实验策略。

在叙利亚北部靠近幼发拉底河一个叫作阿布胡赖拉的村庄土丘上，大约 13 000 年前的原始居民都住在简单的"窖屋"里；那里的环境可谓林木繁茂，动物与野生谷物都很丰富。[11] 他们还会捕猎成百上千头波斯瞪羚；每年春季，波斯瞪羚都会从南方迁徙而来。考古发掘者安德鲁·穆尔（Andrew Moore）用细筛对覆盖着灰烬的居住层进行筛选，从中获得了大量的植物性食物样本。他的同事戈登·希尔曼（Gordon Hillman）则发现，这些样本来自 6 种主要的野生植物。不过，当时还有数百种其他的野生植物，被人们用于各种各样的目的，其中还包括迷幻剂和染料。随着旱情加剧，这个小小的村落被人们遗弃了；或许，木柴短缺也是这里被遗弃的原因之一。

公元前 9000 年前后，一个新的村落在这座低矮的土丘上兴起，然后逐渐发展到了占地近 12 公顷的规模。在一代人左右的时间里，人们不再捕猎瞪羚，而是开始牧养绵羊与山羊。希尔曼发现，人们起初是在附近的森林里采集水果与禾草。随着干旱加剧，一度生长在房屋附近的野生禾草变得日益稀少起来。400 年过后，旱情更加严重了。起初，人们通过转向采集种子很小的禾草与其他的应急性食物，来适应这个始终都属于半干旱气候的地区。从他们留下的骸骨来看，与前人相比，第一批农民的生活过得尤其艰难。一些年轻人的颈部和脊椎都有问题，因为他们经常背负太重的东西，比如一捆捆谷物或者建筑材料。女性身上通常有趾骨磨损的迹象；这种症状，与脚趾总是处于蜷曲／弯折姿势导致的症状相吻合——这种姿势，也就是她们在房中地上固定的磨石上无休无止地加工谷物时所需的姿势。尽管有这些问题，这里的人口还是迅速增长，以至于居民多达 400 人了。生活在如今业已荒芜的干旱草原环境中，他们便采用了人类从事农耕之前一种源远流长的策略：他们最终弃这座村落而去，迁往水源较丰富的地方了。

公元前 7700 年过后，随着环境再次变得较为有利，这座土丘上又兴起了一个更大的村落；村中都是土砖平房，由狭窄的巷子隔开。阿布胡赖拉的情况，并非特例。随着更湿润的气候条件卷土重来，人们便忘掉了气候较干燥的那几个世纪，农业与畜牧业也从沿海地区扩散到了内陆，从低地传播到了高原，经由美索不达米亚传到了土耳其与尼罗河流域。然而，人们变成农民并不只是由于气候的变化。这个转变过程要复杂得多。

在土耳其中部的加泰土丘，人们进行了另一项长期的考古发掘工作；这是一个大型的村落，或者说一个房屋密集的小型城镇，在大约公元前 7400 年至公元前 5700 年间的 1 700 多年里，重建了起码 18 次。[12] 此地之人的日常生活，以一群群密集的住宅为中心；在这些住宅里，同一家族已经居住了数代之久。许多房屋都带有装饰，所用的艺术风格非常奢华，呈现出复杂的象征意义。墙上绘有人类与猛兽的壁画，还能发现人类与公牛的石膏头骨。在有人居住的房屋里，居住者会与过去进行密切的互动。其他一些房子里则存放着人类的骸骨，数量比曾经居住在那里的活人要多得多。它们似乎就是考古发掘者所称的"祖宅"，是人们举行祭祀仪式、在世者得以接触备受敬重的祖先之地。

当时的加泰土丘人的生活，并不一定令人觉得舒适。在加泰土丘最繁盛的时期里，有3 000人至8 000人住在村中或者附近；当时的降水相对充沛，贸易也在蓬勃发展。加泰土丘人面对过人口过密、传染病频发、暴力肆虐等问题，还遇到过严重的环境问题。公元前7400年前后始建的这个小村落，迅速发展成了一座人口稠密、规模大得多的村庄，甚至成了一座城镇，因黑曜岩（即用于制造工具因而备受重视的火山玻璃）生意红火而繁荣起来。如今，生物考古学家能够对当时居民骨骼中的化学成分进行研究。骨骼中稳定的碳同位素表明，当时的人主要以谷类为食，比如大麦、黑麦和小麦。他们一开始养的是羊，后来则是养牛。他们以谷类为主的饮食，导致了许多蛀牙病例。人们腿骨的横截面表明，后来住在这里的人比起初的居民走路更多。研究人员认为，这是因为后来的居民不得不到远离社区的地方去耕作与放牧。领导这项研究的克拉克·斯宾塞·拉森（Clark Spencer Larsen）认为，当时的环境恶化与气候变化，曾经迫使社区成员到离住处很远的地方去种植庄稼和充分收集一种至关重要的物品：木柴。

在整个中东地区的气候变得日益干旱的那个时期里，加泰土丘在蓬勃发展。不过，长期的人口过密与恶劣的卫生条件必然会导致传染病；这一点在死者的骸骨中会显现出来。当时的住宅，就像是一栋栋拥挤不堪的廉价公寓，以至于研究人员对墙壁与地板进行分析时，竟然发现了人畜粪便的痕迹。垃圾坑和畜栏，都紧挨着一些房屋。这里的卫生条件，必定恶化得非常迅速。人口过密，也导致了暴力现象。在一份由 25 人构成的样本中，竟然有超过四分之一的人身上都存在愈合了的骨折痕迹。他们中的一些人还曾反复受伤，其中许多处伤都是他们背对袭击者时，被硬邦邦的黏土团击中头部造成的。受害者中，超过半数都是女性。大多数袭击，都发生在居住环境最拥挤的那几代里；或许，那几代就是这个社区内部紧张和冲突的时期。但最引人注意的一点在于，加泰土丘农民所面临的种种问题，几乎与如今城市在更大规模上普遍存在的问题毫无二致。

在人们与土地的关系变得越来越紧密的一个时代，更频繁与更广泛的相互交往把远近各地的社群联系起来。在当时这个日常活动比以往任何时候都更加紧密地围绕着四季的无尽更替来进行的社会里，一种不可抗拒的延续性理念变成了生活中一个核心的组成部分。在这种背景下，几乎所有地区的农村社会都必须应对气候变化带来的种种挑战。

在公元前 6200 年至公元前 5800 年间，一场场灾难性的干旱对位于尤克辛湖（Euxine Lake，即如今的黑海）与幼发拉底河之间的农耕社区都产生了影响。干旱旷日持久，湖泊与河流纷纷干涸，死海水位也降到了历史最低。在冷酷无情的干旱面前，大大小小的农耕社区都开始缩小规模和逐渐衰落下去。许多人消失不见，无数人死于饥饿和饥荒导致的疾病。还有一些人，例如一度繁荣兴旺的加泰土丘居民，则因为满足不了体形较大的畜群的饮水需求，从养牛转向了牧羊。

生存朝不保夕

"大冰期"结束后，人类不得不去适应剧烈的气候变化。随着冰原消退，海平面上升，就连地形地貌也发生了令人难以想象的变化，然而人类（此时仍然属于以狩猎和采集为生的游牧部落）利用了自己最熟悉的知识：他们采用了传统的方式，依靠经验、亲属关系、合作以及技术创新来降低风险和保持韧性，从而成功地适应了深刻的文化变革和环境变化。

最大的一些变化，是在大约 11 000 年前之后，随着世界各地都转向了农业与畜牧业而出现的。自给农业与畜牧业将人们束缚在土地上，故他们开始"进口"当地没有的商品。此时，买卖"异域商品"的长途贸易就真正开始飞速发展起来。黑曜岩这种纹理细密的火山玻璃，变成了制造工具和装饰品的一种紧俏商品。英国考古学家科林·伦弗鲁（Colin Renfrew）曾经利用岩石中独特的微量元素，勾画出了地中海东部广大地区的黑曜岩贸易路线。

　　然而，大多数靠农耕为生的人却过得非常艰辛，生活也朝不保夕。人类第一次开始面对自给农业的严酷现实，他们无法像过去那样靠迁徙来适应，只得忍受短期与长期的干旱。与耕种土地、经营农场相比，直接外出寻觅食物或者捕猎野兽时，需要付出的时间与精力要少得多。人类学家已经在他们与一些以狩猎和采集为生的群落合作研究的过程中一再证明了这一点；比如，研究坦桑尼亚的哈察人（Hadza）觅食部落时，他们曾经仔细记录了该部落生活方式中的热量消耗与恢复情况。此外，人类学家对非洲卡拉哈里沙漠的桑人进行的研究也已证明，耕作所需的热量与时间，要远多于以狩猎与觅食为生的部落采集等量食物所需的热量与时间；更何况，狩猎与觅食部落的人口数量事实上一直都在减少，因此整个部落无须再付出那么大的努力。

　　但是，那些最终幸存下来的农耕部落之所以能够维持下来，在很大程度上要归功于前人遗留下来并代代相传的风险管理措施。适应气候变化是一个局部性的问题，取决于人们掌握的环境知识和继承的经验。如今我们仍然属于定居民族，却经常忘记局部适应的重要性。应对气候变化的措施，往往是从局部层面开始的，并且适合当地周围的局部环境。无论我们是住在乡村，还是住在一个有数百万人口的城市里，这一点到今天都仍然适用。

　　而且，随着农业经济的扩张，人口密度也将开始上升。假如说"成功"要根据人口密度的上升来衡量，那么，农业就发展得非常成功。在数个世纪的时间里，美索不达米亚这个"河间之地"的南北各地，就都散布着从事农业的社群了。不久之后，先是城镇，然后是拥有文字、纪念性建筑物、黄金、珠宝、富有魅力的国王和进行全面战争的复杂城市，就会涌现出来。接下来的两章，我们将探讨美索不达米亚及其同时代的埃及文明与印度河流域文明，看一看它们在与日晒雨淋做斗争的过程中成功和最终失败的情况。

第三章

特大干旱
（约公元前 5500 年至公元 651 年）

马尔杜克既是众神之王与人类之王，也是正义、健康、农耕和雷雨之主，掌管着美索不达米亚的底格里斯河与幼发拉底河两条大河之间的那个原始宇宙。至少，古老的传说中就是这样说的。他跨上自己的风暴战车，用洪水、闪电与狂风暴雨，在混沌当中确立了秩序。这位魅力非凡的神祇战胜了混沌之龙，改变了属于世界上第一批城市居民的苏美尔人那纷乱不安的精神世界与人性世界。马尔杜克掌管的这片土地，气候十分极端，夏季灼热异常，气温高达 49℃，冬季则暴雨肆虐，气温寒冷刺骨。他统治的这个世界，喧嚣动荡、反复无常且总是变幻莫测。

他手下的诸神，在这片肥沃与暴力之地上建立了一座座相互争权夺利的城市。美索不达米亚地区的一个创世传说中曾称："率土皆海，继而埃利都生焉。"数百年后，这个传说被人们刻到了一块泥板上。埃利都城位于幼发拉底河以西，在今天的伊拉克境内，是所有城镇中最古老的一座，属于"地狱之王"兼"智慧之神"恩奇（Enki）的居所。埃利都最早的神庙，建造时间可以追溯到公元前 5500 年左右；5 个世纪之后，人们在一座宏伟的阶梯式金字形神塔（庙丘）下面发现了它，里面装饰着色彩鲜艳的砖块。另一座城市乌鲁克同样位于如今的伊拉克境内，也靠近幼发拉底河；公元前 5000 年之后，两个大型的农耕村落合并成一个定居地，原本发展迅速的这座城市就发展得更快了。[1]乌鲁克是神话故事中的英雄吉尔伽美什的故乡。近 2 000 年之后，即到了公元前 3500 年，这里完全不只是一座大型的城镇了。其周围的卫星村庄，向四面八方延伸近 10 千米之远，每个村庄都有自己的灌溉系统。4 个世纪之后，乌鲁克的面积达到了近 200 公顷，成了一座拥有 5 万至 8 万人口的城市。乌鲁克变成了一个重要的宗教与贸易中心，与一个更广阔的世界相连，其两侧就是幼发拉底河与底格里斯河这两大贸易线路。那里有一座雄伟的神庙，据说是吉尔伽美什本人供奉给爱神伊南娜（Inanna）的；而在神庙的所在之地，据说爱神伊南娜曾亲手种下了一棵采自幼发拉底河畔的柳树。按照《吉尔伽美什史诗》中的记载，乌鲁克有四个区域：城市本身、花园、砖坑，以及最大的神庙区。

女神伊什塔尔*的金字形神塔与神庙区，位于一座拥挤不堪的大都市，市里街区密布，到处都是土砖建成的房屋。其中的大多数都属于关系紧密的同族社区，与城市腹地的村落或者专业工

---

* 伊什塔尔（Ishtar），前文中爱神伊南娜在古巴比伦神话中的名称。——译者注

匠生活、工作的地区之间有着长久的联系。狭窄的街道将住宅分隔开来，但街道的宽度足以让驮畜通过。在风平浪静而寒冷的日子里，整座城市和繁忙的市场都笼罩在各家各户的火塘与作坊中冒出的一层烟雾当中。乌鲁克到处都是动物的叫声与人声：狗在吠，小贩在摊位上兜售商品，男人在吵吵闹闹，女人们走到一起购买粮食，远处的神庙围墙后则传来了吟唱圣歌的声音。各种气味混杂在一起，食物、牛粪、腐烂的垃圾与尿液的味道交织；但与美索不达米亚地区的其他所有城市一样，这里虽说位于一个有可能出现危险自然事件的环境里，却是一个生机勃勃的地方。

城市很快就变成了一种常态。[2]到了公元前4千纪末，美索不达米亚南部有超过80%的人口都生活在占地面积超过10公顷的定居点里；那是一片动荡不安的土地，由竞争激烈的城邦统治着。它们构成了我们如今所称的苏美尔文明，以幼发拉底河与底格里斯河之间、如今的伊拉克南部为中心。苏美尔很难称得上是一个统一的国家，实际上不过是由城市与城邦拼凑而成的，而这些城市和城邦都依赖于印度洋夏季风带来的降雨，以及春季与夏初的河水泛滥。

随着城市发展起来，农业生产也急剧增长，足以养活成千上万的非农人口。这种农业生产，靠的是春夏两季沿着那两条大河顺流而下的洪水。大约公元前3000年之后，带来夏季降雨的印度洋季风强度开始有所减弱。雨水减少，并且来得较晚，去得却较早。土耳其的降雨量也下降了，而那里正是幼发拉底河与底格里斯河洪水的发源地。美索不达米亚的气候变得不那么稳定，还有造成严重破坏的漫长干旱周期，而对靠着经常突然改道的河流生存的小规模群落来说，影响尤其严重。

就算是有充沛的降水，这种情况对灌溉农业来说也是一大挑战。[3] 随着城市的发展，人们对谷物和其他主食的需求也大大增加了。数个世纪以来，农民都是沿着天然堤坝的后坡、沿着被洪水淹没的洼地边缘，耕作一片片狭窄的田地。他们还利用天然堤坝上的缺口以及由此冲积而成、排水状况较好的淤积土层，因为它们可以进行小规模的灌溉。不过，这种田地只能养活相对较小的定居地，其中大多是一些主要水道兼商路沿线的村庄。这就是在地方层级管理农业极其有效的原因。

城市里居住的人口很快达到了 5 000 人至 5 万人，在面对较为干旱的天气条件时，这里就不可避免地出现了精耕细作与人造的灌溉设施。那些将村落与村落、村落与城市连接起来且本已紧密的相互依存网络，则具有了更加重要的意义。气候变化与非农人口的日益增加，意味着以方方正正的平坦地块为基础的农耕方式，会被耕作成一块块更加标准化的长形地块的方式取代；虽说长形地块需要人们仔细照管，但农民会用牛拉犁耕地。公元前 3千纪一位农民的年历上，给出了明确的灌溉指南："唯莝满犁沟之窄底，当予顶部之种子以水。"[4] 当时并没有什么重要权威，不像后来 19 世纪西方国家的产业化农业发展起来的时候那样。相反，农学家都来自一些小部落，其中每个部落都有规模不同的灌溉设施，并且那些设施会在他们适应快速变动的环境过程中不断变化。要想在地方控制之下管理好这种经济而具多重意义的农业，人们必须对村落政治与竞争具有深入的了解才行；对于任何一个中央集权机构而言，这都是一项重大的挑战。

起初，这里并没有专制的国王和强有力的统治者来制定政策、分配水源或者修复沟渠。权力掌握在部落首领的手中，他们的权威依赖的是村民的忠诚、亲族关系，以及将农村社会、常常还有城市社会中每一个成员联系起来的各种互惠关系。这些社会现实和政治现实，导致城市与其外围社区之间出现了长期的紧张局势，导致了地方性的动荡和骚乱，并且在苏美尔文明终结之后依然持久存在。

随着城市人口急剧增长，需要更多粮食盈余带来的压力也越来越大。长条状田地以及它们之间密集的犁沟，需要一种超越家庭和亲族群体的组织水平。一种新的要素，即一种社会权威开始发挥作用了；这种社会权威也许是在神庙的基础之上形成的，负责监管着更大范围里的灌溉与农耕。我们很容易认为税收会随之出现，但实际发展起来的是一种徭役代税制，非但为灌溉设施提供了劳动力，而且为各种公共工程提供了劳动力。劳力获得的报酬，都是仔细配给的口粮，而这反过来又迫使农民去满足徭役的要求。从美索不达米亚北部到伊朗腹地，都出现过为劳工准备的、带有斜边的标准化口粮碗，就是这种劳役的证明。尽管像乌鲁克的伊什塔尔神庙这样的宗教场所变成了强大的经济、政治与社会力量，但苏美尔人却生活在一个由城市与村落组成的二元世界里。村落生产粮食，城市则是制造中心、贸易中心和宗教活动中心。公元前3千纪里有一则谚语，说得恰到好处："外围村落，乃中心城市之衣食父母。"还有一块泥板上则称："民之惧者，实乃税吏。"

意大利学者马里奥·利韦拉尼曾经论述过改变了美索不达米亚诸农耕社区的重要一步。[5]数个世纪以来，这些农耕社区一直生活在自给自足、维持温饱的水平上。不久之后，它们变成了马里奥所称的、刚刚形成的城市社会的"外圈"。农耕社区为粮食生产和城市开发项目提供劳动力，至于回报，就算有的话，除了服务于掌管附近那座城市的守护神所带来的满足感之外，也是寥寥无几。"外圈"生产的粮食和提供的劳力，养活了城内获得口粮的工匠、官吏和祭司。这种不平等的粮食生产和再分配方式，不可避免地造就了一座座以社会不平等与特权为基础的城市。内外之别很快导致了精英阶层与平民百姓之间的分裂，导致了一种被礼制和强调通过等级体系进行合作的"智慧文学"[*]加以巩固的制度。有则谚语曾经鼓吹："勿逐权贵，勿毁城墙。"[6]

苏美尔人与阿卡德人
（约公元前 3000 年至约公元前 2200 年）

苏美尔人的意识形态作品当中提到了两条伟大的灌渠，即幼

---

[*] 智慧文学（wisdom literature），指公元前 6 世纪以色列人被掳流亡以后到公元纪元（即基督纪元）前后希伯来文学中出现的一种独特文体，主要以自下而上地探讨人生与伦理为主题，是《圣经》中的重要组成部分，亦称"智慧书"。——译者注

发拉底河与底格里斯河；它们都发源于美索不达米亚北部的山区，流向南部的城市。这些作品中，还描述过提着篮子、手持锄头的神灵与统治者，仿佛他们曾经躬耕过垄亩似的，从而为粮食供应与农业生产赋予了宗教意义。南部的一切都有赖于灌溉，这就意味着每个农民都清楚那片泛滥平原的细微特点，比如最肥沃的土地在哪里，洪水会经常冲垮哪些地方的天然堤坝。根据后来的铭文资料来推断，对于可能出现灾难性洪水和低水位年景即将到来的种种征兆，当时最出色的农民都已熟知。

美索不达米亚地区的农业耕作从来就不是一件容易的事情，即便是在降水较为丰沛的那几个世纪里，也是如此。至少在最初的时候，那里不可能有永久性的灌渠，因为河流经常在毫无征兆的情况下改道。河流改道是一种始终存在的风险，但天然堤坝的意外决口也带来了机会，让人们可以把河水引到有可能肥沃的土地上去。

随着公元前 3000 年之后气候变得更加干旱，城市人口不断增加，农业耕作也变得更加艰难了。过去那些不规范和不稳定的村落灌溉系统，被较为规范的灌溉方法所取代；然而，后者仍然是以社区为基础。考虑到城市依赖于村庄的粮食盈余，所以人们也别无他法。苏美尔社会由世俗君主所统治，他们被称为"恩西"（ensi）或者"卢伽尔"（lugal），掌管着农业、战争、贸易和外交。[7] 此时，随着政治权力逐渐落入少数人的手中，由政治联盟和数个世纪中将各个社群联系起来的个人或亲族义务所组成的那个不断变化、错综复杂的网络，就开始在更大范围内发挥作用。由于河流系统不断变化，而且定居地集中于主要灌溉区，外交与政治问题的重要性便凸显出来。在这里，一个据有战略位置的统治者可能切断邻邦的水源，并将邻国之人饿死。像拉格什、乌玛、乌尔和乌鲁克这样的城市之间，都曾为了水源与农田而爆发过激烈的争斗。公元前 2500 年的人所说的话，听起来与如今一样刺耳：“汝等当悉知，汝城将尽毁！速降！”[8] 一些零碎的史料记载了当时因水源与农田控制权而产生的纷争，其中经常提到“高举恩利勒*之战网”，因为当时的战争一向是以众神的名义发动的。两条大河形成宽广的环状，在大地上蜿蜒逶迤，而溃堤之后偶尔还会改道，故是导致城市之间爆发冲突与战争的一种严峻考验。到了公元前 2700 年，许多城市都建起了城墙，比如拉格什与乌尔，后者就是《圣经》当中提到的迦勒底的吾珥。经济繁荣与萧条、人口增长与减少周而复始，再加上土壤中的盐度上升（这在一定程度上是因为休耕期较短），这些方面都导致了作物减产；比如在乌尔，作物产量就比早期减少了一半。

　　日益加剧的干旱与获得更多粮食盈余的需求，使得全年耕种成了一种必不可少的惯例。像乌尔与乌鲁克之类的城市都形成了有组织的贸易联系网络，沿着两条大河延伸到了遥远的土耳其，并且产生了重大的政治与文化影响，从而形成了研究美索不达米亚的专家吉列尔莫·阿尔加兹（Guillermo Algaze）所

---

*　恩利勒（Enlil），苏美尔神话中的大地和空气之神，尼普尔城邦的保护神，还可能拥有战神和风神的神格。——译者注

称的"乌鲁克世界体系"（Uruk World System）。苏美尔的领主们曾与诸多城市展开过竞争，远至西北部的叙利亚。他们曾袭击贸易线路，吞并邻邦，但这些征伐行动都为时不久，因为内讧与国内的小对手会乘虚而入。有些统治者，必然会萌生获取更多领土的野心。公元前2334年，巴比伦南部的阿卡德国王萨尔贡打败了由乌尔的卢伽尔扎吉西国王（King Lugalzagesi）领导的苏美尔城邦联盟。[9]萨尔贡由此建立了这里第一个为世人所知的帝国，疆域覆盖了美索不达米亚全境及其以西、以东、以南的遥远土地。不过，他这个疆域远拓、控制松散的帝国与以前那些面积较小且变化无常的国家相比，在严重干旱面前要脆弱得多。最后，帝国的农业生产几乎全都靠地方官吏和社群领导人去管理了。

萨尔贡及其后继者建立的帝国，依赖于忠诚的官吏、慷慨赏赐，以及成千上万平民百姓与战俘的苦工；因为与工业化之前的所有文明一样，阿卡德人依靠的也是原始的人类劳动。日益复杂的上层建筑，要求帝国精心分配口粮，因为帝国不但要供养没有技术的劳力，而且要供养高级官吏、在城市和宫殿里工作的熟练工匠，以及用于征伐的所有军队。阿卡德人几乎所有的军事行动，以及随后对新获领土的开发，全都依赖于南北各地业已臣服的城市与村落，由它们提供大量的粮食盈余。阿卡德统治者的权力也依赖于这个网络，同时生态系统中有两个要素也尤为重要，即北部的充沛降水与滋养着南部一片片沃土的河水泛滥。

从仅存的楔形文字史料中我们得知，阿卡德的官吏曾经仔细监测过洪水的水位，因为他们极其关注作物的产量与配给。然而没有迹象表明，他们对容易为旷日持久的干旱所影响这一点怀有过什么长久的担忧之情。阿卡德帝国的活动在公元前2230年左右达到了巅峰，但持续的时间却不到100年，因为当时的雨水毫无预兆地开始不足了。雨水减少到了正常情况下的30%至50%。一场特大干旱，接踵而至。这场干旱，持续了300年之久。[10]

可怕的干旱（约公元前2200年至公元前1900年）

公元前2200年前后到公元前1900年的那场大旱，通常被称为"4.2 ka事件"，属于一桩全球性的气候事件。这种史无前例的干旱循环影响了从美洲到亚洲、从中东地区到热带非洲和欧洲的人类社会。[11]

为什么会出现这场特大干旱呢？[12]我们不能确定。太阳辐照度的变化与周期性的火山作用，是过去1 000年间气温变化的主要原因。尽管更早时期的情况可能也是这样，但北大西洋涛动此时已是一种主要的气候驱动因素（如今依然如此）。在整个欧洲和地中海地区，每年12月到次年3月间的气温与降水变化中，高达60%的变化都是由这座位于亚速尔群岛上空的副热带高压和副极地低压之间的巨型气候"跷跷板"造成的。由于北大西洋涛动调节着从大西洋进入地中海的热量与水分，故大西洋与地中海的海面温度曾对中东地区的气候产生过影响，如今也仍是如此。所以，说北大西洋涛动这座"跷跷板"推动了那场大旱的发生，似乎是没有问题的。

那场特大干旱的情况，从冰岛和格陵兰岛的湖泊沉积物以及欧洲的树木年轮中，就可以看到。源自土耳其与伊朗等遥远之地一些洞穴的高分辨率洞穴沉积物序列，也记录了这桩气候事件。同样，印度季风强度减弱之后那300年的情况，在东非与印度河流域的古气候序列中也有所体现。当时，尼罗河的洪水与印度河沿岸的降水情况突然出现了变化，而撒哈拉与西非地区也是如此。变化无常的东亚季风，也对中国东部一些历史悠久的农耕社群造成了压力。

这场特大干旱的影响，逐渐波及了各个王国、蓬勃发展的文明和乡村地区。我们在第四章中将看到，这场特大干旱发生的时间，与埃及古王国的终结和法老们的领地暂时的分裂相吻合。干旱的影响一路延伸，远至中国西藏，并且进入了美洲；在美洲，旱情与其西南部和中美洲的尤卡坦半岛引入玉米种植的时间相一致。这场干旱，也成了南美洲安第斯地区一些重要群落兴衰过程中的一个因素。

至于中东地区，人们认为当时死海的水面下降了45米左右。从采自阿曼湾的一段海洋岩芯中，我们也可以看到这场大旱的迹象，而从印度东北部的莫姆鲁洞穴（Mawmluh Cave）获得的洞穴沉积物序列，则将尼罗河水量的减少与东非地区的湖泊水位下降、印度季风的转向关联了起来。可以想见，这场干旱对不同地区的影响有着巨大的差异。在亚洲西部和美索不达米亚北部，重要的旱作农业区面积突然减少了 30% 至 50%。地中海东部、伊拉克北部和叙利亚东北部的哈布尔平原的大部分地区，都遭遇了灾难性的旱情。

运气不佳的美索不达米亚人应对干旱的方式，也大不相同。在北部哈布尔平原之类的旱作区，一些重要的中心被人们彻底遗弃，比如布拉克土丘（Tell Brak）与雷兰土丘（Tell Leilan）。[13]这种疏散，在两座城市里都对 2 万人产生了影响；随后，一些重大建筑项目也停工了。耶鲁大学的考古学家哈维·韦斯曾在雷兰土丘发掘出了一座大型的粮食储存与分配中心；公元前 2230 年左右，那里突然就被废弃了。中心外面用石头铺就的街道对面，矗立着一些已经部分建成了的房屋，说明人们当时放弃了城市建设。这里和其他地方，都曾明确做出废弃一些重要建筑物的行政决定。公元前 2200 年过后，哈布尔平原上已无人生活，直到 250 年后降水情况好转才有所改变。从土耳其境内的幼发拉底河上游流域到黎凡特南部，从事旱作的农民都弃主要城市和其他社区而去。

许多从事旱作的农民适应干旱的办法，就是一路沿着（通常称为"追踪"）水源较为充足的栖息地南下，前往一些有泉水滋养农田的地方。不过，地中海地区一些重要的沿海城市，例如比布鲁斯和乌加里特，没有这样的水源供应，故人口曾大幅减少。与此同时，南方的耶利哥却受惠于一口天然泉眼，大批羊群都有水可饮。幼发拉底河的水量虽然大减，但仍让美索不达米亚中部与南部地区能够进行某种程度的灌溉。然而，日益干旱却令畜牧业繁荣发展起来了。游牧业变得广受欢迎，成了古时人们在哈布尔平原与幼发拉底河之间进行的季节性放牧迁徙中断所引发的一种生存机制。哈布尔平原上的旱情，迫使统称为亚摩利人的游牧民族迁往附近的大草原和幼发拉底河沿岸，并且南下进入了有人定居的地区。由于他们的畜群侵占了定居者的农田，所以那里爆发了持续的动荡。由此带来的威胁极其严重，故公元前 2200 年左右，乌尔的统治者还修建了一道长达 180 千米的城墙，称之为"亚摩利亚人的驱逐者"，以遏阻这些不速之客。不过，此人的努力却是徒劳无功。[14] 在城中的官吏一直拼命地率人清理灌渠、发放少得可怜的口粮那个时期，乌尔腹地的人口却增长了两倍。刻有楔形文字的泥板告诉我们，乌尔的农业经济最终瘫痪了。

但在南方，人们却把气候变化的责任归咎于神灵，并且用诗歌或者"城市挽歌"表达了出来。《苏美尔与乌里姆之挽歌》（"The Lament for Sumer and Urim"），就是最早用神灵的行为来解释气候变化的书面史料之一。从中我们得知，恩利勒、恩奇和其他神灵曾经决定毁掉一座城市。"风雨集焉，若洪水之袭……竟至栏中之牛不得站立，圈中之羊不得繁衍；河中之水皆咸。"[15] 他们还曾下令让底格里斯河与幼发拉底河沿岸长满"邪恶之杂草"，并将城市变成"废墟"。庄稼无法种植，乡村将会干涸；"底格里斯河与幼发拉底河之水，恩利勒壅塞之"。

新亚述人（公元前 883 年至公元前 610 年）

随着庄稼死于"茎上"，尸骸浮于幼发拉底河中，整个美索不达米亚地区的城市尽数被毁。食物匮乏，河渠淤塞。随之而来的，就是长达数个世纪的动荡不安，政治争斗与相互对抗此起彼伏，直到公元前 9 世纪；其时，在美索不达米亚地区占统治地位的亚述帝国的统治者亚述纳西拔二世（前 883—前 859 年在位），在一个比较富足的时代开始了无情的扩张征伐。在一个完全凭借武力建立起来的帝国里，任何一丝反抗的迹象都会招来严厉的惩罚。他任命忠心耿耿的总督控制被征服的领土，严令被征服领地进贡贵金属、原材料与粮食之类的商品。向西征伐到远至地中海边之后，他在降水增加的一个时期（这一点，我们是通过伊朗北部的一段洞穴沉积物得知的）班师回朝，然后利用战俘，在幼发拉底河上的卡尔胡（即尼姆鲁德）建造了一座宏伟华丽的宫殿。接着，在大约公元前 879 年，他还举办了一场为期十天的盛宴，庆祝宫殿完工。

那确实是一件盛事。[16] 亚述纳西拔二世曾吹嘘说，有 69 574 位宾客参加了那场宴会，其中卡尔胡本地就有 16 000 人。他们享用了成千上万头羊、牛，还有鹿、禽、鱼、各种各样的谷物，喝了 1 万罐啤酒和满满 1 万囊葡萄酒。国王打发他们回家时，这些人个个都酒足饭饱，在一派"和平喜乐"的气氛中沐浴更衣、涂抹油脂。亚述纳西拔二世的宾朋享用盛宴之时，还欣赏了墙壁上装饰着色彩鲜艳的楔形文字的浅浮雕。其中，有 22 行楔形文字列举了这位国王的资历，还有 9 行则铭记了他取得的胜利。他是恩利勒与尼努尔塔 * 两位神灵的"天选之子"，是"伟大之王、强大之王、宇宙之王……战无所惧……一切敌人，皆踏于脚下"。无休无止的宣传，大肆宣扬了这位国王对通过残暴征服建立起来的亚述帝国的统治权；有无数的男女老少，都曾丧命于他的手中。然而，仅仅 270 年之后，嗜酒如命、喜欢割耳的亚述纳西拔二世曾经统治的那个帝国，就轰然崩溃了。

考古学家所称的新亚述帝国，是当时疆域最广、势力最强的帝国，公元前 912 年前后正全速发展着，后来亚述纳西拔二世还举办了那场盛大的庆祝活动。不过，帝国在公元前 8 世纪中期变得更加强大了；当时，帝国由令人畏惧的提格拉·帕拉萨三世（Tiglath Pileser Ⅲ）统治着，他曾进行了美索不达米亚地区最大的一次扩张。他的名字无处不在，从古代也门人的铭文到《旧约》中那些充满敌意的往事——尤其是对他入侵以色列、攻取加利利和不公平的苛捐杂税的记述中，到处都能看到。既然有这样一些无所不能的国王，那么，公元前 610 年新亚述王国为什么突然就土崩瓦解了呢？

是不是一系列血腥的内战与叛乱，动摇了统治者的权威？还是说，残酷的战争与军事失利，削弱了一个过度扩张的帝国的基础？无疑，这两个方面都在其中扮演了重要的角色。亚述的统治

---

* 尼努尔塔（Ninurta），美索不达米亚神话中的战争与农业灌溉之神。——译者注

与早期那些君主制国家的统治一样，向来都很脆弱，永远都变化无常，完全不像埃及历代法老那样，有精心形成的先例可循。然而，我们如今已经明白，还有一个大家都很熟悉的因素，也参与了帝国的崩溃过程，那就是气候变化。

来自伊朗北部的库纳巴洞穴（Kuna Ba Cave）里一份分辨率高、断代精确的气候变化洞穴沉积物记录，就说明了问题。[17] 这些洞穴沉积物表明，新亚述帝国是在气候异常湿润的两个世纪里崛起的。对于成千上万的农民来说，充沛的降水就是上天的恩赐；他们不但要为城市提供粮食，也要为四处征伐、靠国家精心分配的口粮维持生计的军队提供粮食。此后，公元前7世纪早期到中期出现了一系列特大干旱，且每次干旱都持续了数十年之久；这种情况，似乎导致亚述帝国的农业生产力开始下滑，继而又导致了帝国在政治和经济上的最终崩溃。最后，整个新亚述帝国终于在艰苦的征战中土崩瓦解，只留下了一个早已为干旱所削弱的民族。

景观变迁

随着城市与长途贸易网络的发展，人们对各种原材料，尤其是木材与金属矿石的需求也日益增加了。除了用于各种建筑的木梁与其他木材，人们对陶土器皿以及金属工具和装饰品永无餍足的需求，也导致了社会对烧窑所用的薪炭存在持久的需求。木柴也始终供不应求，需要用驮畜运送，大捆大捆地输入。在家庭中和生产时都毫无节制地使用木柴，势必产生过浓密的烟雾，在风平浪静的日子里笼罩于不断发展的城市上空。严重的空气污染，必定困扰过那些人口稠密的城市，但砍伐森林造成的破坏，更是带来了严重和长期的后果。

虽然中东地区的植被历史如今仍然鲜为人知，但以近乎工业化的规模消费木材带来的影响，让大部分地区变了模样。例如，花粉图谱表明，安纳托利亚的中部曾经是开阔的橡树林地，但到了公元前5000年左右至公元前3000年，那里的林木覆盖率却迅速下降，情况就像现代的伊朗与叙利亚一样。卡曼-卡莱土丘（Kaman-Kalehöyük）位于安卡拉东南100千米处，在公元前2千纪和公元前1千纪是一个重要的定居地，直到公元前300年左右；那里也是一个重要的农业中心，还有一定规模的纺织业和陶器制造业。人类在此居住的时间，与公元前1250年前后至公元前1050年间一场严重的旱灾相吻合；而当时实力强大的赫梯帝国，就是在这一时期四分五裂的。对木炭进行的一项研究表明，生活在这里的赫梯帝国居民曾经大肆集中采伐周围的林地，以至于伐木工不再像过去那样采伐成熟的橡树林，而是采伐其他物种较少的森林。[18]

宏大工程的瓦解（公元224年至651年）

特大干旱过后，原先的那种季节性降水恢复了，故美索不达米亚文明再次蓬勃地发展起来了。人们重新开始在哈布尔平原和亚述繁衍生息。雷兰土丘又一次繁荣起来。早期被削弱的意识形态与制度存续下来，成了那些在早期城邦的基础上崛起的伟大王国的发展蓝图。新兴的帝国，都把灌溉农业变成了一桩国家大事。不过，农业之本仍然掌握在地方酋长和乡村农民的手中；他们管理着水源与庄稼，就像数个世纪以来一样，只是其间的各种动荡与长期争斗，已经削弱了苏美尔、阿卡德与亚述的统治。那些在美索不达米亚地区耕作的人极具自力更生的精神，对此时已经被人类活动彻底改变的自然环境不抱任何幻想。他们完全清楚，除了干旱，当地还面临着许多困难，比如灌渠长期淤塞和土壤中的盐碱度在不断增加。不过，此时的农业生产仍然很稳定，足以养活古代世界中最大的帝国，即阿契美尼德王朝的波斯帝国（前550—前330）；阿契美尼德波斯人生活在相对和平的环境下，并以建筑杰作而闻名，比如波斯波利斯城。

时光荏苒，很快就到了公元224年；此时，萨珊人建立了波斯信奉伊斯兰教之前的最后一个帝国，然后繁荣发展了4个世纪之久。[19] 他们控制了高加索山脉南部与阿拉伯半岛部分地区之间的广袤土地。帝国中央政府采取的是以前亚述人运用时发挥过有利作用的严苛政策，但实施的范围要广得多。当局对灌溉系统进行了大力投入；与之相比，早期人们在水源管理方面的努力可谓小巫见大巫了。[20] 就像亚述人一样，萨珊人也把被他们驱逐的人口重新安置在一些似乎有发展潜力的地区。他们兴建新的城镇，开始大规模地人工开掘灌溉设施来养活这些人。其中有一项灌溉工程建成于 6 世纪，它利用了两条河流，将 230 多千米以外的水引入了底格里斯河。这一工程灌溉了巴格达东北部约 8 000 平方千米的农田，但同时也将水源引到了排水不畅的土地上。萨珊帝国没落很久之后，密集的土地利用导致这里出现了严重的盐碱化，大面积的土地都无法再进行耕作。到了公元 1500 年，这项灌溉工程就被人们废弃了。

在整个 6 世纪，萨珊人于底格里斯河与幼发拉底河之间开拓了面积约 12 000 平方千米且至少进行过零星灌溉的土地。这就说明，他们的耕作面积起码达到了早期的两倍。考虑到底格里斯河的水流湍急多变，故利用此河进行灌溉，是一种风险极大的勇敢之举。灌渠与农田纵横交织，遍布广大地区，远远超过了乡农或者小小城邦所能掌控的程度。但新建灌溉设施的巨大规模也意味着，一旦上游发生决堤，生活地点离水源有一定距离的农民就会陷入极大的麻烦之中。这是一种由中央政府进行规划、规模史无前例的标准化灌溉，其动力是潜在的税收而非收成，目的则是为中央政府在粮食与土地税两个方面带来最大的财政收入，而不是满足地方的需求。大多数灌渠都是成千上万的战俘修建起来的，这种修建工程也带有将被征服的百姓重新安置的目的。萨珊人抛弃了那些需要考虑当地条件、规模也较小的灌溉设施。他们创造了种种以人工为主的灌溉制度，起初也让各地生产出了充足的粮食。但是，随着设计不佳的灌渠逐渐淤塞，他们就陷入麻烦了。每一项复杂的灌溉方案、每一种来自外部的新需求，都降低了乡村百姓——那些在地里劳作的人——的自给能力。萨珊王朝那些干劲十足的工程人员都只盯着短期利益，却忽视了早期农民极其关注的、最重要的排水不畅问题。起初，丰厚的回报确实带来了繁荣与更多的财政收入。但是，日益增加的维护成本很快就让这些工程人员不堪重负起来。他们新建的堤坝破坏了原有的排水模式，抬高了地下水位，造成了农业用地的慢性盐碱化。不久之后，他们就必须以生态环境日益脆弱为代价，才能让粮食在短期内增产了。生产力急剧下降，一些边缘地区尤其如此。面对干旱、大洪水和其他一些气候变化，种种灌溉方案都丧失了灵活性。随着经济和政治衰弱导致农业人口日益贫困和集中管理的灌溉系统土崩瓦解，以农业与水源管理为中心的官僚制度也逐渐式微。公元 632 年至 651 年间，面对不断扩张的伊斯兰教，萨珊帝国解体了。到 11 世纪时，两河之间的土地已是一片废弃的、到处都是盐碱地的荒野了。

亚述人、阿卡德人和苏美尔人经历了一个时代的开端；当时，农村人口和城市人口都开始更易受到突如其来、常为短期性的气候变化的影响。像萨珊帝国那样的中央集权制政府与专制统治，并没有解决人口密度不断增长和水源供应（无论是洪水还是降雨）不稳定的问题。早在苏美尔时代，人们就很清楚：最好的解决办法是在地方层面，因为地方的社群领导人可以单独采取规模较小的措施来战胜饥荒。他们熟悉这片土地，熟悉变幻莫测的洪水，也熟悉手下百姓的性情与专长。等到城市与乡村之间的复杂关系从相互依存演变成了城市占据统治地位，数个世纪的动荡经历再加上农民的自力更生精神，就使得任何一种应对严重干旱或者其他气候变化的长期性措施几乎都不可能实施了。无疑，有些早已被人们遗忘的美索不达米亚领导人，曾在他们辖地（无论是城市还是省份）的狭窄范围内成功应对过严重干旱带来的挑战，只是如今并无记载他们那些举措的史料留存下来。

美索不达米亚位于两条大河之间，但一马平川的地形地貌则意味着，这里的边境地区容易被渗透，而人们在土地上建造的基础设施常常也很不牢靠。人口的持续流动、松散的控制、朝秦暮楚式的效忠，再加上官吏任免与皇室野心的不断变化，都与尼罗河沿岸历代法老治下的情况形成了鲜明的对比。所以，适应气候变化方面一个历久弥坚的教训就是：征服与开发并非解决之道；就算亚述纳西拔国王与提格拉·帕拉萨三世曾经以为它们可以解决气候变化的问题，也是如此。美索不达米亚地区的这一历史经验，在当今世界产生了强烈的共鸣。在解决办法属于地方性的，而非由遥远的官僚机构或大型的工业企业所强加时，适应不断变化的环境（其中也包括气候变化）的措施往往最为有效。

第四章

尼罗河与印度河
（公元前 3100 年至约公元前 1700 年）

　　希腊历史学家希罗多德曾经在公元前 5 世纪撰文，描述了古埃及的农民："彼等集稼穑，易于世间之他族……大河汤汤，自涨而灌溉其田，俟水再退，彼等则播于其地，遣豕踏之，令种入壤。"[1] 每年夏季，埃塞俄比亚高原上的季风暴雨都会让远在上游的青尼罗河与阿特巴拉河水位大涨。泥沙俱下的洪水向北奔腾，并在 7 月至 9 月的大约 6 个星期里达到最大。每一年里，"阿赫特"（即洪水）都会漫过那个沿着斜坡逐渐远离主河道的泛滥平原。一到此时，人们都会满怀期待。一段金字塔铭文中称："既睹尼罗河之泛滥，彼等皆喜之而栗。田地开颜，河岸溢水。神赐既降，民色尽欢，神心亦悦。"[2]

　　尽管希罗多德与古埃及的书吏确实描绘了一幅田园牧歌般的图景，可这却是一幅具有误导作用、实际上只有神话中才存在的景象。真实情况是，古埃及的村民曾无休无止地劳作，利用堤坝与沟渠将洪水引到他们耕作的田地里去；而这些堤坝与沟渠，在凶猛的洪水面前还有可能瞬间化为乌有。古埃及农民，都是在尼罗河的摆布之下生活，并且受制于遥远的海洋与大气之间驱动着印度洋季风的相互作用。

尽管如此，他们却好像生活在一个永恒的世界中；那里的太阳，日复一日地划过万里无云的苍穹。水、大地与太阳，就是古埃及文明中亘古不变的三大真理。[3] 阿图姆神（Atum）号称"完整者"，是这里的造物主。他诞生于努恩神（Nun）即原始水与混沌之神，然后将一处土丘抬升到了水面之上。不过，太阳神拉（Ra）才是力量的最高体现；他在日出时必定现身，然后穿越诸天，有如生命不息，滚滚向前。古埃及人的信仰与思想意识，都依赖于虔诚并统治着一个和谐国度的法老们稳定而贤明地施政。埃及诸王都以荷鲁斯（Horus）的名义实行统治，荷鲁斯象征着神圣的力量与天空，象征着良好的秩序。他们的敌人，就是塞特神（Seth）这个长鼻子怪物，是混乱与无序之本。他给和谐的尼罗河世界带来了暴风雨、干旱和心怀敌意的异乡人。荷鲁斯与塞特之间的冲突，象征着秩序与和谐、无序与混乱这两组相对的力量。果断、有力而带有个人魅力的统治者，则象征着上埃及与下埃及"两界"的统一。古埃及历经数个世纪，才实现国家统一；只不过，人们总是（错误地）将这种统一描述成一种和谐之举，描述成秩序对混乱的一种胜利。

古埃及是一个连贯的文明社会，紧靠着土地肥沃的洪泛平原，与此地之人一直认为动荡不安的外部世界不相往来。历代法老都是按照惯例实施统治，被人们当成"玛特"（ma'at）的化身；

"玛特"的意思近似于现代的"秩序"或者"公正",一位兼具智慧与和谐、掌管着四季与律法的同名女神便体现了这两种品质。"玛特"的意思,与代表无序力量的"伊斯菲特"(isfet)正好相对。古埃及的半神统治者都是用自己的旨令进行统治,并未遵循什么成文律法或者圣典。一个庞大的世袭官僚机构为他们有效地统治着整个国家,而这种官僚机构通常由大小官吏组成,属于一个个名副其实的王朝。大多数时候,这个国家都算得上国泰民安。这是一种非凡的文明,在"玛特"及其独特的尼罗河环境的支撑下,以各种形式存续了 3 000 多年。

开端(约公元前 6000 年至公元前 3100 年)

公元前 6000 年前后,美索不达米亚南部地区开始了农业耕作,而"多格兰"也沉入了北海水下,此时尼罗河流经的,是一个植被苍翠繁茂、被沙漠包围着的河谷。尼罗河以西的降水很没有规律,却还是足以维持撒哈拉地区一个个绵延起伏、由干旱草地组成的平原。当时,只有数千人生活在这个河谷里,有猎人、觅食者和渔民,他们可能还种植过一些谷类作物。他们偶尔与来自沙漠之上的游牧民进行交易,而后者之所以前来,就是为了交易物品,或者让他们放牧的畜群吃草和喝水。牧民的头领属于一些经验丰富、祭祀本领超群的人,他们显然都是专业的祈雨祭师。很有可能,就是这种本领让他们在干旱地区获得了异乎寻常的威望。

公元前5000年之后，由于雨水变得更加没有规律，那些游牧民族便逐渐东迁，来到了尼罗河流域的洪泛平原上。随着撒哈拉地区变得越来越干旱，他们便在尼罗河畔永久定居下来，同时带来了"头领都是强壮的男性与牧人"这样的新观念，或许还带来了一些祭祀仪式，导致后来人们开始崇拜生育女神哈托尔（Hathor）。古埃及文明深深植根于早期的村落文化，后者则依赖于谨慎细致的水源管理与繁重的灌溉农业劳作。在一个几乎不存在降雨的世界里，可能是从村落头领那里继承下来的一种权威式领导传统，已经深深地扎根于古埃及人的心灵之中。这里的一切，全都依赖于赋予生命的洪水和一位牧人坚定自信的领导。

尼罗河还流经了一些环境严酷的沙漠。从空中鸟瞰，此河就像一根绿色的斜线，宛如箭矢一般，直指北方的地中海。古埃及人把这里的洪泛平原称为"库姆特"（kmt），意思就是"黑土地"，因其肥沃的黑土与沙漠上的"红土地"形成了鲜明的对比。每一年里，假如众神庇佑，尼罗河就会裹挟着淤泥，从两条支流即白尼罗河与青尼罗河奔腾而去，直到遥远的下游；这两条支流源自东部非洲和埃塞俄比亚高原，然后在如今苏丹境内的喀土穆汇合，从而形成了尼罗河。在春、夏两季，待尼罗河的洪水漫上泛滥平原之时，"阿赫特"即洪水季就开始了。退去的洪水为农民滋养了肥沃的土地，他们精心开掘灌渠并进行维护，在洪泛平原上种植庄稼。这里的情况与美索不达米亚不同，"阿赫特"既给整个洪泛平原的土地带来了肥力，也没有导致土地盐碱化之虞。虽说农业耕作是一项极其艰苦的事情，但以美索不达米亚地区的标准来看，这里的农耕却相对容易，并不需要休耕或者给田地施肥。这里的农民，只需通过他们为阻挡洪水而修建的沟渠与水库，对上涨的河水加以导引就行了。

尼罗河流域可能既是进行村落农耕的理想之地，也是一个生产大量粮食盈余且具有预见性的完美环境。希腊历史学家希罗多德曾将"阿赫特"描绘成一种一年一度、似乎很有规律的事件。这种关于洪水很可靠的神话，曾经广为流传，直至今天；可实际上呢，尼罗河却是一条反复无常的河流。雨水若是异常丰沛，就意味着这里有可能出现灾难性的洪水，将人们眼前的一切全都淹没，将庄稼与整座整座村庄冲走。"阿赫特"的强度若是很弱，就只能灌溉冲积平原上的小部分地区。有的时候，洪水几乎是立即退去，导致庄稼歉收，饥荒也就随之而来。在大多数年份，这里的水源都很充足，可以种植充足的庄稼，而农民也可以毫无困难地度过短期的干旱。不过，假如出现持续几年、几十年甚至是几个世纪的干旱周期，就是另一回事了。

无所不能的法老（公元前 3100 年至公元前 2180 年）

生活无常，变幻莫测，故秩序与团结就极为必要。数百年来，古埃及境内各诸侯王国都争来斗去；（可能）直到公元前3100 年，一位名叫荷尔–阿哈（Hor-Aha）的统治者将上埃及与下埃及"两界"统一起来，埃及才变成一个国家。荷尔-阿哈及其继任者对埃及的统治持续到了公元前2118年；当时，平民百姓的福祉都系于他们的最高统治者即一个世俗君主的身上，而世俗君主的统治则代表着秩序战胜了混乱。在将近8个世纪的时间里，这个世俗国家都发展得相当平稳。

古埃及这个文明社会的基础，并不是稠密的城市人口，而是通过水上交通相连的城镇与村落。此种基础结构，将这个狭长的国家联系起来，而不存在牲畜驮运谷物时只能走50千米的运输限制。但法老们很幸运，因为不断逼近尼罗河流域的沙漠是天然的防御工事；这些沙漠和浅滩密布的三角洲，让外敌几乎不可能入侵。这一点，与美索不达米亚与两河流域的边境可以渗透且不断变化的情况形成了鲜明的对比；后者的历史，就是不同国王及其文化群落在争斗中此兴彼衰、有时还会再次崛起的过程。与此同时，埃及的天然孤立状态，让法老们能够紧紧掌控手下的臣民。这里的人口虽有组织，却分散各地；人口普查以及对粮食、牲畜和其他商品所征的赋税，确保了这里拥有充足的粮食盈余；此外，国家还紧紧把持着优质的农业用地。

只要该国臣民认为政府对他们有益且实力强大，法老就可以轻而易举地对其有限的疆土实施统治。王权既是永恒的，也是个人的，其象征就是统治者有形的神威。埃及的王权属于一种制度，以法老的成败为标志。不过，尽管人们认为法老神圣，王室权威最终依赖的却是充足的粮食盈余，而后者反过来又要靠百姓的辛勤劳作才能获得。虽然形势复杂，政治挑战日复一日，各州州长偶尔也有犯上作乱之举，但最重要的一点还在于，这个国家很容易为气候变化所危及——印度洋上的季风强度减弱，会导致严重的干旱。

在公元前2575年到公元前2180年前后的古王国时期统治着埃及的那些法老，都是实力强大、自信十足的君主；他们执掌政权的4个世纪里，尼罗河洪水丰沛，作物收成充裕。他们可以轻而易举地凭借自己的神圣地位，声称他们是用全部神威掌控着洪水泛滥。法老都在孟斐斯的朝廷实施统治，那里位于下埃及，在"吉萨金字塔群"以南20千米。法老掌管着由上、下埃及"统一"而成的国家，全国分成9个"诺姆"（州），各州则由实力强大而又桀骜不驯的州长统治着。只要泛滥季带来了充足的洪水，国王的权力就是相对稳固的。这些领导人扩充了灌溉设施和沟渠，加强了下埃及地区那个肥沃三角洲上的农业生产。不过，一次强度不足的泛滥和作物歉收，会削弱国家权力中最关键的一个因素，即充足的粮食盈余。当然，其间偶尔也出现过洪水不足的年份，但过后总是再次出现了水量充沛的泛滥。这个国家不仅实力强大，治理得也很成功，因此到了公元前2250年，埃及的人口已经增长到了100多万，且其中很多人都在一定程度上靠国家提供的粮食维生。

公元前2650年之后，实力日增的祭司阶层开始把太阳崇拜与对法老的崇拜联系起来。统治者死后，将在星辰之中占据一席之地，被人们当成神灵加以崇拜。刻在一座金字塔墓室中的铭文曾称："王之其灵……有梯置焉，王可登之。"[4]古王国时期那些法老修建的金字塔，都是象征阳光穿透云层的石制建筑。这些气势雄伟的石梯东侧，就是正对着日出方向的国王陵寝。建造这些陵寝，是官僚组织取得的巨大成功：他们要安排口粮和原材料的运输，要召集有技术的工匠，并且在农耕生产停止、可以找到较多劳动力的每个洪水季里召集成千上万的农村劳力。如今世人都很清楚，开罗以西那个庞大的"吉萨金字塔群"修建于公元前 2500 年前后，但法老们究竟为何要修建如此复杂、如此耗费劳力的陵墓，却仍然是一个谜。[5] 或许，他们的目的在于通过劳动力将百姓与他们的守护者联系起来。这也有可能是一种行政手段，是根据劳动重新分配粮食，来组织百姓及其守护者之间的关系并将其制度化；这种手段，有可能用于粮食匮乏的时期。或许，他们之所以建造金字塔，主要是为了强调法老与众神之间那种非同寻常的联系，是一种把国王与太阳神联系起来的方法；至于太阳神，正是人类生存与作物丰收的终极源泉。究竟为何，我们永远都不得而知了。过了一段时间，金字塔便实现了建造它们的目的。国家掌控的劳动力，便转向了其他一些不那么显眼的项目。

埃及的精英阶层（其中也包括识字的书吏）与辛勤劳作的平民阶层之间，隔着一条巨大的鸿沟；当时，平民阶层必须提供劳动力，去清理灌渠、搬运石头和种植庄稼。这是一个领导有方的专制时代，依赖的是法老、法老手下的州长与高级官吏之间种种密切合作的关系。他们凭借集体才智与军事力量，创造出了一种独特的文明；这种文明在水源充足的几百年里运作良好，可在

"阿赫特"水量不那么丰沛的时候却极易受到影响，事实上还非常脆弱。

大旱来袭（约公元前 2200 年至公元前 2184 年）

古王国时期最后一位伟大的法老佩皮二世（前 2278—前 2184 年在位）统治埃及之后，这种脆弱性带来的恶果马上就显现出来了；据说此人曾统治埃及长达 94 年之久，是埃及历史上在位时间最长的法老。[6] 随着他年龄渐长、效率日降，这位法老手下的州长们便开始蠢蠢欲动。佩皮二世的应对之法，就是把大量财富赏赐给各个州长，从而极大地削弱了他的中央集权。公元前 2184 年佩皮二世归天之后，随着高级官吏们开始争权夺利，埃及便陷入了混乱之中。此时，彻底摧毁了美索不达米亚的"4.2 ka 事件"也正好降临到了尼罗河流域。[7]

有无数证据说明了此时干旱正在日益加剧的情况。从青尼罗河的源头即埃塞俄比亚的塔纳湖里钻取的淡水岩芯，记录了公元前 2200 年的一场干旱。红海中的咸水沉积物也表明，同期出现过一场严重的干旱。从下埃及地区萨卡拉钻取的一段岩芯表明，此地原来的耕地之上覆盖着深达 1 米的丘沙。水位很低的洪水，加上偶尔出现的强烈暴雨，将法尤姆洼地上的加龙湖（Lake Qarun）与尼罗河阻隔开来了。甚至从一具雪松棺材和一艘陪葬小船上取下的木头，其年轮也显示出了公元前 2200 年到公元前

1900 年间一场干旱的迹象。

洪水水量突然灾难性地长期减少，这几乎马上导致了饥荒，并让一些本已完善的政治制度失去了作用。在长达 300 年的时间里，饥荒不断，因为此时需要养活的人口，比早期多得多了。绝望的农民开始在河中的沙洲上种植作物，结果却无济于事。一位名叫伊普味的智者，有可能目睹过那场旱灾。据此人描述，上埃及成了一片"荒芜之地"。"呜呼，众人皆云：'吾愿既死。'"在一段放在今天也很适用的评论中，他曾谴责当时的法老："权、智、真集于汝身，然汝之所为，实乃陷国于骚乱喧嚣之中。"[8]

人们自然而然地向孟斐斯的法老求助，因为法老长久以来都宣称，他掌控着这条反复无常的河流。佩皮二世的继任者们既无能，也无权。储存的粮食很快就吃完了。于是，孟斐斯的统治者开始风水轮流转、你方唱罢我登场，而政治与经济权力则转移到了各州；此时的各州已经成了一个个小王国，由野心勃勃的州长掌管，其中有些州长的统治无异于国王。一些有能力的州长采取了严厉的措施，来眷顾手下的子民。通过实践，他们很快就掌握了应对突发性气候变化的一条基本原则，那就是在地方层面上解决这个问题。

有些州长喜欢在其陵墓墙壁上吹嘘他们取得的丰功伟绩。他们的吹嘘究竟在多大程度上反映的是机会主义而非实际行动，是一个仍有争议的问题。尼肯与伊德富的安赫提菲曾在公元前 2180 年左右统治着埃及最南边的两个州；当时，尼罗河的洪水水位低得异常。此人的陵墓铭文中，就说到了他采取的果断行

陵墓墙壁上的安赫提菲州长像。面对
饥荒与尼罗河的低水位泛滥，他曾
是一位高效的行政官员（图片来源：
History and Art Collection/Alamy Stock
Photo）

动："凡上埃及诸地，无不饿殍遍野，至人人皆食其子。然吾尽
力，致本州无一人饿毙。"[9]安赫提菲还把宝贵的粮食出借给其他
州。这些自吹自擂的陵墓铭文中，还描绘了人们漫无目的地寻觅
食物的情形。此种行为，与1877年维多利亚时代那场可怕的大
饥荒期间印度民众的做法惊人地相似（参见第九章）。随着周围
沙漠上的丘沙被风刮到洪泛平原之上，那些一度繁荣兴旺的州都
成了干旱的荒地。仓廪之中，空空如也；盗墓贼则把死者身上的
东西尽数掳掠。

与安赫提菲一样，艾斯尤特的州长罕提（Khety）也采取了极端的措施，来与饥荒做斗争。他命人修建了蓄水坝，排干了沼泽，开掘了一条宽达 10 米的沟渠，将灌溉用水引到干旱的农田里。凡是有能力的官吏都很清楚，只有采取极端的措施，才能养活每一个人。他们关闭了所辖州的边界，以防饥民不受控制地逃难。他们定量配给粮食，并且小心谨慎地进行分配。实力强大的州长才是埃及真正的统治者，因为只有他们，才能采取短期或者较长期的措施来养活饥民，刺激当地的农业生产。埃及整个国家那种脆弱的统一性，就此土崩瓦解。

　　在 3 个世纪的时间里，埃及都是一个四分五裂的文明社会。历代法老已经促生出了一种信念，让民众以为他们掌控着从遥远上游而来的神秘泛滥。实际上，埃及这个国家所有不可一世的显赫辉煌，全都依赖于变幻莫测的印度洋季风，以及遥远的西南太平洋上的大气变化。这场危机，最终以尼罗河泛滥水位提高与法老门图霍特普（Mentuhotep）发动艰苦卓绝的军事征伐而宣告结束；公元前 2060 年，这位法老在上埃及登上王位，然后重新统一了全国，并且在位达半个世纪。

　　门图霍特普及其继任者在位期间，重建了农业经济；当时，人们已经不再认为法老绝对正确了。他们变成了“百姓的牧人”，对古埃及人生活的方方面面强制实行一种严厉的官僚制度。他们得天独厚，在位期间洪水充沛，只有公元前 8 世纪和公元前 7 世纪例外，其间的低水位泛滥再次导致了政治动荡。但到了此时，为了经济生存，各州州长开始前所未有地相互依赖起来。后来，埃及那些最成功的法老之所以能够实现治下的兴旺昌盛，是因为他们派人把尼罗河流域变成了一片组织有序的绿洲。拉美西斯二世（前1304—前1237年在位）兴建王都拉美西斯城时，他建造的沟渠被称为是全埃及最厉害的：高效、宏伟，精心装饰的设施灌溉着整个地区。

在一个中央集权的农业国家里，法老简直就是神灵一般的管理者；国家在扩大灌溉计划、技术进步以及大规模粮食存储等方面进行了大力投入，确保了民众能够在多年的饥荒与危机中生存下去。宗教则是这种制度具有掌控力的最终源头。每个为自家田地和庄稼挖修沟渠的农民都很留意，他们必须公平修建，不然就会受到惩罚、坠入地狱。古埃及有所谓的"反面忏悔"，也就是人死之后灵魂接受审判时所做的告白；其中的第33条和第34条，要求灵魂申明自己从未阻断过水源，也从未非法接引过别人沟渠中的水。最终，这个国度就做好了应对危机的准备。埃及有备无患的情况，甚至在《圣经》中关于约瑟与家人为逃离迦南的饥荒而前往埃及的故事里都有所记载，因为约瑟等人知道，埃及会有充足的粮食盈余。

众神尽管拥有无所不知的力量，却无法为人们做出长期性的季风预报。在数个世纪的时间里，祭司们确实开发出了简单的"尼罗尺"水位计——一种巧妙的科学工具，能够在河水上涨时测出洪水的水位。如今，除了一些可以追溯到公元7世纪穆斯林征服埃及之后出现的水位计，这种工具已经罕有存世了。由法老所制的大多数水位计，都由神庙控制着。上埃及地区的阿斯旺是该国最南端的城市，而其对面的象岛上，就留存着一种重要的水位计样本。人们在这里可以测量当季最早的洪水水位。那座水位计建于古罗马时代之前，后被古罗马人所修复，大致就是河岸之上的一口井，用严丝合缝的石块建成，石块上面标着以前记录的、不同的洪水水位。一代代人长期观察积累和传授下来的经验，让祭司们能够以惊人的准确程度对洪水的水位做出预测。这是一种极其宝贵的信息；不但为与灌溉工程打交道的农民所需要，也为孜孜不倦地监督庄稼收成的税吏所需要。正如古希腊地理学家斯特拉波曾嘲讽的：洪水越厉害，财政收入就越多。

古埃及文明又繁荣发展了 2 000 年，最终变成了罗马的粮仓，这一点并非巧合；在下一章里，我们将对此进行探讨。不过，即便是在那时，突如其来的气候变化也曾造成旷日持久的干旱和旱情导致的饥荒，不但让成千上万人丧生，而且影响到了罗马与君士坦丁堡两地的粮食供应。

印度河：城市与乡村
（约公元前 2600 年至公元前 1700 年）

印度洋季风的波动，对数百万人的生活产生了影响——不但影响到了尼罗河流域与美索不达米亚，也影响到了热带非洲，或许还影响到了南亚和东南亚；其中，就包括印度河流域及其周边地区的居民。

南亚地区的东部为热带雨林，北部为山脉，且为阿拉伯海、印度洋和孟加拉湾所环绕。这个次大陆上，形成了自身的文化特色和极具多样性的独特文明。其中最早的，就是印度河文明，它属于早期与美索不达米亚文明、埃及文明同时繁荣发展起来的伟大文明之一。[10] 20 世纪 20 年代，英国和印度的考古学家几乎纯属偶然地在旁遮普邦发现了这个文明；当时，更广阔的外界仍然对其所知不多。如今我们知道，这种文明曾经在至少达 80 万平方千米的广袤区域里（大致相当于西欧面积的四分之一）繁荣兴盛，不但覆盖了今天的巴基斯坦，还从如今的阿富汗一直延伸到了印度。印度河流域与现在已经干涸的沙罗室伐底河流域，是这个文明的文化中心，但它们仅仅是一个范围更大、具有多样性的散居社会中的一部分而已；那个社会绵亘多种多样的环境，从俾路支斯坦的高原和喜马拉雅山麓，纵贯旁遮普和信德的低地，直至如今的孟买。

考古学家已经在印度河流域的多个生态区里确定了 1 000 多个定居地，从植被葱茏、绿色遍野的乡间田园，到气候炎热、不宜居住的半沙漠地区，到处都有。尽管大多数遗址都是村落，但其中至少有 5 处为主要城市。需要明确的是，这里属当时世界上最大的城市文化群落，规模大约达到了美索不达米亚或者埃及同时代城市文化群落的两倍。这里的城市，在公元前 2600 年左右到公元前 1900 年间，曾经令人钦佩地繁荣了六七个世纪之久。这里的人口可能达到了 100 万，与古罗马鼎盛时期的人口相当。只不过，这个庞大的文明很快就从历史上消失了。无论是公元前

4世纪入侵此地的亚历山大,还是公元前3世纪南亚次大陆上一心向佛的统治者阿育王,对这个文明都一无所知。因此,考古学家不禁要问:气候变化在印度河文明的消亡中,扮演了什么样的角色呢?

如今,当地的气候有利于农业,因为那里有两种不同的天气系统占据主导地位,有时二者还会叠加。[11]在西部高原地区发挥作用的,是多雨的冬季气旋系统,而夏季季风系统,则会为印度半岛各地带来降水。假如其中一个系统未能带来降雨,那么另一个系统往往能够加以补足,从而意味着如今的印度河流域不会出现饥荒。每年的7月至9月间,印度河本身也会泛滥。农民会待洪水退却之后,以洪水带来的淤泥为肥料种植庄稼,到来年春季再进行收割。有意思的是,我们没有证据表明印度河流域的农民进行过大规模的灌溉;这一点不同于埃及,因为埃及人必须修建灌渠来扩大洪水所及的范围和蓄水。很有可能,假如印度河流域某个地区的收成不佳,那么获得了丰收的另一个地区便会通过当时业已完备的贸易网络,送来粮食进行救济。

印度北部新德里以北约200千米的萨希亚洞穴(Sahiya Cave)中的石笋表明,印度河文明形成的那几个世纪,正是强季风导致气温升高、降雨也显著增加的一个时期。[12]结果,作物收成变得更可预测,粮食盈余变得更加可靠,印度河文明赖以生存的经济上层建筑就此形成。也正是此时,不断发展的村落与较大的农业群落逐渐演变成了一种复杂的前工业化文明。

尽管有过多种形式,但城市已经成为古代文明的一个标志。

它们完全不是人们在中东大部分地区发现的那种紧凑、拥挤而有围墙的定居地。印度河流域的城市，很难与乌鲁克、乌尔、拉美西斯诸城比较，事实上也很难与其他地方的任何一座城市比较。忘掉亚述和苏美尔君主们浮夸的豪言壮语，忘掉古埃及法老们自吹自擂的意识形态宣言吧。曾经掌管着哈拉帕、摩亨佐达罗以及印度河流域其他城市的统治者，至今仍默默无闻。他们与古埃及人或美索不达米亚人不同，不喜欢在寺庙墙壁上大肆宣扬自己的丰功伟绩。再则，这种文明中似乎没有什么寺庙；实际上，根本没有任何宗教建筑的明显迹象。此外，那里只有一些模糊的宗教暗示，比如一尊"祭司王"的小型半身像；不过，此人有可能既非国王也非祭司，而只是某个沉浸在极乐的瑜伽式冥想中的人。大量装饰性的印章上，也带有各种各样的形象，其中包括以明显的瑜伽姿势打坐的人。这是宗教信仰吗？也许吧。遗憾的是，他们的文字系统仍然没有为世人所破解。假如得到了破解，那么印度河文明的密码可能会讲述一个截然不同的故事；但在此以前，考古学还是会指出，当时此地城市中居住的，都是一些谦逊与崇尚平等的人。

20 世纪 40 年代末，劲头十足的英国考古学家莫蒂默·惠勒（Mortimer Wheeler）曾在哈拉帕与摩亨佐达罗两地进行过发掘，却并未找到装饰华丽的建筑、宏伟壮观的寺庙、镀金的神殿或者宫殿。相反，他发现了两座城堡，里面建有相当实用的公共建筑，包括一座粮仓和一座用砖块建造、有支柱的大型厅堂；砖块能够保护大厅不被洪水冲垮。人们都住在精心建造的房屋里（同

印度洛塔（Lothal）的一口水井（图片来源：Dinodia Photos/Shutterstock）

样是用砖块建成），并未显露出城市里常有的阶级差别的任何迹象。然而，尽管两座城市明显崇尚平等主义，在公元前 2550 年左右到公元前 1850 年间有人居住的那个时期，两城都属于世界上最复杂的城市。城中建有气势恢宏的防洪工程、水井，以及可与现代相媲美的卫生设施，其中还包括世界上最早的洗澡间和带有下水道的厕所。在两座城市里，建造者都遵循一种不规则的网状建设规划；这种规划历经多个世代的发展演变，其中包括呈网格状的街道与房屋。惠勒曾经令人难忘地描绘他的印象："中产阶层繁荣富裕，热衷于市政监管。"[13]

惠勒喜欢进行生动形象的描述，并且用其西方视角来加以渲染。不过，他对中产阶层繁荣富足的描述，却是错误的。最新观点认为，两城都属于多中心社会，有墙壁与平台将城内划分成了不同的区域；城外的定居地较少，是从事经济活动和工匠们劳作的地方。印度河文明可能是一个无等级社会，公共活动曾是平常之事。然而，这种文明中的城市居民可能也逞强好斗，因为定居下来的人类经常如此；比方说，有迹象表明，哈拉帕曾经出现过相互对抗的地方社群。[14]然而，考虑到印度河文明是世界上唯一一个没有证据表明发生过任何有组织战争的已知文明，那么，我们把读者的注意力引向可能存在的地方性争端，就会是一种相当不公平的做法。尽管我们也曾努力寻找相反的情况，但所有证据还是表明，至少在城市层面上来看，这是一个和平、繁荣与崇尚平等的社会。这个社会，也与外界有着密切的联系：这里的民众，曾与波斯湾和美索不达米亚地区进行过数个世纪的贸易。

无论哪种社会曾在印度河沿岸以及更远的地方繁荣发展，无疑都属于一个金字塔式的社会。我们很难找到另一个社会，能与华而不实的埃及和美索不达米亚诸邦形成更加鲜明的对比；而从应对气候变化方面来看，印度河文明的韧性也要强得多；尽管从其幕后始终存在地方领导人与城市之间的竞争这种意义上来说，印度河文明也很脆弱。

随着城市的发展，城市周围的乡村定居地也发展起来了。实际上，我们或许应当把这些城市称为"城邦"，才能反映出它们在当地环境中的重要性。至于城市周边的定居地，其中很多都以农业耕作为主，还有一些则属于手工艺中心。许多定居地只是短时间里有人居住，或者断断续续地有人居住。当时居无定所的情况很常见，河流密布、季风性洪水频发的地区尤其如此。这样的环境要求定居人口具有流动性，以便适应变化迅速的水文条件。这种适应手段中的一部分，就是让家庭成员和亲属分散到几个定居地生活，以便稳定地获得水源供应。对于在局部需要面对极具挑战性的自然条件的人们来说，这样的局面有可能提供了更大的适应性与生存能力。

在这种情况下，减少风险就成了生存的核心；人们所用的策略，很可能包括多茬复种（即每年种植两三种作物）、栽种抗旱作物以及在同一块地里同时种植不同的谷物等等。[15]

随着人们越来越多地种植大麦、小麦之类的冬季作物与小米、抗旱谷物等夏季作物，农业多样性也随时间的推移而得到增强。不同地区的农耕方式之间差异巨大，使得这里很难对粮食生产实施任何一种形式的集中存储和控制措施。哈拉帕遗址的一个大型粮仓表明，养活大量不从事农耕的城市人口，无疑是当时的人十分关注的问题。极有可能的是，像哈拉帕这样的城市所依赖的，都是城市腹地提供的粮食盈余以及完善的基本商品贸易网络，而农村地区基本上都是自给自足。

印度河文明与古埃及文明形成了鲜明的对比。印度河文明并非一个统一的国家，而是一个丰富多样、权力分散的社会；这一点，就使得可持续生存的问题远比独裁君主统治大片领土时更受地方关注。虽然不同地区的风险管理差异巨大，但它们却在朝着共同的方向发展：印度河流域的所有城市，在公元前2000年到公元前 1900 年左右全都消失，而整个文化综合体也随之消亡了。为什么呢？

熬过大旱

"4.2 ka 事件"是一个极度干旱的时期，给整个亚洲与印度洋地区那些简单的和较复杂的社会都带来了长期的困扰。印度洋夏季风和冬季风强度减弱的时间，与哈拉帕、摩亨佐达罗以及印度河流域其他城市消失的时间大致吻合；不过，大旱似乎不太可能是触发城市解体的唯一因素。在这里，我们是有意使用"解体"（dissolve）一词，因为说"崩溃"的话，会让人产生误解。农村群落中，有一种由来已久的散居传统。近期对哈拉帕一座墓地中的骸骨进行的同位素研究表明，很多死者都是从别处而来的移民。人们源源不断地进出这些城市，也会频繁进出一些较小的群落。考虑到村落与较大社群之间联系紧密，这一点就不足为奇了，因为较大社群中必定有他们的其他亲属，起码也有贸易伙伴。

印度河流域城市的解体，可能只是对食物短缺做出的一种防御性反应，因为迁往水源供应较充足、可以找到食物的社区，就能解决食物短缺的问题。这是一个去中心化的文明，故人口流动就是适应措施。毕竟，假如照管好自己所在的社区就能衣食无忧，为何还要去为城市提供粮食呢？村落中为了适应长期干旱而将作物多样化，更多种植夏季作物与抗旱谷物，比如小米与水稻，也就成了一种常规。作物收成可能一直处于较低水平，故难以维持大型城市所需。整个印度河流域各地显然存在差异，不过，我们同样应当将短期干旱与长期性的干旱周期区分开来；在长期性的干旱周期中，短途甚至是中等距离的供应网络也无法为城市生产出充足的粮食盈余。在高度重视亲属关系与义务的非等级制社会里，一种古老的适应策略开始发挥决定性的作用。据一些针对定居地进行的研究来看，许多人在公元前1800年左右离开了印度河流域，往北迁徙到了拉贾斯坦与哈里亚纳，故随着哈拉帕的没落，上述两地的人口也出现了大幅增长。

除了韧性，一些根本问题如今依然没有答案。看似稳固的印度河流域诸城在面对漫长的干旱时，出现了什么情况？此时的气候，是否太过干旱？农民的适应之举，是否变得太过多样化了？是不是气候变化导致印度河流域的城市人口根本不可能适应？我们知道，虽说印度河当时仍然水流湍急，但该地区的第二条大河沙罗室伐底河却已干涸；或许是因为一场地震破坏了该河的上游，导致河水改向，注入了恒河。随着沙罗室伐底河逐渐干涸，依靠此河生存的定居地也消失了。这种情况，最终导致了整个社会的倾覆。

尽管印度河文明已经消失，但从全局来看，它却是一种长久存在的文明。无疑，以工业化之前的早期标准来衡量，印度河流域诸城都曾异常稳固与持久存在。它们之所以具有长久的韧性，可能是因为当时的人都依赖一些可持续的农村生活方式；可事实证明，当作物收成减少导致粮食盈余大幅下降时，仅仅依靠这些生活方式是不够的。相比而言，乡村农民反而通过种植一系列适应了当地环境与水源供应的作物，实现了长期的可持续生存。人数较少的群落，可能拥有他们熟悉的、长期采用的社会机制，故人们对作物与耕作方式的选择以及他们的文化行为都较为灵活。在这种情况下，人口迁移可能就成了许多地方的必要之举，这也解释了人们不断弃定居地而去的原因。当然，我们没有证据表明这种文明是以痛苦的方式终结的，因为我们并未看到这里爆发过大战（甚至是小规模战争）的迹象，也没有证据表明定居地出现过暴力或者遭到过破坏。

印度河文明之所以强大稳固，是因为它建立在一种农村的社会与经济基础之上。就其本质而言，这种社会和经济基础是有韧性和可持续的；原因部分在于，那里的环境极具挑战性与多样性，或许还在于，那里有一种似乎平和安宁、没有社会等级以及约束性的宗教教条的意识形态。在一个去中心化、大部分社会权力留在地方的社会中，这种意识形态发挥了良好的作用。城市是一种临时的适应之举。农村社区可以熬过长期的干旱；尽管邻近社群的帮助有可能减轻了干旱带来的影响，但农村无疑不会出现饥肠辘辘而密集拥挤的城市人口所经历的痛苦。同样，最成功地适应气候变化的措施，最终都属于地方性的举措。

各有所好

逞强好斗、极其脆弱且易被摧毁：美索不达米亚与古埃及这两大最早的文明，其一连串统治者都试图将自己的意志和独特的治理模式，强加于亘古以来的村落社会之上。由他们的宗教、他们的众神加以合法化之后，这些统治者的故事就成了一段权力与荣耀的佳话。可在印度河流域，人们却似乎尝试过某种别的做法，即合作与社会平等（起码在城市居民当中是如此），并且明显弱化了等级制度、君主制度和宗教信仰。为了适应气候变化而采取的这些策略，每一种都在一段时间里获得了成功，直到新的政治组织体系兴起并改变了社会。不过，说到应对干旱与重大气候事件，最有效的对策却既非来自为了资源而征服邻邦的中央集权制帝国，也非来自那些实力强大、掌管着集中化粮仓的总督，而是来自地方主动根据自身群落所熟悉的现实情况及其周围环境，量身定做出的适应性举措。无疑，今天的情况也是如此。

这些早期文明在气候变化面前，没有哪一个曾经全然无力应对。但在面对一些重大情况，比如"4.2 ka 事件"时，它们也不像偶尔有过的情形那样具有无限的适应力。它们所应对的《圣经》当中所述的一场场漫长干旱的经历，现代的工业文明社会从来就不必面对。假如将 4 200 年前的干旱事件放到当代背景之下来看，那么，1998 年至 2012 年间黎凡特地区长达 15 年的干旱，其旱情据说就要比过去 900 年间任何一个可比时期都厉害。这场干旱，比近几百年里自然变化造成的其他干旱都要严重得多。造成这种现象的罪魁祸首，就是势不可当的人为气候变化。考虑到人们对未来全球气候的预测，我们需要在国际范围内采取更大的适应措施，规模将远超过去。从公元前 2200 年那场特大干旱事件中吸取的教训，或许有助于我们去面对未来即将出现的大量气候挑战。

这些社会留下来的遗产，对如今具有相当重要的意义。法老们统治着一个面积广袤的河谷，那里降雨稀少，但每年都有一场变化莫测的河流泛滥。"4.2 ka 事件"让他们明白，在一个农业权威最终以村落为本的社会里，无论是独裁权力还是众神，都无法解决作物歉收与饥荒的问题。后来的统治者则鼓吹新的教义，将法老说成是引路的牧人。这些领导者在粮食储存与地方性灌溉方案上进行过大量投入。他们的文明，延续了 2 000 多年。与此同时，在美索不达米亚地区，百姓却生活在一种撕裂了的政治局面中，很大程度上由显著的极端气候与往往猛烈的洪水所决定。这种局面，远比古埃及的环境易变，而反复无常的环境变化还有可能导致河流改道，甚至是干涸。从长远来看，生存以及适应干旱周期与其他气候变化既需要深入的环境知识，也需要深厚的农业知识。在这个方面，真正的权力最终并非掌握在实力强大、大肆征伐的国王手中，而在于城市与农耕社群适应当地环境的能力。正如萨珊人付出了巨大代价，在亚述人消亡数个世纪之后才发现的那样，大规模的灌溉农业会带来全面的环境改变，故在有些方面很脆弱（尤其是易受盐碱化的影响）；而这一点，在早期进行较小规模耕作的农民中已是众所周知。所以，萨珊人的农业没有获得成功。

尼罗河沿岸和美索不达米亚地区，是少数精英实行统治。他们过着锦衣玉食的奢华生活，农民却要辛勤劳作，有时还处于长期贫困之中。对于掌控多数民众的少数人而言，实行中央集权式的政治与经济控制最为理想，即便这种控制意味着他们必须遏制地方的知识，禁止传统的解决办法，以及消磨百姓在面对不断增长的实物税需求时的韧性。印度河文明似乎正好与之相反，是一个去中央集权化和极具多样性的社会，倡导社会平等（至少在城市中如此），权力则掌握在那些靠着土地为生的小社群手中。在这里，迁徙就是人们为适应洪水不足与干旱而经常采取的对策。即便到了沙罗室伐底河干涸、印度河流域诸城解体之后，这种独特的印度河文化及其制度，也依然存续了一段时间。如果说过去有什么例子，说明了传统知识与地方性办法对解决气候变化问题的重要价值，那就非印度河文明莫属了。

与此同时，我们现代的工业化世界实行的却是一种经济极端不平等的制度，它建立在一种崇尚积聚、增长和剥削的意识形态之上，让少数精英靠别人的劳动变得富裕起来。然而，许多资本家都会忘记——或者更喜欢无视——还有无数人生活在农村，并且按较为传统的方式生活。尽管生活艰难，但这些人还是生存下来了，原因就在于他们依赖的是古老而传统的农耕和放牧策略；这些策略对所有人的未来都至关重要，在现代世界中也仍然具有可持续性。

虽然考古学家已经让我们了解到大量有关远古时代气候变化

与适应情况的知识，但我们也有许多的历史记录与科学资料，涵盖了过去的 2 000 年。我们将会看到，就算是几十年的短期干旱或者短暂的寒潮，也曾导致死亡与苦难，并且最终导致一些实力最为强大的帝国灭亡。在接下来的各章中，我们将从意大利开始，然后一路横跨整个世界，去探究其他几个在气候变化面前崩溃的帝国。偶尔，我们也会看到人们成功应对气候挑战的情况，并且学习他们的经验。但我们首先要探究的，就是罗马帝国的遭遇。

第五章

罗马的衰亡

（约公元前 200 年至公元 8 世纪）

公元 350 年，罗马帝国正处于鼎盛时期；其规模之大，令人难以置信。罗马帝国的公民，从欧洲西端的西班牙到远至东方的尼罗河流域，在各地繁衍生息着。罗马帝国的军团驻守在气候寒冷的不列颠北部的哈德良长城上，控制着莱茵河与多瑙河沿岸的防御工事，在撒哈拉沙漠北部边缘与亚洲西部也保持着强大的军事实力。罗马这座"永恒之城"最初只是一个小小的镇子；根据传说，此城是公元前 753 年由罗慕路斯与雷慕斯这对双胞胎兄弟所建，据说他们是由一头母狼养大的。罗马先是变成了一个君主国，然后是共和国，最终又成了一个庞大帝国的中枢。然而，公元 476 年最后一任皇帝退位之后，这个帝国便土崩瓦解了。

罗马帝国为什么会分崩离析，是历史上一个存有重大争议的问题。[1] 1984 年，德国古典学者亚历山大·德曼特曾经列举了自古典时代晚期以来，人们针对罗马帝国衰亡提出的不下 210 个原因。如今世间无疑提出了更多的原因，但也有了一种重大的区别，那就是：对于古罗马时期的气候变化，以及气候变化对人们生活的影响，我们有了更加深入的了解。

暖和的开始（约公元前 200 年至公元 150 年）

罗马帝国诞生于一个气候温暖、普遍湿润且持久稳定的时期；传统上，人们将这一时期称为"罗马气候最宜期"（Roman Climatic Optimum，略作 RCO），它从公元前 200 年左右一直持续到了公元 150 年。[2] 种种宜人的气候条件，与公元前 43 年阿拉斯加地区的"奥克莫克二号"火山大规模喷发之后火山活动大幅减少的时间相吻合。从公元前 44 年尤利乌斯·恺撒遇刺到公元 169 年之间，并没有出现什么重大的火山喷发；就算公元 79 年著名的维苏威火山喷发，规模也相对较小。在西方，北大西洋涛动与大西洋西风带是两大主导因素。东方则有一系列的气候因素参与，其中包括印度洋季风、厄尔尼诺现象，以及北纬 30° 的持久性副热带高压，它们单调而有规律地遏制着降水。这是一个温暖和气候稳定的时期；对任何智人而言，条件都很完美。45 座高山冰川开始消退，直到公元 3 世纪。高海拔地区的树木年轮表明，最高气温出现在公元 1 世纪中叶。正是当时罗马的博物学家老普林尼*，指出了山毛榉不只能在海拔较低之处茁壮成长，也喜欢生长在高山上。当时的整个地中海地区一直气候湿润，降水丰沛。

"罗马气候最宜期"凭借较高的气温和通常很充沛的雨水，为地中海地区的农业创造了奇迹，尤其是小麦，这种作物对降雨和气温变化极其敏感。多年的较高气温与充沛的降水扩大了耕作的范围，提高了土地的生产力，所以古罗马时期种植的谷物要比数百年之后中世纪农民种植的谷物产量更高。据一项保守的估计数据，气温每上升1℃，就会增加100万公顷适宜耕作的土地，足以多养活300万至400万人。不仅小麦的种植面积扩大了，像橄榄和葡萄等主要作物也是如此。

有三大因素共同作用，促进了罗马疆域的扩张，即贸易、技术与气候。降雨增加，让北非地区变成了罗马的一座粮仓。如今，北非国家却须进口粮食了。不断上升的人口密度，将农民推向了更加边缘的地区。随着帝国不断发展和稳固下来，各地交通水平与长途贸易水平都大幅提高，使得原本具有风险的农耕变成了一种更加现实和风险较低的活动。属于半干旱气候的北非地区见证了灌溉农业的爆炸式增长，那里兴建了水渠、堤坝、蓄水池，以及简单却很巧妙的暗渠——这种设施能够利用重力，将地下水从

---

* 老普林尼（Pliny the Elder，23—79），古罗马时期一位百科全书式的作家兼博物学家，代表作是《自然史》（*Natural History*）。其拉丁语全名为盖乌斯·普林尼·塞孔都斯（Gaius Plinius Secundus），因其养子也叫普林尼，故冠以"老""小"来加以区别。——译者注

海拔较高的地方输送到可耕作的低地上。[3] 在"罗马气候最宜期"达到顶峰的时候，作物种植拓展到了如今的撒哈拉沙漠北部。在公元 2 世纪干旱卷土重来期间，沙漠便再次开始扩大。在东方，来自死海地区索瑞克石窟中的洞穴沉积物则说明，公元 100 年之后那里的降雨量曾急剧下降。

"罗马气候最宜期"快要结束的时候，夏季气候开始势不可当地加速转变成更严重的干旱。有一种观点认为，这种情况，是由于古罗马的农民为了建筑、生火和燃料所需的木材而对地中海地区的森林乱砍滥伐。上述活动，都会导致地面向大气中反射更多的热量。如此一来，土壤中通过蒸发进入低层大气中的水分减少，使得夏季的降水也减少了。假如这种观点是正确的——争论还在继续——那么，随着"罗马气候最宜期"结束，人为因素与自然因素就开始一起发挥作用，而罗马帝国在随后的数个世纪里，也一直面临着由此带来的压力。

古典学者凯尔·哈珀指出："气候就是古罗马人能够创造奇迹的有利背景。"[4] 他认为，罗马帝国统治的土地曾是"一座巨大的温室"。"罗马气候最宜期"导致的发展，在其规模与抱负方面都是史无前例的。不过——这个"不过"很严重——此种扩张看似神奇，其稳定性却直接取决于人类无法掌控的一些强大因素。公元 150 年之后的 3 个世纪里，罗马帝国的气候变得日益变幻莫测和不稳定起来，非但让农业和统治方式的调整变得反复无常，而且让帝国的人口也变得反复无常起来。各种不受掌控的气候变化力量开始产生微妙的作用，有时还会带来巨大的影响。

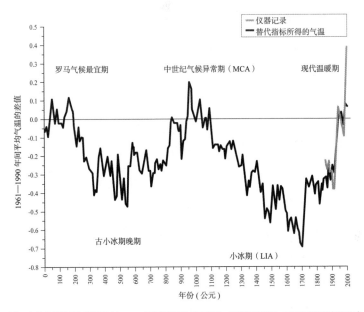

这是一幅高度概括了欧洲地区过去 2 000 年间气温变化的示意图。更详细的图表，可在本书尾注引述的参考资料中找到

　　正如哈珀进一步指出的那样，地中海向来都是一个气候变化剧烈的地区，而"罗马气候最宜期"气温较高、降雨丰沛，有可能缓解了每年气候莫测的程度；对当时的农民而言，气候过度不可预测是一种重要的现实情况。公元 128 年，经常出巡的哈德良皇帝巡察了非洲诸省。在巡察期间，那里下了 5 年以来的第一场雨；当年的小麦价格，要比过去气候较为湿润的数十年里高出了 25%。"御驾一到，天降甘霖"这样的奇迹固然很好，但还需要采取切实措施才行。于是，哈德良皇帝冒冒失失地下令，建造一条长达 120 千米的引水渠来为迦太基供水；这也是古罗马人建

造的最长水渠之一。[5]皇帝的顺应之举虽然令人钦佩，但实际上，它不过是对数个世纪以来肆虐罗马帝国心脏地带的一场旷日持久的干旱危机所做的一种反应罢了。

韧性与瘟疫（公元 1 世纪以后）

罗马帝国是一个由农业、人口、财政、军事与政治制度错综交织而成的庞大帝国。各种各样的风险，都曾危及整个国家。诚如马可·奥勒留皇帝所言，整个帝国就像一座风雨飘摇的岛屿，被敌人的舰队、海盗与暴风雨所围困。每位皇帝都不得不在一个持久动荡的世界里直面诸多困难，其中就包括了气候变化。风险管理靠的是人，须利用各种来之不易的策略，去应对意外的洪水、漫长的干旱，以及由此导致的让粮食供应不堪重负的饥荒等事件。压力就是罗马帝国晚期一种始终存在的现实，而其中的大部分压力，又日益来自气候变化。

最有效的应对武器在农村，在业已获得了代代相传的经验与专业知识的农耕群落里：作物多样化和稳健的粮食储存策略，以及一些奇异的当地作物，它们能够在干旱年份里茁壮成长，故是一种重要的保险措施。自给自足、在饥馑时期帮助困难亲属与邻居的互惠之举，以及精心安排的资助，都属于农民手中的"武器"。罗马帝国的农村社会背后，蕴藏着一种深厚的自力更生精神。比如说在不列颠，罗马时期的农耕定居地似乎已经实行了一定程度的自治。尽管这种遗址如今为世人所知的不多，但英格兰南部的萨默塞特郡却发掘了两处。第一处是西格韦尔斯，它由一些互不相连、修有石墙的长方形建筑组成，而附近的卡茨戈尔遗址则以一种呈直线形的"街道"布局为标志。[6]这两个罗马-不列颠定居地属于同一时代，但看上去却截然不同。它们显然不是按照帝国那种自上而下的规则千篇一律地组织起来的，而是根据当地居住者的需求独立发展出来的，有时还是在罗马时代以前就发展了漫长的时间，比如西格韦尔斯就是这样。

有些顺应策略，也拓展到了城市与市镇。城市里的粮食储存，在帝国各地都占有极其重要的地位。许多城市都是沿着主要河流与水道发展起来的，这一点并非巧合，因为河流与水道降低了它们对各自腹地的依赖程度。众所周知，内陆城市很容易受到短期干旱的影响，因为这些城市输入与输出粮食都要困难得多。

出现粮食危机时，罗马帝国政府早已做好了准备，要么是提供粮食，要么就是遏制任何一种企图剥削他人的做法。这就是农村中普遍存在的互惠与资助原则的一种真正延伸。帝国实行的应对策略，往往规模宏大。公元117年至138年在位期间，哈德良皇帝巡视了许多城市，并且"悉加眷顾"。[7]他修造水渠供水，兴建港口，进口粮食，甚至为公共建设提供资金。那些为罗马供应粮食的市政粮仓，规模都很巨大。塞普蒂米乌斯·塞维鲁皇帝（193—211年在位）极其关注罗马的粮食供应问题，以至于去世后他还留下了可供罗马吃上7年的粮食。粮食救济变成了帝国慷慨大度的一种公认象征。公元2世纪时，古城以弗所发出的一封公函中曾经承诺，只要作物收成足供罗马所需，埃及就会将粮食运往此城。"若如吾等所祷，尼罗河之泛滥一如往昔，埃及人之小麦亦获丰收，则汝等当为母国之后率先获得粮食者。"[8]在很多方面，古罗马人面临的全球粮食供应挑战都与我们如今一样，因为当时的人正越来越容易遭受饥荒的威胁。我们不妨想一想现代美国或者欧洲各国超市的情况。您可以买到产自世界6个大洲的食品。与古罗马人一样，我们的食品供应也严重依赖单一栽培，依赖玉米、小麦和其他谷物的大规模生产，也依赖于工业化的畜牧业。假如人类食物链中的部分链条因为全球变暖而断裂，又会出现什么结果呢？或者，面对新型冠状病毒之类的人类流行病，还有像"疯牛病"等有可能在短期内大幅减少牛肉供应量的动物瘟疫时，它们对食品供应的影响情况又会如何呢？

古罗马人的食物链，达到了极其复杂的程度。在公元2世纪，大约有20万罗马公民每月都能领到5斗小麦；光是用于救济的小麦，发放量就达到了8万吨。[9]每年都有一支大型的运粮舰队，从亚历山大港驶往罗马，且舰队一向都会受到兴高采烈的罗马人夹道相迎。值得注意的是，向罗马城运送粮食的任务由私人负责，官方并未参与；这一点，应归功于当时粮食市场的雄厚实力。不过，罗马的谷物供应主要依赖于两大粮仓，即埃及各州与北非其他地区。

纵观帝国的历史，罗马帝国堪称一家庞大的企业，以不断发展的城市与远远超出了帝国疆域的贸易网络为基础。古罗马人很清楚中国人的存在。罗马帝国是一个宏伟显赫而令人敬畏的文明社会，促进了人类的远距离流动与联系。但帝国也变成了流行性疾病的温床；这一点，很大程度上是由城市里的卫生问题导致的。帝国境内的主要城市人口都很稠密，居民住得很近，还挤满了来自遥远国度的移民与奴隶。古罗马的市政工程师将水源引入各座城市的中心，供人们饮用、沐浴和冲洗下水道。他们修建了一些较大的公共厕所，一次能供 50 至 100 人使用。但这些城市里的垃圾处理和卫生设施充其量只能算是很简陋的。据说，光是罗马城，一天就能产生 45 300 公斤的人类粪便。蛔虫、绦虫以及其他寄生虫十分常见，而大量的细菌则让城市变成了一个个致命的、传染病频发的杂乱之地，夏末和秋季这段死亡高峰期尤其如此，因为夏季的炎热很致命。不论是富人还是贫民，都会感染疟疾、伤寒、慢性沙门菌和腹泻等。就连皇帝本人，也未能幸免：公元 81 年，皇帝提图斯很可能就是死于疟疾。"罗马气候最宜期"当中气温较高、雨量增加的那几个世纪，似乎助长了疟疾的流行。罗马与其他的主要城市，都成了传染病的"培养皿"。

当时的瘟疫，通常源自内部而非外部输入，这种情况直到公元 2 世纪马可·奥勒留统治时期才有所改变；当时，由于罗马开辟了季风航线，故帝国与印度洋、孟加拉湾沿岸地区的贸易联系大幅增加了。[10] 到了此时，每年都有差不多 120 艘来自印度的商船抵达红海诸港。商船带来了黄金、象牙、胡椒和其他香料，还有中国的丝绸。胡椒变成了人们常用的一种香料，连遥遥驻守不列颠北部哈德良长城的士兵也不例外。亚历山大港扼守在地中海与印度洋世界之间的十字路口，成了东方奢侈品的最大市场。大部分贸易起源于盛产象牙与黄金的东非沿海，而那里正是一个拥有丰富的微生物多样性，以及有可能致命的病原体的地区。

横跨欧亚大陆的"丝绸之路"，也是一条历史悠久、传播人体携带的病原体的路线。2016年，研究人员在中国西北地区一个大型的"丝绸之路驿站"发现了旅行者远距离传播传染病的最古老证据。他们的研究，集中在公元前111年前后挖成，直到公元109年仍在使用的一座汉代茅厕上。在一把把"个人卫生棒"（即用织物包裹着的擦粪棒）上，研究小组发现了4种不同的寄生虫虫卵，其中包括了中国的肝吸虫虫卵，它是一种能够引发腹痛、腹泻、黄疸和肝癌的寄生性扁虫。[11] 这种寄生虫只能在雨水充足、气候潮湿的地区才能完成其生命循环；然而，悬泉置驿站却位于气候干旱的塔里木盆地东端。这就说明，肝吸虫不可能曾在这个干旱地区普遍存在，而如今距这里最近、流行地方性肝吸虫病的地区，也在大约1 500千米以外。因此，研究人员的结论就是：一个本已感染了传染性肝吸虫病的旅行者，必定曾强忍腹痛，长途跋涉到了此地。不过，与很快就会让整个世界陷入困境的瘟疫相比，寄生虫及其虫卵就算不上什么了。

公元2世纪中叶，一种似乎起源于热带非洲且传播迅猛的瘟疫，在安东尼·庇护在位期间（大概是在公元156年）传播到了阿拉伯半岛。公元166年年底，如今所称的"安东尼瘟疫"传播到了罗马，然后从一个人口聚集地传到另一个人口聚集地，迅速传遍了整个西地中海地区。[12] 整个罗马军团被瘟疫消灭，招募到的人员数量也大幅减少了。这场大流行是历史上首次有记载的瘟疫，从东南向西北蔓延，而其传播之势也完全不可预测。我们无法估算出究竟有多少人因此丧生，但死亡人数有可能多达罗马帝国总人口的三分之一。罗马著名的内科医生盖伦所描述的症状与天花最为接近，这是一种通过人与人之间的接触传播的疾病。在亚历山大港之类的大城市里，这种疾病先是潜伏起来，然后突然暴发。公元 191 年罗马的一次大暴发中，每天都有 2 000 多人丧生。"安东尼瘟疫"席卷了整个帝国；此时正值一个关键时刻，国际贸易联系发展到了一个新的成熟阶段。

尽管遭受了巨大的经济破坏与人口损失，但罗马帝国并没有崩溃，因为下一场大瘟疫要到公元 249 年才会再次暴发。人口数量很快恢复过来，因此"安东尼瘟疫"并未在人口方面留下长久的影响。这场瘟疫主要的短期后果，就是中断了基本的粮食生产与农业，饥荒则蔓延到了帝国的边远地区。在有些地方，城市居民还曾袭扰农村地区，夺走农村社区的粮食，因为城市居民觉得那些粮食本来就是他们的。帝国采取的一些重大政治调整措施，我们在此无须去关注，但变幻莫测的气候变化与不久之后就将露头的新病菌，暴露出了帝国的脆弱性。

天花的暴发与持续的干旱引起了普遍的悲观情绪。到了公元 3 世纪 40 年代末，迦太基主教西普里安身处日益干旱的北非地区，在作品中如此抱怨道："世界日渐老耄，殊无往昔之生机……冬日既至，无充沛之甘霖，至种不润；夏之赤日，于麦田之上亦无往昔之焱焱。"[13] 他认为，当时的世界有如一个面色苍白、行将就木的老人，可他错了。

后勤与脆弱性（公元 4 世纪）

尽管西普里安主教如此悲观，但在公元 4 世纪的大部分时间里，罗马帝国却是一派欣欣向荣的气象。罗马仍然笼罩在一种特殊的光环之下。城中居住着大约 70 万人，每日配给的口粮是烤面包（而非谷物）、橄榄油以及葡萄酒，价格只有市场售价的零头；[14] 还有 12 万人获得猪肉救济。由于这些配给物资全都是免费的，故首都的人口急剧增长了。这一切的中心，是一个由国家掌管的庞大军事综合体。有 50 万人在战场上服役。一个复杂的后勤系统，为军队提供所有的装备、骑兵所用的坐骑和驮畜，还有军粮。仅仅军粮需求一项，就是帝国的一大负担，使之容易受到干旱以及其他一些比帝国当局意识到的更为严重的气候变化所影响。与此同时，公元 330 年建成的君士坦丁堡（即如今的伊斯坦布尔）则成了正在崛起的东罗马帝国的中心。在公元 4 世纪，君士坦丁堡的人口增长到了原来的 10 倍，从 3 万人左右增长到了 30 万。原本应当运往罗马的粮食，如今开始往东而去。诚如凯尔·哈珀恰如其分地指出的那样："亚历山大港与君士坦丁堡之间的海上，往来的船只极多，以至于就像一条狭长的人造'陆地'。"[15] 这座建于 4 世纪的城市，既是当时国际贸易的十字路口，也是一个重要的希腊文化中心。

幸运的是，此时的气候仍然相对宜人，气温较高，从而促进了经济增长；只不过，"罗马气候最宜期"那段天下太平的日子，却一去不复返了。尽管繁荣昌盛，但帝国依赖于集约化的单一栽培，尤其依赖于从北非进口的粮食。即便是在干旱年份，最可靠的粮食来源仍然是尼罗河流域，那里由季风雨导致的洪水似乎总是充沛得很。土地肥沃的泛滥平原与丰沛的洪水结合起来，就形成了一个天然的灌溉系统，而且早在法老们采取行动之前，人们就对那个系统进行了改造与利用。后来，罗马和帝国的大部分地区便靠埃及来养活了。

然而，就算是埃及巧妙的"尼罗尺"水位计，也无法预测出种种影响尼罗河泛滥的不可阻挡的长期气候变化。最重要的罪魁祸首，就是遥远的南方与东方的热带辐合带和印度洋季风，它们一直都在非常缓慢地逐渐南移。尼罗河的泛滥是否稳定，对此河沿岸的人类社会与文明有着极大的影响。人们对纸莎草纸进行的细致研究表明，公元前30年屋大维（即后来的奥古斯都皇帝）吞并埃及之时，正值尼罗河泛滥稳定可靠，还出现过多场优质洪水的时期；这种情况，一直持续到了公元155年。从公元156年开始，泛滥就不再那么可靠，而一度富饶的埃及，粮食出口形势也受到了影响，并且常常是极其严重的影响。

除了季风变化，处于正指数的北大西洋涛动也导致了一些无法预测的情况。[16]公元3世纪末，一段漫长的正指数北大西洋涛动期开始了，且在整个4世纪一直持续；其涛动水平之高，我们只在后来的"中世纪气候异常期"里才再次见到（参见第十一章）。高山冰川纷纷消退。不列颠的树木年轮记录表明，当时北欧与中欧地区的降雨量曾居高不下。法国和德国的橡树年轮，则记录了降雨量直到公元5世纪初都在不断增加的情况。但是，这个降雨充沛的时期并不长久。随后的 3 个世纪里，气候条件就没那么稳定了。铍同位素记录表明，当时的太阳辐射量（即到达地球的阳光量）出现了大幅下降。气候随之开始变冷，高山冰川也再次开始向前推进。地中海的南部边缘遭遇了严重干旱，让北非地区遭到了重创。城市里的粮食开始短缺，而富人们却试图从上涨的粮价中牟取暴利。黎凡特的沿海地区降雨稀少，长期以来都以降水无常而闻名。尽管后来及时出现了较为丰沛的大雨，但关于这场大旱的故事，却在犹太人的希伯来语作品中长久留传了下来。

冬季风暴的轨迹边缘，只在地中海上空一闪而过；热带季风与遥远的厄尔尼诺现象，导致帝国东部的降雨量不断地波动。干旱与饥荒，出现得更加频繁。公元 383 年，由于尼罗河的泛滥水位极低，故许多州的粮食都严重歉收。粮食开始普遍稀缺，情况极其严重，连相邻州也无法像过去一样运送粮食、相互帮助了。几个世纪以来，古罗马的哲人与诗人笔下描绘的，始终都是一个太平、仁义的世界。可如今呢，种种邪恶力量却降临到了人类头上。可想而知，当时的人们都以为，要么是公元 4 世纪刚刚皈依基督教的罗马帝国内的那个基督教上帝发怒而阻止了降雨，要么就是各州中那些尚未皈依者所信奉的异教神灵发怒而阻止了降雨。流行性疾病之所以不可避免地随着饥荒而暴发，部分原因就在于人们吃了实际上不能食用的东西或者有毒的食物，从而降低了他们对各种传染病的抵抗力。

马匹、匈人与恐怖场面（约公元370年至约公元450年）

　　西罗马帝国的东边，坐落着广袤的欧亚大草原，上面没有树木，只有一望无际的草地与灌木丛。那里的降雨毫无规律且变幻莫测，全然取决于来自西部的暴风雨的移动路径。古罗马人很瞧不起那些在无法耕作的大草原上到处流浪的游牧民族。古罗马人与中国的汉族都属于定居的农耕民族，可游牧民族却在不停地迁徙；他们骑马放牧，同时挤占定居民族的土地，先是袭扰中国中原王朝，后来又向西进犯。公元4世纪，一群群游牧的匈人出现在罗马帝国东部的边境。青藏高原的一系列桧树年轮表明，那里属于一种大陆性气候模式与季风气候相结合的环境。从公元350年前后至公元370年间，这个地区遭遇了2 000年来最严重的一个大旱时期。这一点，可能就是游牧部落开始向西迁徙的原因。[17]

　　气候导致人们进出干旱环境——人们在降水较充沛的时期进入这些地区，而在气候干旱时则离开——这种效果开始发挥作用。匈人应对干旱的办法，就是跳上马背、四下散开，为他们的牧群寻找水源较为充沛的牧场。大草原上的政治权力中心，也从西伯利亚的阿尔泰地区向西转移。这次突然迁徙的时间，与游牧民族形成的不同联盟之间展开激烈竞争的一个时期相一致。古罗马军人兼历史学家阿米亚努斯·马凯林努斯，曾经生动直观地描绘了匈人的情况："虽具人形，然皆丑陋，生活坚忍，乃至无须用火，无须美食……几至臀不离鞍。"[18] 他们那种威力强大的反曲弓，据说射程达到了 150 米。他们所用的战术极其凶狠，令人生畏。

随着游牧民族不断从多瑙河中游地区向西迁徙，匈人的处境也到了紧要关头。公元 378 年，瓦林斯皇帝在哈德良堡附近的一场血战中被打败。有多达 2 万名罗马士兵在这场屠戮中丧生。公元 405 年至 410 年间，面对哥特人和后来其他民族的不断入侵，西罗马帝国逐渐衰亡了；入侵民族越过莱茵河，洗劫了高卢，并且向西征伐，远至西班牙。公元 395 年狄奥多西一世皇帝死后，罗马帝国的东、西两半就再也没有统一到一个君主治下。公元 410 年，哥特人的统治者阿拉里克进入罗马。西罗马帝国的军事力量已经荡然无存，而罗马的实力也随之瓦解。阿提拉是所有匈人头领中最臭名昭著的一位，曾大肆劫掠了巴尔干地区。直到遭遇一场瘟疫，此人才在君士坦丁堡的城门前止了步；当时的君士坦丁堡，已因公元 447 年的一次大地震而遭到了重创。随后，阿提拉进军高卢和意大利，但因出现饥荒和军中流行在潮湿低地感染的疟疾而撤退，回到了大草原上。到 6 世纪时，由于始终须靠其他地方生产的粮食才能维生，故罗马的人口也急剧减少了。

公元 4 世纪之初，戴克里先与君士坦丁两位皇帝已经加强了对帝国行政的控制。他们宣称自己是神圣的君主，崛起于东部诸省的繁荣兴旺之中。戴克里先让皇帝变成了一位高高在上的国君，极其倚重礼仪上的治国方略来扩大自己的权力，与早期那些从一座城池迁往另一座城池的皇帝形成了鲜明的对比。君士坦丁大帝则把自己的都城建在海上，建在连接东方与西方的贸易线路上。他的统治，是罗马帝国晚期的根基。君士坦丁堡取代罗马，成了国际贸易的十字路口和一个重要的希腊文化中心。原本运往罗马的粮食，如今则转道往东而去。

没有什么比每年对帝国粮库进行审计更能突出皇权之显赫。归根结底，皇帝最基本的义务，就是养活手下的臣民。都城有50万居民，皇帝做任何事情都不能靠运气。一个庞大的官僚机构，控制着税收与粮食供应。都城的安全至关重要，而这种安全是靠提供粮食来保证的。饥荒的威胁曾经在罗马引发内乱，故首都有了大量的粮食储备，足以养活50万人；其中光是获得免费面包口粮的人，就达8万之多。与数个世纪以来的情况一样，君士坦丁堡的粮食供应也来自埃及。在查士丁尼统治时期（527—565），每年都从亚历山大港运来31万升小麦。[19]

每一年，皇帝都会登上自己的战车。整个帝国中权力为一人之下、万人之上的禁卫军首领，会亲吻皇帝的双脚。皇家的游行队伍开进城中繁忙的市场区，然后朝着金角湾那些巨大的公共仓库进发；一艘艘装载着货物的船只，就停泊在金角湾里。到了这儿，掌管粮仓的庾吏就会呈上他的账簿。如果一切都没问题，庾吏及其会计就会获得10磅黄金和丝绸长袍，以资奖励。这场煞费苦心、精心上演的公开盛事向所有人表明，帝国的粮食供应很安全。

查士丁尼大帝统治着一个真正全球性的和很不稳定的城市，其中到处都是来自已知世界各个角落的人与货物。当时的君士坦丁堡是一个国际化的大都市，位于众多较小城市组成的广袤网络的中心。不过，就在皇帝率领群臣巡察粮仓时，生态系统中的另一个成员却在暗中冷眼旁观着：那就是学名为 *Rattus rattus* 的黑鼠。这种无处不在的啮齿类动物身上携带着鼠疫杆菌，也就是导致腺鼠疫的那种微生物。

瘟疫于 541 年传播到埃及，并在接下来的两个世纪里蔓延到了罗马帝国全境。史称"查士丁尼瘟疫"的这场疫病，起源于中国西部的高原地区。[20] 到了 6 世纪，无论是经由陆路还是横跨印度洋的那些古老的贸易线路，罗马帝国与亚洲之间的贸易都已是一桩大生意，尤其是胡椒与其他香料贸易。丝绸也是一种珍贵的商品，但其生产大多集中在红海地区。红海以西，是埃塞俄比亚地区信奉基督教的阿克苏姆王国，以东则是阿拉伯半岛南部的希木叶尔王国，该国当时信奉犹太教，并且脚踩两只船，与罗马和波斯都结了盟。这个地区极具战略意义。因此，公元 571 年伊斯兰教的先知穆罕默德选定在红海沿岸阿拉伯半岛一侧的麦加降生，也就不足为怪了。

病菌随着商人而来，而藏在船只运载的货物当中、已经感染了瘟疫的黑鼠也是如此。瘟疫首先出现于培琉喜阿姆，那里靠近红海北部的克莱斯马港（Clysma），从印度而来的船只经常在此停靠。从那里开始，瘟疫轻而易举地传到了尼罗河流域，然后进入了罗马帝国。登陆之后，瘟疫便朝着两个方向传播：一是往西传至亚历山大港，然后沿着尼罗河流域而上；二是往东，不但蔓延到了地中海沿岸，还传播到了整个叙利亚与美索不达米亚。罗马帝国那个高效的网络将瘟疫带到了内陆地区，但瘟疫经由海路传播得尤其迅速。1542 年 3 月，疫情扩散到了君士坦丁堡，并在城中持续了 2 个月之久。在疫情高峰期间，据说每天都有 16 000 人丧生。城中的 50 万居民当中，死了 25 万至 30 万人。当地社会崩溃，市场关门，结果出现了饥荒。就连各级官吏，也十去其一。尽管人们将死者集中安葬在一座座大坑中，可尸体还是到处堆放着。许多死者层层叠叠，陷进"下方尸体渗出的浓液中"。以弗所的教士约翰曾目睹了当时的恐怖场景，并且撰文声称他看到的是"神烈怒的酒醡"*。[21] 整个国家在这场灾难中摇摇欲坠。小麦价格暴跌，因为要供养的人口大幅减少了。一场严重的财政危机削弱了国家的力量，帝国几乎无力调动一支军队，更别提支付军饷了。东罗马帝国的人口，行将骤减。从 542 年至 619 年，君士坦丁堡平均每 15.4 年就会遭到一场瘟疫重创。公元 747 年，由于有太多的人死于新的瘟疫，皇帝只得通过强制移民的方式往这座几乎荒无人烟的城市重置居民。

酷寒时代（公元 450 年至约公元 700 年）

在罗马历史上的这个关键时刻，从公元 450 年至公元 700 年前后这 3 个世纪不稳定的气候变化，逐渐演变成了较为显著的降

---

* 　神烈怒的酒醡，语出《圣经·启示录》中的 19∶15。原文为"他必用铁杖辖管他们，并要踹全能神烈怒的酒醡"。"酒醡"是古时榨酒的器具。——译者注

温，从而有点儿像是到了"大冰期"。公元450年之前，北大西洋涛动处于正指数模式；可到了公元5世纪晚期，北大西洋涛动指数却突然转正为负，导致了长久稳定的暴风雨轨迹南移。地中海大部分地区的降水量都有所增加。与此同时，之前几百年里火山毫无动静的局面被打破，出现了猛烈的火山爆发。公元536年是一个"无夏之年"，阳光几乎没有带来多少温暖；大气中的火山灰还遮云蔽日，让太阳也变得暗淡无光。在帝国的东部地区，这个寒冷而不见阳光的年份则导致了葡萄酒产量大减。[22]

意大利政治家卡西奥多鲁斯曾经看到过一个蓝色的太阳。[23]意大利当年的作物虽然歉收，但前一年的丰收弥补了粮食分配上的欠缺。公元536年这一年，不但给极北方的爱尔兰带来了饥荒，也让遥远的中国异乎寻常地感受到了夏季的寒冷。通过将冰芯、树木年轮以及全球火山爆发的实物证据结合起来，我们如今就能确定，公元6世纪三四十年代是火山活动最异常与最严重的20年。公元536年北半球的大规模火山爆发，曾经让3月的君士坦丁堡上空为火山灰所笼罩；这一年，正是2 000年来最寒冷的一年。欧洲夏季的平均气温，下降幅度高达2.5℃。公元539年至540年间热带地区一次更加猛烈的火山爆发，则让欧洲的气温再次下降了大约2.7℃。当时的寒冷程度，比17世纪处于巅峰状态时的"小冰期"更加严重。

幸好，公元535年的丰收在一定程度上暂时缓解了饥荒，而地中海地区那些农耕社会对作物歉收具有传统的韧性，这一点也发挥了作用。因此，这次饥荒的直接影响要比纯粹蔓延的饥荒更不易让人察觉。人们通常所谓的"古小冰期晚期"，充其量只能算是一个不恰当的标签；这个时期的降温，让帝国当局感受到了更大的压力，此前瘟疫的困扰与大草原上游牧部落在欧洲发动的密集袭击，早已让帝国当局不堪重负。公元500年前后，太阳活动已经开始大幅减少，导致太阳给地球带来的热量也少了。从公元6世纪30年代中期至公元7世纪80年代，太阳辐射量下降的同时，火山爆发也对全球的气温产生了影响。太阳辐射能锐减的幅度，甚至比17世纪臭名昭著、气候酷寒的"蒙德极小期"里太阳辐射能的减幅还要大；至于详情，请参见第十三章。

气候变化的影响，与气候变化本身一样，向来都因地而异。北大西洋涛动的突然变化，已经让暴风雨的轨迹南移，给意大利本土和西西里带来了丰沛的降雨和洪水。强降雪、低气温与更多的雨水，对土耳其（安纳托利亚）以及更往东的广袤地区也产生了影响。更为频繁的霜冻，导致许多传统种植区的橄榄树都被冻死了。北非地区则经历了灾难性的干旱化，导致大莱普提斯（Lepcis Magna）这座伟大的城市被人们所遗弃，其中的房屋则埋入了黄沙之下。北非地区不再是一座粮仓了。

查士丁尼是一位积极主动的皇帝，他付出了巨大的心血，与气候变化导致的干旱做斗争，比如抗击持久的干旱。他下令修建了许多引水渠和大大小小的蓄水池，以及一座座战略性地分布于各地的粮仓。这位皇帝改善了粮食运输，命人开垦洪泛平原，并且让一些河流改了道。诚如一位作家所言，皇帝做到了"将林谷相连"和"让山海相接"。查士丁尼似乎认为，他可以像征服手下的臣民一样征服环境。但在他那个时代，各种大规模气候变化的力量都太过强大；一介凡夫，又怎能将其征服？

查士丁尼奋力熬过了环境变化与瘟疫造成的双重灾难，但"古小冰期晚期"的极端气候却逐渐将帝国推向了一个关键的转折点。帝国相互联结的各个地区，则以不同的方式来到了这个关键时刻。归根结底，罗马帝国是在各种环境原因的触发下，从内部缓慢衰亡的。

在地中海的东部，尼罗河流域已经变成一个经过精心改造和尽力组织的绿洲，因为罗马统治者的主要目的，就是让这里成为罗马的粮仓。粮食产自一个由沟渠、堤坝、抽水设施与车马组成的复杂系统，其中的各个方面都依赖大量劳力和异常艰辛的劳作。埃及人主要进行单一栽培，种植罗马与君士坦丁堡所需的小麦，除此之外几乎不种别的作物。在瘟疫导致罗马帝国诸城要供养的人口减少，使得小麦市场跌至谷底后，新收获的粮食供过于求，就给他们造成了巨大的经济损失。

一种末日将至的感觉，在整个罗马帝国蔓延。一桩桩灾难性事件的沉重打击，似乎历数了上帝的愤怒与审判，因为上帝惩罚的都是虔诚的信徒。从 6 世纪起，我们就有了基督徒进行忏悔游行、旨在为不同社群赎罪的最早史料。教皇大格列高利曾经组织一场声势浩大的祈祷活动，进行了长达 3 天的祷告与诵经。唱诗班齐声诵唱赞美诗，祈祷队伍则穿过了整座城市。据说，在连续不断的祷告中，曾有 80 人支撑不住而死去。这样的仪式，就是在呼吁人们进行忏悔。但到了最后，随着伊斯兰大军将东部领地从罗马帝国分离出去，一种新的、来自阿拉伯半岛的易卜拉欣一神论思想开始盛行起来。君士坦丁堡获取埃及粮食的那条生命线，停止了运作。数个世纪以来，罗马帝国一直如走钢丝，在脆弱与韧性的夹缝中艰难存续着。但到了最后，自然界种种不可避免的力量还是削弱了帝国百姓的意志，使得他们再也无法承受更多的苦难了。

以任何标准来衡量，罗马帝国都像是一个庞大而复杂的企业，掌控着巨大的财富。帝国的历任皇帝，都面临着他们那些极其传统、协调良好的领地遭遇的诸多挑战。罗马帝国的衰落，是一个缓慢渐进的过程，从公元2世纪开始，一直持续到了8世纪。就像18世纪伟大的历史学家爱德华·吉本指出的那样，罗马帝国衰落的时间，比许多国家的整个兴亡过程更加漫长。[24] 这个内爆过程，并不是突然崩溃，而是一种缓慢的转变，是从一个严密控制和相对集权的帝国，变成了一个由不同社会和政治实体构成的组合体；其中的社会或者实体要么遭受了深重的苦难，甚至不复存在，要么就是兴旺发展起来了。罗马的繁荣发展，建立在奴役平民百姓尤其是奴隶的基础之上；帝国势力之所以曾经睥睨天下，是因为帝国具有优秀的军事组织能力，拥有高效地远距离运输粮食与其他商品的基础设施。帝国就是一种催化剂，使之容易受到短期与长期气候变化的影响。由于在运输和集中储存粮食方面付出了巨大的努力，因此出现相对短暂、只持续几年或者一二十年的气候事件时，帝国尚能应付。不过，随着干旱周期（尤其是特大干旱）变得更加旷日持久，对当地粮源与进口粮食的供应都造成了严重破坏，帝国的脆弱性就大大加剧了。加之罗马诸城不论大小，全都拥挤不堪，卫生条件恶劣，故像"安东尼瘟疫"与"查士丁尼瘟疫"这样的流行病既无可避免，也起到了决定性的作用。但是，尽管气候事件与瘟疫都属于转折点，我们也绝对不应忘记，经济与社会动荡，连同军事活动，常常是意外气候事件带来的冲击逐渐导致的。

工业化之前的所有文明，都依赖于人类的劳动与自给农业。为了满足日益增长的城镇市场和供养常备军队而进行的农业集约化，以及为了养活劳工、军队和各级官吏而广泛运用的食物配给等发展手段，都加剧了日益复杂的社会在面对气候变化时的脆弱性。对于不愿冒险的自给农民而言，粮食盈余向来都很重要，因为他们耕种土地的时候，始终都对饥荒与营养不良心存担忧。相比之下，不断发展的城市和帝国则日益依赖于小麦之类的高效单一作物，可这种作物对干旱、寒冷以及降水过多都很敏感。罗马和君士坦丁堡开始严重依赖于进口遥远地区种植的粮食，而在那些地区，基本粮食作物的单一栽培差不多变成了一种产业活动。这两座城市和其他主要人口中心的居民，再加上军队和官僚阶层，全都依靠政府分配的口粮；这种配给制度，确保了政治与社会的稳定。尼罗河流域、欧洲的部分地区和北非其他地区都变成了罗马帝国的粮仓。在灌溉用水充足的几十年里，这种情况没什么问题；不过，等到埃及的洪水泛滥不足、干旱在北非各地的农田肆虐后，一切便都土崩瓦解。粮仓里空空如也，饥荒随之而来，结果就出现了粮食骚乱。面对气候变化与瘟疫，富裕的精英阶层与经常饥肠辘辘的平民之间那道日益加深的鸿沟，不可阻挡地扩大了。从罗马帝国的残垣断壁中，兴起了一个不同的、更加支离破碎的世界。国家被一些更有意义的地方性文化结构所取代，它们以新的方式塑造了世界。

罗马帝国经历了一次又一次扩张，直到疆域从不列颠北部延伸到了美索不达米亚，并与更加遥远的地方有着贸易往来。这种扩张主要发生在气候条件相对有利的几个世纪里，将多种文化与经济纳入了一个单一而庞大的系统。其间，有许多政治人物都家喻户晓，比如尤利乌斯·恺撒、克娄巴特拉，以及许多各有优缺点的皇帝，比如奥古斯都、克劳狄乌斯、尼禄与哈德良等等。帝国是在制定了一系列经济、军事与政治战略的背景之下繁荣发展起来的，这一点值得注意，因为提出这些战略的人几乎没怎么花时间去思考长远的问题。无疑，他们也很少考虑那些会在他们有生之年过后出现的长期环境变化。尽管能够看出即将发生的种种灾难性气候变化，可我们如今的做法常常与他们没有什么两样。

帝国后期只能采取被动的对策，因为不同于如今的我们，罗马当时并没有重大气候变化（其中也包括了重大干旱）的预警机制。

回顾罗马帝国的解体与转型，我们很容易看出，其中有些方面与如今人们普遍关注的这个世界惊人地相似，只是我们面临的问题要重大得多罢了。易受气候变化的影响会带来种种危险，在这个方面，我们还有很多东西要向差不多 2 000 年前的帝王们学习。我们只要看一看如今食物链的全球化，就能明白这一点。相比于古罗马人来说，在面对重大的气候变化时，我们拥有调整自身食物链的潜在能力。不过，有一种可能性却始终存在：未来全球变暖的速度将有可能太快，规模有可能太大，以至于我们当中会有数万人甚至是数百万人挨饿。而且，如今几乎还没人从政治的角度来考虑这个问题。

玛雅文明之变

（约公元前 1000 年至公元 15 世纪）

　　古罗马人曾经运气很好。公元前 200 年以后，在时间长达 4 个世纪和横跨地中海世界大部分地区的那种气候相对稳定、温暖与湿润的环境下，罗马帝国曾经繁荣发展和不断扩张，达到了鼎盛时期。他们建立了一个以集约化农业为基础的辽阔王国，但在很大程度上并未意识到，支撑他们那座看似不可战胜的大厦的环境基础已经岌岌可危。当时的帝国似乎注定会永垂不朽，注定是一个将永远存续下去的统治实体。许多人都以为，假如帝国真的衰亡，那就意味着世界末日到了。

　　虔诚的古罗马人都认为，人类的未来掌控在神灵的手中，无论有众多神灵还是只有一个神灵，都是如此。罗马帝国的历任皇帝之所以像古时的许多统治者一样，强调他们与神灵之间具有密切的联系，原因就在于此。然而，我们在前一章中已经看到，众神未能对公元 3 世纪以后气候不稳定的严酷现实进行干预；这些现实，最终削弱了一个深受复杂的气候、政治和社会压力所困，还暴发了灾难性瘟疫的帝国。罗马与君士坦丁堡这两座大城市，在一个被不断扩张的伊斯兰教所包围、发生了变革的中世纪世界中幸存了下来，只是实力大大下降了。地球围绕太阳公转时地轴倾角的细微变化与强大的火山活动，助长了欧洲与地中海地区的动荡不安和危险局势，从而导致了所谓的"黑暗时代"。不过，在深入探讨这种交织着气候变化、政治与战争的混乱局面之前，我们必须走得更远一点，因为公元1千纪早期较为暖和与稳定的环境条件，还在美洲促生出了一些令人惊叹的文明。

无论是墨西哥中部高原上靠近墨西哥城实力强大的城邦特奥蒂瓦坎，还是尤卡坦低地上具有多样性的玛雅文明，都在公元1千纪的中美洲取得了伟大的成就。[1] 玛雅统治者声称自己拥有神圣的血统，并且利用精明的商业头脑，涉及政治结盟与联姻的专业外交手段，结合精英武士阶层中偶尔爆发的战争，统治着那里。他们掌管着一个个动荡不安、以令人眼花缭乱的速度兴亡更替的王国。在其鼎盛时期，从公元250年左右一直持续到了公元900年前后的古典玛雅文明，包括大约40个城市与王国。[2] 但在公元10世纪，南方低地上的古典玛雅文明却解体了；那里如今属于危地马拉的佩滕。王朝接连瓦解，城市纷纷崩溃，城中居民则散布到了乡间的村落里。大量人口南迁到了如今的洪都拉斯，就像印度河流域诸民族在其文明解体之后迁徙到了拉贾斯坦一样。一度人口稠密、有人耕作的农田都变成了森林，后来一直都没有复原。

古典玛雅文明的剧变，吸引了一代又一代学者进行研究；不过，只是在过去的大约 20 年里，气候变化以及由此带来的干旱与洪水才变成了这种学术性讨论中的一个主要方面。新的一代代更准确的气候资料，将揭示一段错综复杂的历史，而其中涉及的，也远不止干旱与飓风。

低地与君主（约公元前 1000 年至约公元 900 年）

尤卡坦半岛上的玛雅中央低地的环境，对于以分散的社区中众多分散的农庄为生存之根本的自给农民而言，极具挑战性，而对那些由野心勃勃的君主所统治的、复杂而又竞争激烈的城邦而言，就更是如此了。[3] 然而，玛雅人却在这个一度森林密布的高原上耕作和生存了 2 000 多年；高原由松质岩石构成，耸立于半岛之上。那里的现实情况，实在令人生畏。季节性的降雨极其变幻莫测，只是在炎热的夏季里出现通常短暂的暴风雨时，才会降雨。冬季则气候干燥。雨水会迅速渗过基岩。差不多所有的低地上，都没有任何形式的永久性水源供应，只是散布着一些相距遥远的泉眼。这种含水层，位于地表以下 100 米或更深处，故人们很难获取。再加上偶尔会有长达 10 年或者 100 年的干旱，水源就成了人们在这里生存下去的最关键因素。在这种时期，蒸散——来自海洋、湖泊、植物冠层和其他源头并且超过了降雨量的水运动——就至关重要了。

茂密的季节性雨林，覆盖着这片土地；当时，此地还没有被

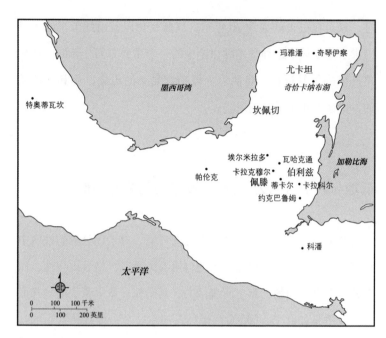

第六章里提及的考古遗址

人们开垦出来进行耕作。深度各异的肥沃土壤上，植物生长得茂盛苗壮。低洼地带全是深达 1 米的黏土，雨季降水形成的径流都汇入其中，形成了一个个弥足珍贵的季节性湿地。磷是植物的一种有限养分，主要由森林的冠层获取，然后会被雨水冲刷到土壤里。为了生产出越来越多的粮食盈余，满足数量日增的城邦所需、满足贪得无厌的城邦头领的要求，人们必须进行多样化和高效的农业耕作，并且深入了解复杂的低地环境。

公元前 1000 年至公元前 400 年间，有大批玛雅农民迁徙到了尤卡坦低地上；其中许多农民都来自墨西哥湾沿海，那里曾经出现过一个个繁荣兴旺的奥尔梅克社会。尤卡坦半岛上的本地农业繁荣已久，人们在这里栽培作物，并且在数个世纪的时间中对这里的森林环境有了深入的了解。[4] 到公元前 600 年时，他们正在兴建一座座巨大的金字塔，将祖先安葬于其中的平台或者其他结构里。这些金字塔成了他们礼敬祖先的圣地，家谱则成了他们申明自己对某些地方拥有所有权的重要方式。在几个世纪的时间里，他们的后人建造了一些庞大的建筑群，一座座精美的建筑物上都装饰着神灵与祖先的灰泥面具。由此诞生了"查尔阿霍"（ch'ul ahau）这种神圣王权制度，"查尔阿霍"也就是"圣主"的意思。伟大的埃尔米拉多城就说明了这一点。数个世代以来，当地农民都是靠耕作公元前 150 年至公元 50 年间开垦的湿地为生。

这几个世纪，正是玛雅人开始大规模地改造当地环境的时候。此时，他们不但需要养活越来越多的农民，还需要养活越来越多不从事粮食生产的人。他们曾移走数百万立方米的泥土，修建了水库、沟渠和池塘，为旱季蓄水。埃尔米拉多城在其鼎盛时期，曾占地 16 平方千米；它位于一个洼地之中，是靠洼地里的水源供应发展起来的。随着人口增加，为养活民众而进行的环境改造和兴建公共建筑对公共劳动力的需求也增加了。在数代人的时间里，社会不平等变成了一种常态；常常与执政的君主关系密切的特权精英阶层，也日益疏离了平民百姓。

埃尔米拉多城在突然之间就崩溃了；至于原因，部分在于过度砍伐森林，部分在于地表径流和侵蚀破坏了周围的湿地，使之成了降水丰沛的牺牲品。数个世纪以来，当地农民都是靠湿地来种植大量的粮食作物，提供此城所需的粮食盈余。但是，由于这个城邦有大量的非农业人口，所以等到平民百姓无法养活精英阶层的时候，其政治与社会基础就受到了威胁。对所有人而言，唯一的对策就成了迁徙，即随着城市中心日渐没落，迁徙到农村地区一些规模较小的定居地去。到了公元250年，玛雅人的政治重心已经转移到了中央低地；那里的一些新兴中心，比如卡拉克穆尔和蒂卡尔，已经在降水较为丰沛的一个时期里发展成了实力强大的城邦。从破译的象形文字中，我们得知了一些城邦君主的情况；这些象形文字，向我们揭示了一幅外交、贸易与战争交织且不断变化的图景。城邦的一切，都以王权制度为中心；这种王权按照可以追溯至一位开国祖先的朝代更替顺序，由父传子或者由兄传弟。玛雅文明不同于古埃及或者罗马帝国，从来就没有形成一个高度集权的国家，而是由大小不一的政治单元所组成；那些政治单元，最终演变成了四大城邦和无数个较小的王国。这是一个竞争极其激烈的社会，由一些实力强大的王朝统治着；它们的大本营，就是蒂卡尔、卡拉克穆尔、帕伦克和科潘之类的重要中心。

埃尔米拉多城衰落之后，蒂卡尔与附近的瓦哈克通便乘虚而入，填补了由此留下的政治真空。公元1世纪，一个精英阶层开始在蒂卡尔掌权；那里的象形文字资料表明，从公元292年至869年间，蒂卡尔历经31位统治者，实行了大约577年的王朝统治。这个实力强大的新兴城邦，逐渐变成了一个多中心的王国，然后在公元 557 年被一个崛起中的国家的君主征服了；那个国家就是卡拉科尔，位于如今的伯利兹境内。

到了公元 650 年，主要的贵族王朝都曾主持过一些繁复的公开仪式，以确认他们的精神血统与政治权力。他们把自己的行为与神灵、祖先的行为联系起来，有时还会通过声称他们的血统重现了神话事件来将其合法化。他们把他们的历史与当下以及超自然的来世联系起来，并将社会嵌入一个由神圣的地点与时间所组成的环境里。一位玛雅君主会煞费苦心地宣称，他是在世者、祖先和超自然世界之间的媒介。这一点，就是统治者与被统治者之间一种不成文社会契约的基础；这里的被统治者就是千千万万玛雅人，他们付出了巨大的环境代价，支撑着小小的一撮精英。玛雅低地上的人口，出现了急剧增长。肥沃程度一般的雨林土壤上，作物收成却越来越少。就算是短暂的干旱周期，也会危及宝贵的水源供应，尽管有作物多样化这样历史悠久的惯例，也是如此。这片土地迟早无法再养活大量的非农业人口。

并不是说贵族们没有意识到气候变化带来的危险。实际情况恰恰相反，因为在他们统治的数个世纪中，气候正在逐渐变得干旱起来。他们生活中的大部分仪式，都是以水源与降雨为中心。蒂卡尔的统治者还匠心独运，建造了一些神庙金字塔，对全年的富余雨水加以控制，因为这些金字塔的四面能将雨水导入蓄水池，用于灌溉附近的田地。玛雅统治者应对人口增长的措施，就是修建蓄水池和范围往往相当广泛的水源控制系统来蓄水，以应对干旱年份。

玛雅农民之古今

公元 3 世纪至 10 世纪间，整个玛雅低地上猛增了数百个大小不一的定居地，靠形式异常多样的农业耕作为生。其中，既有在森林空地上进行的刀耕火种式农业（称为火耕农业），在坡地上进行的梯田栽培，也有利用沼泽和湿地中的台田进行的耕作，这种台田农业的不同凡响之处在于积极地利用环境和稀缺的水源。许多农民还有各种各样的农户庭园，栽培着大量的植物与树木。在地方层面上，玛雅农民管理着森林、蓄水，并且充分利用了整个低地上的不同土地与食物资源。他们干得非常成功，故在长达 4 000 年的时间里应对好了艰苦环境带来的种种风险。他们之所以做到这一点，是因为他们最深入地了解了自身所处环境的具体情况，并且建立和维持着各种集约化的粮食生产体系；在公元 9 世纪玛雅文明遇到严重问题之前，他们至少经受了两次漫长干旱的考验。

幸运的是，中美洲低地的玛雅农民后裔，如今仍然在那种严苛的低地环境里繁衍生息。现代村民采用的许多惯常做法，很早以前就一直存在；这就说明，它们可以让我们深入了解到，以前的人是如何应对干旱、作物歉收以及其他一些意外的气候灾难的。现代玛雅农业的多样性可谓惊人，这是他们针对从人口密度不断上升到当地土壤质量以及降雨模式变化等一切因素所做的反应。即便是作物混种，也会根据环境条件而逐年、逐季变化。比方说，伯利兹的凯克奇玛雅人如今仍然以传统农业为生。他们在排水不良的地区耕作台田、山坡梯田，雨季则会利用"火耕农业"这种刀耕火种式耕作系统。[5]凯克奇人的旱季河岸农业，就是那种需要长期经验的机会主义创新能力的一个例子。每个农民都须平衡好气候条件、植被再生与其他的任务之间的关系。玉米越早播种下地越好，因为这种作物须趁着土壤仍然湿润的时候播种，才会有一个良好的开端。每年旱季开始的时间差别很大，会让问题变得很复杂，而收获火耕农业作物这一关键任务也是如此。假如火耕农业的收成不错，那么旱季耕作就不要那么多时间了。收成不好，则意味着他们要花更多的时间进行清理和耕种。

这样的河岸农业，是在一种规模更大的自给周期之内进行的。其中的关键词是"周期"，因为这有助于我们揭开玛雅人年复一年地应对毫无规律可言的气候变化时所用的策略；实际上，其他许多自给农民也是如此。这样一种周期性的生存，意味着靠土地为生的人会把时间看成一个无穷无尽的循环。他们的祖先经历了同样的周期：播种、作物生长、收获，然后是一个宁静的季节。这样的生活，具有一种始终不变、取决于作物与降雨的恒久性。

这种有力的设想，赋予了受人尊敬的祖先一种核心作用。玛雅的王公贵族之所以强调他们与神圣祖先之间的亲密关系，埃及的法老们之所以举行繁复的公开仪式来证明他们作为神圣统治者的合法角色，都有着迫不得已的理由。王公贵族与祖先之间的各种关系往往具有权威性，并且执着于精神上的合法性。祖先与在世者之间的联系，深入渗透到了乡村生活当中，而在乡村环境下，人类的生存曾经依赖于他们与环境、降雨、植被以及土壤肥力之间的密切关系，至今依然如此。当今凯克奇人依赖常识、详尽的环境知识加上一种根深蒂固的信念，即认为祖先积累的经验对于生存来说是一项宝贵的遗产。

在这个地区，祖先的经验无疑是一项宝贵的遗产。以前，这个地区一度人口稠密，高度依赖于农民的耕作技术，还有降雨。[6]这里的人口，在公元700年至800年间达到了峰值。当时，人口密度达每平方千米600人至1 200人的情况并不少见。据估计，生活在这些低地上的人口曾经达到了惊人的1 100万。其中大多数人都没有住在那些大城市里，而是以单个家庭的形式广泛分布于当地环境中，生活在所有的非城市地区。这种模式，与柬埔寨吴哥城周围的情况并无不同；在第九章里，我们将介绍后者的情况。可叹的是，无论是在柬埔寨还是在这里，城市腹地的任何一种环境压力，都增加了当地出现重大的社会动荡与政治动荡的概率。到了公元8世纪，南部低地的古玛雅文明就行将没落下去了。

假如生活在公元8世纪末的玛雅低地，那么，您会居住在一个经过了人为改造、气候正在逐渐变得干旱起来，与数个世纪之前截然不同的环境中。随着人口增长和作物产量下降，环境改造形成的累积效应加速了。清除了植被的地区与有所管理的森林、田地、城市结合起来，将大部分低地变成了一个人工改造的环境。当然，密集的人口几乎向来都会导致乱砍滥伐，而树木减少则导致了气温上升和降水减少。此外，焚烧木柴与庄稼还会导致大气中的灰尘与污染物含量增加。

随着低地上的定居地增加，不透水地表的面积也急剧扩大了。建筑活动的增加与耕地面积的扩张，进一步减少了磷的捕获量，增加了磷的沉积量。在以前的数个世纪里，高地上的沉积物会被冲刷到下方湿地农业多产高效的洪泛平原上，但农民们通过广泛采用坡地梯田进行耕作而减少了沉积磷的流失。仅仅是维护农田系统，以及不断增加的沟渠、池塘和水库，就需要成千上万的平民百姓和整个整个村庄的劳动力。施肥、培土与除草等日常工作，也是如此。

光是滥伐森林造成的长期影响，就具有毁灭性。到了公元前600年，危地马拉北部佩滕的大部分森林已经被砍伐殆尽。砍伐森林的做法持续到了公元9世纪，直至人类改造过的土地上大部分林木植被全都消失。持续不断地滥伐森林、改变土地用途以及玛雅农业造成的环境恶化等方面结合起来，形成的长期效应就导致了降雨减少、气温升高和水资源日益短缺等后果。[7]这些方面，全都截然不同于自然出现的干旱周期。但在一个严重干旱的时期，一旦森林差不多被砍伐殆尽，农民采用的种种持续性适应对策就不会成功。政治不稳定与社会动荡随之而来，玛雅文明也就此分崩离析了。人类和环境系统到达了一个转折点，从而导致了文化衰落和最终的人口减少。

转折点之后（公元8世纪至10世纪）

古典玛雅文明在这些低地的衰落，是人类与环境之间不断变化的关系带来了各种压力，再加上干旱周期激增导致的。但与此相关的，却远非食物供应与水源之类的基本要素。维持玛雅文明持续发展的决定性因素变得太过复杂和难以承受的时刻，已经到来——至少对统治者与精英阶层来说，就是如此。由于精英阶层根植于玛雅社会种种复杂的社会经济、意识形态和政治层面之中，所以维持或者发展这个系统的障碍极其巨大——或许巨大到了什么都不做让他们觉得更加容易的程度。公元9世纪中央低地的玛雅文明发生巨变，原因并不是单一的；只不过，世人如今对这种判断仍然存有重大争议。[8]

　　研究人员曾经在北部低地的奇恰卡纳布湖（Lake Chichan-canab）中钻取岩芯，表明那里在公元800年至1000年间出现过严重的干旱；此后人们就一直认为，气候变化是玛雅文明没落的一个主要诱因；更具体地说，干旱就是罪魁祸首。[9]湖芯表明，公元750年至1100年间，这里的气候普遍较为干旱；从加勒比海的卡里亚科海盆中钻取的一段深海岩芯，也表明这里有过多年的干旱，比如公元760年、810年、860年和910年。然而，湖泊与海洋岩芯显示的信息，并没有达到必要的精确性。因此，许多专家往往低估了气候在古典玛雅文明衰落中的作用。

　　新一代的研究，则得出了更加精确的干旱与降水信息。玛雅低地南部约克巴鲁姆洞穴（Yok Balum Cave）中一根56厘米长的石笋，为我们提供了一种精确的、时间长达2 000年的气候序列。[10]约克巴鲁姆洞穴中的这根霰石（一种碳酸钙矿物质）石笋之所以尤为重要，是因为它不但生长得相当迅速，而且持续生长了 2 000 年之久。研究人员利用铀系断代法，从中获得了不少于 40 个降雨年代的数据；它们精确到了 5 年至 10 年之内，并且与其他来源的气候数据非常吻合。公元 440 年至 660 年间，这个地区的降水异常丰沛，而在随后的三个半世纪里，气候则逐渐变得干旱起来。这种变化，最终以公元 1000 年至 1100 年间一场旷日持久、极其严重的大旱而告结束；那场大旱，也是 2 000 年里旱情最严峻的一次。情况还不止如此。公元 820 年至 870 年间的一场大旱，持续了半个世纪之久，而公元 930 年左右，又发生过一场程度较轻的旱灾。从约克巴鲁姆洞穴石笋中获取的气候信息，与低地其他地方对公元 820 年至 900 年的一场严重干旱的记载，以及对公元 1000 年至 1100 年间另一场旱灾的历史记载完全吻合。

以任何标准来看，我们从一系列证据中了解到的这些干旱，都是旷日持久的干旱时期；它们必定给一个降水变幻莫测的地区的农耕社会带来了严重的影响。干旱年份对作物收成与农业生产力具有显而易见的影响。假如雨季姗姗来迟或者作物绝收，这些影响便尤其严重。公元 1 千纪末期出现的干旱，却要另当别论。它们都持续了几十年，甚至是几个世纪之久。

诚如考古学家道格·肯尼特（Doug Kennett）与气候学家大卫·霍德尔（David Hodell）指出的那样，农业干旱与水文干旱之间有一种重大的区别。前者是由雨水不足、蒸发增加使得土壤变干燥造成的，最终会导致作物歉收。在此期间，湖泊水位、河流流量和地下水供应却有可能在数年之内都不受影响。玛雅人很清楚，他们必须节约用水。这样的策略，虽然在短期和稍长时期内都有效，但在很大程度上取决于消耗水资源的人口密度。假如干旱周期旷日持久，或者异常严重，那么，随着水源枯竭或供应稀缺，就会出现水文干旱。如此一来，就有可能造成严重的社会经济后果，而当人口密度不断上升、水和环境中的其他资源供不应求时，影响则尤为严重。

导致玛雅文明没落的，远非干旱一个方面。玛雅社会属于一个金字塔式的社会，由一小部分精英统治着；他们把武力和精心打造的意识形态结合起来，享有无上的权力。他们的生活水平比工匠与平民百姓高得多，几乎所有的财富都集中在贵族手中。同时，他们还控制着像黑曜岩与盐之类的重要资源，以及像天文学、数学与历法这样的复杂知识。与民众之间的这种不成文社会契约，就是精英阶层在意识形态、物质和精神上具有权威的保证。但是，随着他们煞费苦心地制定的种种统治机制变得比以往更加复杂、更加保守，问题的解决也变得日益棘手起来。

维护精英阶层的权威、政治权力和财富并将其合法化，成了一项越来越复杂的任务，涵盖了从维护基础设施到开垦湿地、掌管军队进行防御以及袭扰邻邦等各个方面。当时的城邦都是君主制国家，由思想僵化但实力强大的君主统治着；百姓都认为，这些君主拥有半神的种种力量。除了他们自己那一幢幢奢侈华丽的宫殿豪宅，他们还强征大量的粮食盈余，用业已习惯的做派供养着宫廷、各级官吏，以及一个树大根深的精英阶层。他们实施的军事征伐，需要获得百姓的支持。无数技术熟练的建筑师、工匠、书吏以及非农人口也是如此，他们需要口粮和其他商品才能工作。当时的主要粮食作物，就是玉米；这种粮食极其重要，在公共仪式、私人仪式和艺术当中都扮演着重要的角色。不过，玉米属于热带作物，几乎不可能在玛雅低地这种潮湿的环境中长久储存。其他作物包括豆类、南瓜和辣椒，但无论以哪种作物为食，每个玛雅农民都必须养活自己的家人，同时为下个季节留出充足的种子。此外，每个农户还要向统治者和精英阶层上缴粮食、提供劳役，以维持众多相互争斗的王国中日益苛刻和错综复杂的上层建筑。再加上作物和土壤生产力不同，还有地形以及最重要的水源供应等因素，就使得哪怕是对短期的气候变化迅速做出反应，也成了一项他们难以应对的任务。

到了 8 世纪末，统治者已经无力兑现他们对社会所做的承诺，尤其是无力在干旱持续时通过大量水库提供清洁水源了。此时，已有数百年历史的经济与政治结构，连同其中半神一般的君主，都陷入了严重的没落之境。在一个被激烈的竞争与林立的派系所撕裂的社会中，统治者对被统治者的严苛要求在贫富之间造成了一种直接而持久的紧张关系。一切所依赖的，乃是一个最终有可能难以为继的自给农业社会；可这个社会，却生活在一个深受降水不足、干旱无法预测且旷日持久两个方面困扰的地区。

权威无能造成的不利政治影响是极其巨大的。尽管古代玛雅社会具有多样性，但也具有许多共同的文化传统，其中就包括了至关重要的神圣王权制度。这里的国王或者女王，就是较大的王国与无数等级不一、面积较小、效忠情况也不断变化的领地之间种种不稳定关系中的主角。每一位玛雅统治者，都生活在一种充满政治色彩的环境下，其中既有短暂的结盟与贸易网络，也有和祖先之间的亲缘关系。但归根结底，效忠与文化联系都具有地方性；这一点，也使得他们几乎不可能采取全面的措施来应对气候变化。

科潘解体（公元 435 年至 1150 年）

随着一度强大的城邦纷纷解体，工匠和平民都分散到了城市腹地，或者迁往其他地方以寻找机会。例如，洪都拉斯境内的科潘是一个宏伟壮观的玛雅文明中心，那里点缀着许多金字塔和广场，占地面积达 12 公顷。[11] 公元 435 年 12 月 11 日之后的 4 个世纪里，有一个实力强大的王朝统治着科潘王国；这个王朝的开创者，是雅克·库克·莫［K'inich Yak Ku'k Mo', 或称"伟大的太阳神绿咬鹃金刚鹦鹉"（Great Sun Quetzal Macaw）——金刚鹦鹉与绿咬鹃是两种羽毛鲜艳的鸟类］。

人们在科潘周围长期进行的实地考察，记录了这个"太阳鸟"王朝治下的 400 年间人口方面的巨大变化。公元 550 年至公元 700 年间，王国的人口曾经急剧增长。人们都住在中心区及其周边地区附近，只有少量的农村人口。人口和社会结构的复杂程度都增加了，一直发展到有 18 000 人至 2 万人生活在科潘河谷里；至于其核心区域，每平方千米则有大约 500 人。似乎每隔 80 年到 100 年，这里的人口就会翻一番。农村人口仍然非常分散，但农民此时开始耕种不太理想的山麓之地，以增加作物的收成。

不过，变化即将出现。公元749年，一位名号叫"烟壳"（Smoke Shell）的君主登上王位，统治了这个一度伟大的城邦。在一个派系斗争激烈、内部局势紧张的时代，此人开始疯狂地大兴土木；其中，有些工程就是降雨减少的现实情况引发的。当时的政治秩序似乎已经改变，因为一些小贵族纷纷请人给自家的房子刻下铭文，仿佛他们是在一个政治权威日渐衰落的时代，以此来维护自身的权利。意义深远的人口变化与政治变革，也随之而来。"烟壳"王朝的统治在公元810年终结，城市人口也正是从此时开始减少。40年的时间里，住在城市中心及其边缘的人口中，差不多一半都迁走了，可农村人口却增长了20%。随着连贫瘠耕地也被过度开发和土壤不受控制地遭到侵蚀，由此形成的累积效应开始带来恶果，而一些小型的地区性定居地便取代了大型的城市中心。1150年，生活在科潘河谷中的人口已不过5 000至8 000人了。

科潘的人口外迁，既是人们对作物产量下降和城市生活快速发展所做的一种合理反应，也是他们对严重干旱的一种传统反应，与许多古代社会无异。这种外迁，并非只有这里出现过。在蒂卡尔和卡拉克穆尔等中心城市的腹地进行的长期研究已经提供了充足的证据，表明当时密集的城市人口正在减少。公元8世纪以后，南部低地上的广大地区都已为人们所遗弃，后来再也没有人口聚居；就连西班牙殖民者对美洲进行了"武装远征"之后，也依然如此。玛雅人口的增长，依赖于一种不考虑漫长干旱等长期问题的农业系统。在这种文明的鼎盛期，居住在这些低地上的玛雅人或许多达 1 100 万，比如今生活在那里的人口还要多。到了此时，这个农业系统再也无法扩大，再也无法生产出贪得无厌的精英阶层所需的种种财富。就像科潘和蒂卡尔一样，那些一度很有影响力的城邦，就只有没落和人口外迁的路可走了。

许多记载玛雅人口疏散的文献都会给人一种印象，似乎玛雅诸社会当时通通解了体。实际情况显然并非如此。有些城邦缩小了规模，幸存了下来。还有一些城邦则继续繁荣发展着，特别是那些紧邻重要河流和位于主要贸易线路两侧的城邦。沿海地区的许多中心也存续了下来，尤卡坦半岛的北部沿海尤甚。一些强大的经济与社会因素发挥了作用，其中包括：有通往沿海与河流贸易线路的通道；战争不断；或许还有一个最重要的因素，那就是贸易活动发生了巨变，从内陆贸易转向了海上贸易。

干旱与作物歉收，加剧了城邦之间争夺粮食供应与争相控制贸易线路的局面。在公元 7 世纪和 8 世纪，许多地方都爆发过残酷的战争，但它们不一定都是干旱导致的。玛雅的君主，当时都是依靠玉米收成来维护他们的实力。直到气温在周而复始的干旱期间达到了 30℃ 左右，作物产量才不再增加。此后，作物收成便迅速减少，而水库的水位也大幅下降了。由于气温超过 30℃ 的天数越来越多，粮食供应骤减，从而威胁到了王权。为此，那些野心勃勃的统治者便开始进攻其他王国，以为只要征伐成功，就可以重新巩固他们当时似乎正在不断衰落的合法地位。干旱周期可能也减少了暴力冲突，因为食物与水源供应不足，让各个王国在备战时都要困难得多了。但是，不管气温条件如何，暴力冲突在玛雅历史上都时有发生，以至于有些贵族为了躲避暴力，还在大片大片的农田周围修建了防御性的城墙，保护正在生长的庄稼，却没有去加固神庙和以前修建的其他一些宏伟建筑。

崩溃（公元 8 世纪以后）

虽然在南部低地玛雅社会的崩溃过程中，战争可能确实起到了作用，但干旱在摧毁玛雅社会的过程中扮演了一个重要角色也是无可置疑的。约克巴鲁姆洞穴石笋中记录下来的历史干旱周期，与那里出现作物歉收、饥荒，以及暴发与饥荒有关的疾病的时间相吻合。还有证据表明，当时不但人口数量减少，而且人们纷纷迁往了规模较小的定居地。这是一种经典的迁徙对策；在一个干旱变得比以前更加旷日持久、旱情也更加严重的时代，人们再次显著地应用了这种策略。

实际情况究竟如何呢？古典玛雅王权的逐渐瓦解并非一种剧变。更准确地说，早在公元 780 年至公元 800 年间，南部低地上那些历史悠久的政治与社会网络便已开始瓦解，同时战争也开始愈演愈烈。[12] 由此导致的结果，就是道格·肯尼特和其同事们所称的"割据"，因为政治网络权力变得分散起来，人口则开始外迁散居。与其说这是一种崩溃，不如说是社会的一种重新组织；公元 900 年之后，西班牙殖民者"武装远征"之前，留存于世的文字、历法以及其他珍贵的文化传统都体现了这一点。

最急剧的变化发生在那些以危地马拉北部、伯利兹西部、尤卡坦半岛南部以及洪都拉斯的科潘地区为中心的玛雅王国里。它们留下了一片开垦过的土地，可如今那里仍是几乎无人居住的森林。中央低地上的森林虽然恢复了，可人们再也没有回去，以至于那里的雨林后来成了一个避难所，让玛雅难民得以躲避西班牙人的统治。就算到了今天，那里的人口密度也较古典玛雅时期减少了一半乃至三分之二。究竟为什么会这样，如今依然是一个谜。人们不再大范围毁林开荒了；一直要到现代，人们才再次开始砍伐硬木。一小部分人有可能曾经冒险进入过那片植被茂密的土地，采伐一些具有经济价值的树木，比如拉蒙树；这些树木的果实与坚果营养丰富，是容易发生旱灾的雨林环境下的一种珍贵的食物来源。或许，原因在于开垦森林、恢复集约化农业的基础设施需要付出的人力成本太高了。

北部的气候事件（公元 8 世纪以后）

玛雅文明继续在尤卡坦半岛北部蓬勃地发展着。[13] 一个以奇琴伊察为大本营且实力强大的王国，曾经从公元 8 世纪繁盛到了公元 11 世纪；至于原因，部分就在于许多百姓逃离了日益干旱的南部内陆地区，成了这个王国的新臣民。假如我们明白北方的地表水源供应其实要比南方稀少得多，那么，这个王国的崛起过程就会令人觉得难以置信了。奇琴伊察的实力，既源自积极扩张与建立同盟，也源自它控制了海上贸易和玛雅世界广大地区之间的联系。在这种情况下，人们应对干旱时采取的措施主要是经济和政治方面的，它们极其有效，以至于玛雅文明出现了复兴；只不过，这是以一种不同的方式实现的，注重共享统治。

公元 11 世纪，这个地区发生了一场最漫长和最严重的旱灾，破坏了长久确立的现状，动摇了奇琴伊察的统治地位。但公元1220 年前后，这里又崛起了一个新的国家，它以位于北方内陆的玛雅潘为大本营。[14] 当时的玛雅潘大约有 15 000 位居民，隶属于一个实力强大的区域联盟，是其重要的政治首都。这是玛雅文明的一种国际性复兴，其特点是兴建了许多宏伟壮观的建筑，展开了广泛的对外交往，而传统的宗教信仰也得到了重振，有许多华美的抄本来加以纪念。由于所处的位置靠近一系列呈环状分布的天坑（即自然形成的深坑），地下水源丰富，故玛雅潘繁盛发展到了公元 1448 年左右，后来又与严重的干旱抗争了一个半世纪之久。其间的一次次干旱对粮食供应造成了严重的破坏，扰乱了市场网络，并且导致了政治动荡和随之而来的战争。

不过，玛雅文明还是存续了下来；原因部分就在于那些重要中心之间的联系并不紧密，因此它们不那么容易受到曾经颠覆了南方各个王国的种种政治动荡的影响。直到西班牙人开始"武装远征"，许多沿海城镇都令人瞩目、一片繁荣，广大地区也运作着各种复杂的市场体系。这一切，都是人们成功地适应了当地的环境挑战、地区性干旱和粮食短缺的结果。在一个拥有数百年文化传统的"文化玛雅"世界里，整个社会始终都在发生变革。16世纪初西班牙征服者的到来，改变了玛雅文明的历史轨迹，因为人们适应了新的经济、政治与精神环境。

所谓的"古典玛雅崩溃"一说，其实属于用词不当，听起来古典玛雅文明像是一夜之间急剧崩溃的。相反，文明的衰落是一个复杂的过程；在此过程中，人们会步履艰难地应对漫长的干旱周期，历经数代之久。尽管如此，古典玛雅的政治体系确实崩溃了，农民则继续生存着。最终，在公元800年左右，到了一个看似生死攸关的社会、政治与生态转折点之后，古老的玛雅文明经历了一场变革。玛雅人与其所处环境之间的相互作用，导致了不同程度的环境压力；更何况，这些压力还是与严重的干旱同时出现的。尽管玛雅统治者拥有精心设计的意识形态，并且牢牢控制着整个社会，但到了此时，他们已经无力组织民众采取措施去适应那些干旱得多的低地环境了。在一些被派系斗争和战争所撕裂的城邦里，组织并采取大胆的措施来适应生存危机就成了一项艰巨的任务，彻底压垮了那些傲慢自大、显赫一时的君主。对于他们的权威，对于统治者与被统治者之间早已土崩瓦解的社会契约，民众也失去了信心。于是，百姓便四散而去。

从全球范围内来看，我们生活在一个被狭隘的民族主义所撕裂的世界里，千百万人被牵涉其中，故人为性全球变暖和可能具有灾难性的气候变化让我们面临的威胁，要比玛雅的君主们当时面临的威胁大得多，令人难以想象。由于危机带来的影响因地而异，故他们的臣民不是迁往农村，就是到其他地方寻找机会去了。不过，玛雅人的经验教训却显而易见，那就是：强有力和果断的领导十分重要。如今许多人正在努力解决未来气候变化的问题，但我们缺乏那种能够超越一代又一代、强大有力和具有远见卓识的领导能力。我们正面临着真正的危险，有可能遭遇像蒂卡尔和玛雅其他一些伟大城邦的执政者那样的命运，原因不仅是我们当中有许多人否认即将到来的气候危机，还有随着我们逐渐接近一种与之类似但规模要大得多的环境转折点，大多数人都会在挑战面前不知所措。玛雅人的经验提醒我们，大部分气候适应措施都是地方性的，而面对气候变化时无所作为，也不是一种可行的对策。

相比于那些只关心作物收成的无名官吏制定的宏伟施政方案，应对气候变化的**地方性**措施之所以有效得多，原因就在于此。还有更加重要的一个方面，那就是风险管理，尤其是在地方层面上的风险管理；只不过，我们如今经常会忽视这一点。

第七章

众神与厄尔尼诺
（约公元前 3000 年至公元 15 世纪）

　　蓝天之下，皑皑白雪一望无际。此时，我们来到了偏僻的奎尔卡亚（Quelccaya）冰盖上，这里位于秘鲁北部的安第斯山脉高处，是世界上面积最大的热带冰原之一。如今，这座冰盖的面积约为 43 平方千米，最高点的海拔为 5 680 米。然而，在 18 000年前的最后一个"大冰期"结束时，这座冰盖却要广袤得多：人为造成的全球变暖正以不可阻挡之势，让这座冰盖的面积缩小，以至于到 2050 年时，冰盖有可能彻底消失。在冰盖的东部，群山向下延伸到了亚马孙河流域，距那里的热带雨林仅有 40 千米之遥。这座冰盖虽然属于高山冰川，却异乎寻常地位于地表平坦之处，有的地方冰层竟然厚达 200 米。这种情况，使得奎尔卡亚成了人们钻取冰芯的理想之地；冰芯中呈现出了分界清晰的层次，每一层都代表了一年，各层之间有旱季尘埃层隔开，足以重现奎尔卡亚约 1 800 年的气候历史。

　　1983 年，美国俄亥俄州立大学的古气候学家朗尼·汤普森

（Lonnie Thompson）曾用一台太阳能冰钻，在这片冰原的中心地带钻取了两段长长的冰芯；那里除了太阳能，没有其他能源可以利用。[1] 由于没有办法带走冰芯，他便把冰芯切割成样本，当场融化并装入瓶中，从而重新获得了有 1 500 年历史的部分冰芯。2003 年，由于物流条件已经有了充分的改善，汤普森又把两段一直钻到了基岩之上且仍然封冻的冰芯运回了俄亥俄州的实验室。如今，汤普森得以研究奎尔卡亚过去 1 800 年以来的气候历史，并且揭示了"恩索"与热带辐合带的位置曾经如何对这处冰盖的气候产生影响。

厄尔尼诺现象会带来西风，从而减少到达冰盖中的水分，并给西海岸的沿海沙漠带来暴雨。随着时间推移，导致气温上升的厄尔尼诺现象与对应的、导致气温下降的拉尼娜现象会毫无规律地交替出现。前者会导致秘鲁南部与玻利维亚的高海拔草原（或称 altiplano，在西班牙语中就是"高原"的意思）出现干旱。与之相反的是，拉尼娜现象则会给高原地区带来降雨。它们结合起来，就成了安第斯山脉与南美洲西海岸，尤其是秘鲁的沿海干旱平原上的两大气候驱动因素。来自附近安第斯山脉上的径流，曾经让秘鲁境内工业化之前那一个个蕴藏着丰富黄金的国家（比如莫切国）变得极其富裕。"恩索"属于复杂的气候事件，在安第斯地区的古代历史上发挥过重要的作用。

沿海：卡拉尔、莫切、瓦里与西坎
（公元前 3000 年至公元 1375 年）

安第斯文明的两大支柱，发展了数个世纪之久。古安第斯文明的一大支柱位于高原地区，以的的喀喀湖为中心。另一个支柱则在遥远的西北部，即秘鲁北部的低地沿海平原上繁衍生息着，那里也是全球气候最干旱的地方之一。从整体来看，这个广袤的地区由一系列东西走向的环境带组成，由西向东依次为沿海沙漠与河谷、山脉、高原、平原和热带雨林等等。每个环境带都有种植在不同条件之下的作物，说明自给自足与远距离贸易是这里两大持久存在的现实状况。[2]

当时，沿海地区的百姓严重依赖于近海的鳀鱼渔业；这种渔业为他们提供了食物和鱼粉，其中的大部分都销往了高原地区。捕鱼是低地文明一项生死攸关的任务。河谷地区的灌溉农业，也是如此。秘鲁北部沿海的灌溉用水，几乎全都来自山间的径流；它们沿着河流而下，将一个个沿海平原分隔开来。沿海地区的环境非常脆弱，经常发生灾难性的地震，更不用说有常常旷日持久的严重干旱、沙漠化与沙丘构造，以及强大的厄尔尼诺现象导致的大洪水了。在这种艰难的环境条件下生活，对沿海社会造成了极大的制约；只有像逐渐沙漠化之类的变化，才允许他们在漫长的时间里慢慢地去适应。

到了公元前 3000 年，有 1 000 至 3 000 位农民与渔民生活在一些离太平洋不远且早已有人居住的定居地。他们是一些联系紧

委内瑞拉

哥伦比亚

厄瓜多尔

亚马孙河

巴坦格兰德

兰巴耶克河谷

内佩尼亚河谷

巴西

赫克特佩克河谷   昌昌城
莫切河谷   卡拉尔   秘鲁
利马
库斯科
奎尔卡亚冰盖   玻利维亚
的的喀喀湖
卡塔里河谷   蒂亚瓦纳科
莫克瓜   于埃纳普蒂纳火山

太平洋

太平洋   大西洋

智利

0   500 千米
0   500 英里

第七章中提到的考古遗址

密的社群，拥有种种牢固的亲族纽带和对祖先的深厚敬意。这一点，在一些华丽气派、精心装饰的织物中体现了出来；织物上，描绘着许多拟人化的图像、螃蟹、蛇和其他生物。这里也有城市，其中以秘鲁中北部沿海地区苏佩河谷中的卡拉尔古城遗址（约前3000—前1800）尤为著名。[3] 卡拉尔古城中，建有一座座巨大的泥土金字塔、广场、住宅和神庙建筑群。这是一个强大的文明社会，与"旧大陆"上的印度河流域、埃及与美索不达米亚等文明属于同一时代。这里的人与古埃及人一样热爱金字塔；只不过，考古学家在卡拉尔并未发现爆发过战争的痕迹：没有残缺不全的骸骨，没有城垛，也没有武器，与印度河流域的情况一样。相反，卡拉尔似乎是一座和平安宁的城市、一个繁盛兴旺的大都市，占地面积超过了150公顷，并且至少催生了同一时期的19个卫星城镇。至于人口众多、交通发达的卡拉尔究竟为什么会逐渐衰落下去，如今我们仍不清楚；但这个地区的整体情况与世间的所有地区一样：随着人们艰难地应对社会变迁、政治变革与气候变化，各种文化此兴彼衰，一些特点保留了下来，还有一些要素则不复存在了。当我们沿着时间的长河继续前行，把注意力集中到公元1千纪前后的一些事件时，这种相互作用就会得到充分的体现。

差不多就在提比略皇帝将敌人扔进台伯河里和维苏威火山喷发的时候，秘鲁北部沿海崛起了一个富裕的新文明社会，即莫切城邦（约100—800）；这个城邦由一个富裕的精英阶层统治着，他们把死者安葬在用土砖修建的金字塔里，留下了大量的黄金珠宝和丰富的艺术作品等遗产。他们掌管着一条狭长的海岸线，长约400千米，宽度却顶多只有50千米，从北部的兰巴耶克河谷一直延伸到了南部的内佩尼亚河谷。[4] 当然，秘鲁既然拥有伟大的文化遗产，那么莫切文化就不是凭空出现的。相反，他们是以当地各种错综复杂、历史悠久的河谷灌溉系统为基础，建立了自己的国家。他们留下的遗址周围虽说布满了沟渠与灌溉系统，但一切全都依赖于以单个村庄为基础的灵活耕作方法。莫切人的农业之本，需要小规模的劳动力和简单的灌溉设施，尤其是这些设施还须容易维修才行。与"旧大陆"上的情况一样，散居的本地社群也依赖于泉水和偶尔降下的暴雨所形成的地表径流。

广泛分布的灌溉系统为莫切城邦提供了一种防御手段，以免为漫长的干旱和厄尔尼诺现象导致的暴雨所害；这种暴雨，有可能在几个小时内淹没和彻底摧毁所有的灌溉系统。从安第斯山脉流淌而下的山泉径流，宛如超自然世界一年一度馈赠给他们的礼物。从莫切人留下的艺术作品与墓葬来看（他们没有留下书面文字），当时是一些实力强大、叱咤风云的君主在统治着这个国家。[5] 他们声称自己拥有种种超自然力量，充当的是凡人与众神之间的中间人，而沿海渔场与珍贵作物正是由众神滋养的。莫切的统治者披金戴银，服饰华丽，出现在精心设计的公开仪式上，以强化人们的一种信念，即每位头领都对生命的延续不可或缺。若是没有头领，太阳有可能不会东升，鱼类也有可能死去。与（时代稍晚的）蒂亚瓦纳科高原上的人（参见后文）一样，莫切王国的臣民也是通过他们生产出来的商品与粮食向这些"赐予生命"的头领纳税；还有强制劳动，因为当时有大量平民被派去建造一座座宏伟的高台与神庙。

对我们而言，这种制度可能看上去是一种杜撰，目的是让百姓为精英阶层服务，像是一个童话故事和一种欺骗，可莫切人看待这些观念时却很严肃，认为它们攸关生死。在一个充满不确定性的世界里，在现代科学崛起之前，头领和他们的众神乘虚而入。奎尔卡亚冰芯为我们提供了沿海地区生活严酷的证据，其中就包括接连不断的大旱，导致降雨量较平均水平减少了30%。[6]

最严重的一场大旱发生在公元563年至594年之间；当时，莫切的统治者（或者君主、武士祭司，考古学家对他们的称呼五花八门）都生活在靠近太平洋的河流下游。这种战略位置，使得他们控制了水源与近海富饶的鳀鱼渔场；那些渔场是美洲驼商队销往高原地区的富氮鱼粉的主要来源，利润丰厚。干旱将各种灌溉系统都变成了贫瘠的尘暴区。君主们利用城邦谨慎节约和储存下来的粮食应对干旱年份，但当时肯定普遍存在营养不良的问题。幸好，他们还可以依赖渔场，直到强大的厄尔尼诺现象在干旱周期的高峰期来袭。暴雨导致沙漠中的河流变成一道道汹涌的洪流，将他们面前的一切席卷而去，来自北方的较暖海水则让鳀鱼的种群数量锐减。"恩索"摧毁了莫切人的生活之地，数十座村落消失在泥浆之下，土房纷纷倒塌，其中的居民则纷纷溺水而亡。

那些武士祭司都很清楚，强大的厄尔尼诺现象会带来什么样的影响。他们的应对之法，就是派百姓重修灌溉系统，并且以人献祭。在考察研究莫切河谷中"月亮金字塔"（Huaca de la Luna）旁边一座隐蔽的广场时，考古学家史蒂夫·博格特（Steve Bourget）发现了一些描绘着海鸟与海洋生物、令人眼花缭乱的壁画，它们都与近海温暖的"恩索"洋流有关；可在这次轰动一时的艺术发掘当中，他还找到了大约70位被杀害武士的遗骸。他认为，在面对灾难时，莫切统治者曾经用活人献祭和复杂的仪式，来巩固他们的权威。接着，又一次强大的厄尔尼诺现象袭击了这个河谷。由河流冲积物形成的巨大沙丘被冲上海滩，掩埋了数百公顷的农田，淹没了莫切王国的都城。于是，莫切河谷里的君主和同一时期生活在兰巴耶克河谷中的人，都迁往了上游地区。

尽管出现了这些不利的气候事件，但莫切人仍然维持着在投资尽可能少的情况下修建起来的面积广阔的农田系统。人口流动性变得更强，人们在不同的环境条件下兴建了许多较小的定居地，而不再兴建以前那种大型的城市中心。由于争夺肥沃土地与水源的冲突日益加剧，故农民们会迅速修好受损的地方。

公元 500 年至 600 年间，莫切人巩固了他们那些规模越来越小、越来越分散的定居地；它们都位于安第斯山麓，分布在沿海河流的颈部，也就是河流进入沙漠的地方。[7] 到了此时，莫切人的领地日益变得四分五裂，故对粮食生产进行任何形式的地区性控制都难以实现。随着另一次严重的厄尔尼诺现象将关键的农田系统彻底摧毁，一个实力本已遭到削弱的领导阶层既要与突如其来的气候变化做斗争，还要全力对付高原部落的袭击。君主们丧失了神圣的信誉，莫切王国便开始分裂。与古埃及的法老一样，他们起码也设法熬过了一场曾经威胁到王国的灾难性气候事件。但与古埃及的法老不同的是，环境让他们几乎没有什么灵活变通的余地。他们在各个河谷中创造的人工环境需要长期规划和技术创新，以及摒弃一种僵化的意识形态，这种意识形态无法再支撑起一个严格控制的社会。他们显然与被统治的村落里的生活脱了节，已经别无选择，故到了公元 650 年之后，他们那个富有的遍地黄金的社会便逐渐分裂成了无数个较小的王国。

在这些分散的王国当中，有一个是瓦里王国。瓦里人的领地，在公元 500 年前后至公元 1000 年间，从安第斯高原往下，一直延伸到了秘鲁北部（可能还有中部）的沿海地区。这是一种复杂的文明。瓦里人会用精美的珠宝加上精美的织物与陶器，给他们的精英阶层陪葬。他们巧妙地耕种土地，在山坡上开发出了一种壮观的梯田农耕系统。不过，由于实力受到了干旱的削弱，他们最终也衰落下去了。人们之间的暴力，或许还加速了他们的终结：在瓦里古城发掘出的一些政府建筑中，门都被堵上了，这暗示当时的人逃离了这里。考古学家提出，也许城中市民本想在再度下雨或者重归和平之后返回故里，但最终也没能回去。

接下来，沿海地区就出现了西坎文化。西坎的头领，是在公元 800 年左右莫切社会开始分裂时上台掌权的。他们很可能就是莫切精英阶层的后裔；他们投入巨资，兴建了许多装饰华丽的仪式中心，其中主要是用土砖建造的假山。一座高达 27 米的金字塔，俯瞰着一个大广场和位于兰巴耶克河谷中的巴坦格兰德的西坎中心；如今，那座金字塔被称为"胡亚卡洛罗"（Huaca Loro）。葬在墓穴里的精英们个个装扮华丽，戴着特别的金面具和饰品。平民百姓却是葬在很浅的墓穴里，身上少有甚至没有饰物。他们与之前的莫切人一样，在"恩索"的破坏面前也很脆弱。在 1375 年另一个王国即奇穆王国行将征服西坎之前，面对一次大规模的厄尔尼诺现象，巴坦格兰德也衰亡了。

奇穆：多种水源管理（公元 850 年至约 1470 年）

公元 850 年前后，奇穆王国崛起于莫切河谷之中。与西坎王国的情况一样，奇穆王国的第一批统治者有可能是莫切贵族的后裔；他们还深受同时代其他民族的影响，尤其是受到了瓦里人的影响。在接下来的 4 个世纪里，奇穆人将他们的经济与政治权威扩张到了秘鲁北部与中北部沿海的广大地区。他们虽然继承了前人的很多东西，但有一种重大的区别。从一开始，奇穆王国的君主就采取了一种不同的方法，来兴建他们的都城昌昌。[8]

昌昌城位于莫切河谷的入口附近，后来逐渐发展成了一座庞大的城市，与数个世纪之前墨西哥高原上的特奥蒂瓦坎不相上下。一开始的时候，昌昌城是一座没有阶层之分的大都市，统治者专注于提供充足的粮食供应。没人确切知道，这座城市的人口数量后来有多庞大。到公元 1200 年时，此城的面积已经扩大到了 20 多平方千米。有大约 26 000 名工匠住在中心城区南部与西部边缘一带的土屋和藤屋里，其中还有五金匠与纺织工。还有 3 000 人紧挨着王室宫廷居住，而附近一座座独立的土砖大院里，住着大约 6 000 名贵族与官吏。对于这些统治者本身，如今我们仍然不知其名，因为他们没有留下任何文字记载；不过，当时他们住在城市中心 9 座高墙环绕的僻静大院里。每座大院都有自己的供水系统、装饰华丽的住宅区和一个墓葬平台；统治者死后，这里便做坟墓之用。

口头传说与 17 世纪西班牙人的编年史表明，在公元 1462 年至 1470 年的印加征服期间，统治着奇穆王国的是一位名叫米昌卡曼（Michancamán）的君主。显然，此人手下的朝臣都有明确的等级，其中还有"开路官"，是一名专司在君主要走的路上撒下贝壳粉末的官吏。每位领袖都会把自己的宅邸建在其他统治者的宫廷附近，但不会继承后者的任何财产。这种制度，通常被称为"分离式继承"，让奇穆王国的领袖们不得不通过征服来获得额外的领土、财富和纳税的臣民。他们还采取了强行将被征服民族迁离故土的措施，与印加人的做法一样。[9]

奇穆王国逐渐变成了一个等级森严、组织严密的社会，既有精心划分的贵族与平民两个阶层，也有严格的法律体系来执行社会等级制度。奇穆王国境内的不同地区，都由受到统治者信任的官吏管治着。从政治角度来看，这个国家堪称治理有方。在其鼎盛时期，奇穆人统治着一个广袤的王国，其疆域扩张到了古莫切王国的北部沿海地区以外，并且一直向南，沿着差不多长达1 000 千米的海岸线延伸。

历任君主都把武力与朝贡结合起来，维护着他们这个不断发展的国家。他们很快就认识到，以连接每座河谷的道路系统为基础的高效交通十分重要。其中的许多道路不过是羊肠小道而已，可它们却将奇穆王国的每个地区都连接起来了。这一点至关重要，因为该国的贡品与物质财富，都经由这些道路流向中央。与其他的古代文明一样，奇穆君主曾精心利用徽章和贵重礼物，奖励手下臣民的忠诚和在战斗中的勇猛之举。他们也很清楚，整个国家依赖的是无法仅凭武力或者朝贡就获得的粮食供应。

数个世纪以来，沿海地区的农民像莫切人那样，一直利用沿海山坡上各种高度灵活的农业系统进行耕作；在沿海山坡上，他们可以最大限度地利用泉水和暴雨形成的地表径流。人口密度相对较低的时候，这种农耕策略效果很好。与莫切人形成了鲜明对比的是，面对快速发展的城市建筑群与迅速增长的人口，奇穆人在极其多样化、组织严密的水源管理与农业方面进行了大力投入。

昌昌城本身严重依赖于阶梯井，其中的许多水井都利用了靠近太平洋的高地下水位。此城东部地势低洼，从而为一种复杂的下沉式庭园系统提供了条件，使得高地下水位从太平洋沿岸朝上游方向，延伸达 5 千米之远。到了公元 1100 年，徭役劳动力已经开掘了一个巨大的沟渠网络，为昌昌城北面和西面的平原地区提供灌溉用水了。灌溉用水也对城市的地下含水层进行了回补。同年一次强大的厄尔尼诺现象导致莫切河改了道，并且严重破坏了这座都城上游的灌溉系统，之后统治者们便冒冒失失地下令开始建造一条长达 70 千米的沟渠，要从附近的奇卡马河谷中将水源引到被毁的农田里。[10] 这项雄心勃勃的工程一直没有完成，部分原因在于该城已经扩张到了上游地区，那里的地下水位要深得多。最终，此城就只能往太平洋和地下水位较浅的沿海地区收缩了。

这还只是奇穆人与干旱及"恩索"进行的非凡抗争的一部分。君主们的计划原本更具雄心，耗资更加巨大。[11] 他们在整个王国境内兴修了许多精心设计的沟渠，把水源引到土地有可能肥沃的各座河谷中的不同地方。有些沟渠长达40千米。对于奇卡马北部的赫克特佩克河谷来说，不但其泛滥平原和与之毗邻的可灌溉沙漠平原上有肥沃的农田，沿海地区也有丰富的海洋资源。如今，河谷的北侧依然留存着奇穆人在数百年里开掘的至少长400千米的沟渠遗迹。这个广袤的沟渠系统从来没有同时使用过，因为那里没有充足的水源来灌满所有的沟渠。凡是依赖于这些沟渠的社群，必定精心制定过灌溉时间表，以便公平地为所有群落供水。若是明白如今当地的农民每隔10天左右就要给庄稼浇一次水，我们就会对这个沟渠系统的运筹复杂性有所了解。尽管极其复杂，但奇穆人的沟渠设施既提供了一种切实可行的方法，可以缓解极端气候事件带来的影响，比如"恩索"导致的暴雨，同时也提供了应对缺水导致的政治动荡的某种手段。

农耕环境与十二河谷

赫克特佩克河谷的南侧是一幅完全不同的景象，那里有大量的沿海沙丘，向内陆延伸达25千米之远。公元1245年至1310年间的一场大旱，导致这里形成了大片沙丘，以至于人们在14世纪末还遗弃了位于卡农西略（Cañoncillo）的一个大型定居地；当时，不断推进的沙丘覆盖了农田，堵塞了灌渠，掩埋了房屋。这种较为长期的沙漠化，规模远大于干旱和暴雨造成的破坏。干旱与暴雨导致的破坏，人们尚可修复，但日益侵袭的沙丘，却非人类所能阻遏的。人们只能迁往别的地方。

干旱是一回事，厄尔尼诺现象导致的降水过多则是另一回事。在法凡苏尔（Farfán Sur）、卡农西略以及奇穆王国其他一些较大的城市中心，当地的头领与水利专家兴建了许多复杂的溢流堰，将其作为灌溉沟渠中的组成部分，尤其是为连接一些深谷的引水渠修建了溢流堰。这种溢流堰能够降低水流速度，防止水土流失。他们修建的引水渠里还衬有用石头砌就的导水沟，让水流不致破坏整个结构的底部。这些策略起到了一定的作用，但有迹象表明，其中许多引水渠都是在垮塌之后重新修建起来的。另一种策略，就是在沿海附近的地区用石头修建一些呈新月形的石制挡沙墙。这种挡沙墙减缓了丘沙侵入灌溉沟渠和农田的速度，只不过其中的许多并没有起什么效果。

莫切人依赖的都是单个社群，他们很少尝试对农业进行集中管理。村落被毁之后，人们只是迁往别处，然后修建一个新的沟渠系统罢了。人口密度很低的时候，尽管各个社群对最肥沃之地的争夺很激烈，这样做也完全没有问题。可奇穆人生活在一个人口要密集得多的农耕环境里。他们逐渐形成了许多大型的城镇与城市，在地区范围内从事着农业生产。他们利用大量的徭役劳动力，对他们创造的整个农耕环境进行了大力投入。这些有组织的农耕环境包括大型的蓄水池与陡坡之上的梯田，后者可以控制倾泻的下坡水。他们最大的投入，就是开掘了一些长长的沟渠，将水源从深深下切的河床引到遥远的梯田与灌溉用地里；即便是大旱期间，那些沟渠也能引水。这是一种长远投入，让奇穆王国能够开辟数千公顷的新地；奇穆人耕作着这些土地，每年都能种、收两三次。在此以前，他们每年只能收获一次，且时间上与一年一度的山间洪水一致。

最后，就算有大量的劳动力，土地开垦也变得不划算起来了。奇穆王国的君主们转而开始了征伐；"分离式继承"制度为这种征伐提供了理由，因为在此制度下，每位统治者都必须通过自己的努力才能获得农田。最终，他们掌控了 12 个以上的河谷，其中至少有 50 500 公顷的耕田，全靠当时的农民用简易的锄头或挖掘棒进行耕作。这种规模的农业，需要进行高效而坚决的监管。考虑到建设与管理方面所需的巨大投入，他们也不可能采取别的做法。统治者严格限制个人流动，强迫许多臣民住进城市，还对粮食供应与人口实施高度集权化的控制。这种集权管理具有战略上的优势，因为奇穆王国可以在地区范围内而非局部范围内去应对漫长的干旱和重大的"恩索"事件。他们可以把一个地区的庄稼转到另一个地区去播种，可以启用未受损坏的灌渠，并且派出大量劳力去修复洪水造成的损毁。

奇穆王国依靠长远规划，在一个只有 10% 可耕土地的环境中创造了众多的农业奇迹。幸运的是，这个王国还可以仰仗鳀鱼渔业。据史料记载，当时的渔民与众不同，会跟农民交换粮食。沿海居民几乎不会遭到干旱影响，却会为厄尔尼诺现象所害，因为近海的上升流速度放缓，鳀鱼捕获量就会锐减。

玛雅的君主率领着臣民进入一种环境乱局之时，奇穆王国的精英阶层则在"中世纪气候异常期"熬过了一场场漫长的干旱和一次次异常强大的"恩索"事件。奇穆人的领袖掌管的是一个精心组织的绿洲，以大量人力劳动与严酷的集中控制为基础。他们还依赖于一种僵化的社会秩序，以及沟通自然世界与超自然世界的种种宗教仪式。他们所处的环境，让领袖与农民都预先适应了干旱程度在世界上数一数二的环境中的严酷现实；这里雨水稀少，水源则来自遥远的地方。每个人的一生中，都经历过干旱；国家则通过让粮食供应变得多样化、节约每一滴水以及捕鱼来扩大食物基础，从而适应了这一切。祖先们来之不易的经验、老练的机会主义和长期规划，都带来了很好的回报。

奇穆王国掌控着自身的生存，但君主们却无法主宰那些用山间径流滋养着王国的分水岭。此时，王国的农业耕作已经极具规模且复杂，以至于他们开始难以管理水源供应，尤其是难以对上游水源进行管理了。公元1470年前后，来自高原地区的印加征服者获得了诸分水岭的战略性控制权，并且打垮了这个国家。奇穆王国变成了塔万廷苏尤的一部分，"塔万廷苏尤"在印加语里就是"四方之国"的意思。农耕与灌溉继续进行，而沿海河谷中那些新的王公贵族，则把奇穆王国中的专业工匠迁往了高原地区的库斯科。

沿海诸国之所以在不同规模上繁荣发展起来，是因为人们深入了解了自己所处的环境和滋养土地的水源。各国领袖与农民生活的河谷里经常出现严重的干旱，而一次次厄尔尼诺还毁掉了他们的农田。他们十分熟悉"恩索"即将到来的种种迹象，比如鳀鱼渔获减少、近海洋流南下、出现不熟悉的热带鱼类，以及近海水温上升。无论是莫切人、西坎人还是奇穆人，人人都能预测出可能发生的灾难，以及高原地区由"恩索"导致的干旱，这种气候现象会让播种时节的地表径流减少。安第斯地区诸国对气候与环境变化做出过各种不同的社会反应，但其中只有奇穆王国认识到了长远规划有助于维持王国的持续发展；而且，这种认识一直延续到了印加时代及其以后。

在秘鲁沿海和安第斯山区，保持可持续性始终都是一种挑战。一些小社群在适应当地条件与变幻莫测的干旱时所用的各种方法，会让我们立刻大吃一惊；这里的干旱，有时会持续一代人的时间，甚至更久。莫切人与奇穆人在沿海地区从事的河谷农业，若是没有小社群里耕作者精心做出的长远规划，是绝对不可能蓬勃发展起来的。强调"防患于未然"，为大旱时期制定应对措施，在奇穆王国表现得尤为突出；这个王国曾大力投资兴建水利工程，比如将各个河谷连通起来的沟渠。

莫切人与奇穆人都属于等级社会，使得他们的领袖能够强迫臣民用劳役的形式纳贡。很显然，这一点建立在领袖与平民之间具有一种社会契约的基础之上，且每个人都据此认识到了谨慎管理水源和预见潜在风险所带来的益处。回顾起来，这个方面在奇穆社会里似乎组织得更加严密；只不过，无论领导层多么高效，专业的农耕知识（即当地的环境知识）和以社群为基础的劳动力显然都极其重要。在靠近灌溉工程的农耕村落之间起着黏合作用的亲族关系，也是如此。社群的合作劳动无比重要。中央集权的专制统治负责调配劳动力，但对本地的了解和亲族纽带，却将各个方面团结了起来。此外，还有近海的鳀鱼渔场；故在干旱年份，这里也有多样化的粮食供应，足以养活百姓。

我们可以将这种情况与高地上的蒂亚瓦纳科比较一下；那里的粮食盈余既取决于降雨，也取决于最终以社群为基础的灌溉规划。长期性的干旱降临之后，蒂亚瓦纳科统治者们的中央集权势不可当地解了体，而整个国家也分崩离析了。可在农村地区，当地社群由于拥有种种紧密的亲族联系，所以存续了下来。

令人震惊的高原：蒂亚瓦纳科（公元7世纪至12世纪）

阿尔蒂普拉诺（altiplano，即西班牙语里的"高原"一词）紧挨着奎尔卡亚冰盖南部边缘；这就意味着，此地钻取的冰芯会敏锐地反映出气候变化的情况。的的喀喀湖位于奎尔卡亚以南，相距仅有120千米；从此湖中钻取的沉积物岩芯，则提供了第二种关于降水的准确来源。所以，问题就在于：过去的人是如何对冰芯中所记录的气候变化做出反应的呢？对考古学家而言，幸运的是，蒂亚瓦纳科属于南美洲已知的、哥伦布到来之前（pre-Colombian）的最大遗址之一，它就位于离的的喀喀湖畔不远的地方。

公元7世纪至12世纪初，蒂亚瓦纳科逐渐发展成了一个主要的城邦。[12]据钻取的冰芯所示，在这差不多5个世纪的时间里，气候普遍温暖且相对湿润。虽然其间也有比较干旱的时期，但气候相对稳定。冰芯当中含有一层层的风积物；这些风积物，来自城市周围面积广袤和阡陌纵横的台田系统。据我们所知，光是蒂亚瓦纳科的腹地，就有大约 19 000 公顷这种农田。在城邦的全盛期里，全国的农业全都依赖由村落社群兴建和维持的这些农田系统。产量最高的田地都位于高原上的战略要地，就是那些被灌渠环绕的地块。连四周那些灌渠中的淤泥，也为台田原本肥沃的土壤提供了丰富的养分，而当地的主要家畜美洲驼的粪便也是如此。降水丰沛的时候，高位地下水和灌渠会浸润田地，不但可以提供充足的水分，还可以极好地保护生长中的作物免受霜冻之害。这种浸润，与最负盛名的作物即玉米的成功极为相关。蒂亚瓦纳科的农民也种植土豆——这是当时平民百姓的主食，但同样容易被高地上的霜冻所毁；他们还成片成片地种植块根落葵，这种植物的根块颜色鲜艳，样子跟土豆一样，叶子则可食用，像是菠菜。台田农业如此多产，以至于从公元 7 世纪至 12 世纪初期，村民们开发出了大片这种阡陌交错的田园。局部的农田系统最终变成了精心整合的地区性系统，提供的粮食盈余既养活了一个政治精英阶层，支撑起一种复杂的意识形态和各种宗教信仰，还广泛销往了各大低地和沙漠地区。

当时，在蒂亚瓦纳科这个政治与宗教中心周围从事农耕生产的"城郊"地区，可能生活着 2 万人。蒂亚瓦纳科城宏伟壮观，城里不乏巍峨雄壮的建筑。其中有一个巨大的下沉式场院，名叫"卡拉萨萨亚"，坐落于一个铺着石头的土台之上。不远处，一排笔直的石头围成了一道呈长方形的围墙，附近一扇大门上则刻有一个拟人化的神像，人们有时称之为"维拉科查"*。宗教建筑群的附近坐落着一些较小的建筑、场院和巨大的雕像；它们都是一种强大图腾的组成部分，这种图腾以秃鹰和美洲狮为特点，外加一些拟人化的神灵，且神灵身边还跟着一些地位较低的神祇或者信使。蒂亚瓦纳科的中心是一个极其神圣的地方，由一些姓名不详的半神贵族掌管着。这个精英阶层站在一个精心组织的王国的顶端实施统治，王国依靠畜牧业和自给农业支撑着；其规模之大，以至于考古学家如今仍然能够在城市四周废弃已久的台田里看到犁沟的遗迹。

在这个高原国家的表象之下，隐藏着一些强大的经济与政治力量；该国的繁荣，很大程度上依靠当地的冶铜业，再加上的的喀喀湖南岸及其与遥远的沿海地区之间进行的其他贸易。利用美洲驼形成的非正式贸易网络，将这个高原城邦与大约325千米以外一个距离太平洋不远的殖民地莫克瓜联系起来了。这种殖民开拓活动并非偶然，因为两个中心都地处一个肥沃的玉米种植环境的心脏地带。查尔斯·斯坦尼什（Charles Stanish）和其他人曾在的的喀喀湖盆地西南部进行实地考察，他们既发现了这座城市，还在同一个南方河谷中找到了其他两座与蒂亚瓦纳科具有密切文化联系的大型城镇。[13] 在数个世纪的时间里，有无数人曾经生活在那儿。其中有些人还曾到处游历。在当时距海岸不远的昌昌城中的一座大型公墓里，长眠着10 000多个与地处高原的蒂亚瓦

---

* 维拉科查（Viracocha），印加神话中的创世神，被奉为众神之王。——译者注

玻利维亚蒂亚瓦纳科的下沉式场院（图片来源：Alvar Mikko/Alamy Stock Photo）

纳科有密切联系的人。

蒂亚瓦纳科中部与其周边遗址之间的贸易，似乎相对不那么正式，但涉及了来自周边地区的、该国心脏地带无法获得的商品与货物的流动。不同于后来的印加人，蒂亚瓦纳科人并未付出什么努力，去维持一种正式的道路系统。不过，他们确实在低海拔地区保持着一些殖民地，其中的居民与高原上的创始社群之间保持着密切而长久的联系。当时的大部分贸易，都掌控在历史悠久的贸易路线沿途那些具有牢固人际关系的亲族群体与商人手中。当时的驼队数量，有可能达到了数百支（如今数量少得多了）；而从现代的观察结果来看，这种驼队每天能够走上 15 千米至 20 千米。这种贸易，将该国的意识形态传播了出去，以黏土器皿与艺术的形式加以表达，从而强化了蒂亚瓦纳科在面积广袤的高原与低地上的经济与政治权威。即便是蒂亚瓦纳科城邦土崩瓦解之后，这种贸易也仍然进行了下去。

忽冷忽热

我们在前文中已经提到蒂亚瓦纳科在气候相对温暖和稳定、降雨也较以前更多的那几个世纪中崛起的过程。与玛雅人的情况一样，当时蒂亚瓦纳科的农业不断扩张，台田面积大增，人口密度也上升了。那几个世纪可谓黄金时代，蒂亚瓦纳科经历了一场大规模的建设与扩张，而其统治者的威望与宗教势力则主宰着辽阔的高原，以及遥远而气候干旱的沿海地区。不过，这种状况并没有持续多久。

奎尔卡亚冰盖上的冰芯与的的喀喀湖中的钻孔取样表明，公元 1000 年前后蒂亚瓦纳科及其领地遭遇过一场大旱。[14] 降雨量急剧减少，的的喀喀湖的水位也在公元 1100 年以后下降了 12 米多。湖岸明显退却了数千米之远，导致大量的台田陷入了无水可灌的境地。与此同时，当地的地下水位下降，远低于之前数个世纪的正常水平了。许多水力循环系统曾经极其巧妙地维持着附近的沟渠，此时却变得毫无用处；由湖边往内陆而去的引水系统尤其如此。

剧烈的环境变化，出现在人口数量不断增加、人口密度也日益上升的一个时期。以前的沼泽地带是进行精耕细作的理想之地，如今则变成了比较干旱的环境。尽管人们随即大幅降低了农耕生产的集约化程度，还种植了种类更多的作物，可他们已经无力创造出以前那样富足的粮食盈余了。寥寥几代人过去之后，由城邦统治者兴建和管控的那种精心组织的大规模农耕体系，就再也行不通了。曾经支撑着蒂亚瓦纳科根基的那种农耕体制崩溃了。严重的干旱，导致蒂亚瓦纳科这个城邦在经历了数代人的经济、政治与社会动荡之后，就此土崩瓦解。日益分化、竞争激烈的农业与畜牧业经济发展起来，不可避免地带来了严重的政治与经济影响。[15] 在一些灌溉条件较好的地区，成就斐然的地方领袖纷纷获得独立，摆脱了这个统治者长久以来都依靠其强大的神圣血统及其与神的联系来实施统治的国家。这些变化，出现在公元1000 年至 1150 年之间。

与玛雅人的情况一样，蒂亚瓦纳科城邦的解体也是一个复杂而不规则的过程。人们继续居住在蒂亚瓦纳科的部分地区，以及附近卡塔里河谷中的一个重要农耕区，直到 12 世纪。宗教仪式继续举行，并未中断。传统的生活方式，也在一个看似漫长而混乱的解体过程中留存了下来。

奎尔卡亚冰盖上的冰芯表明，干旱继续在这一地区肆虐；13世纪和 14 世纪出现过一场尤其漫长的旱灾，而公元 1150 年左右那段不规律的变暖期里也出现过一次（此时正值"中世纪气候异常期"，即欧洲变暖的那个时期，我们将在第十一章里看到）。在这种反常的炎热气候中，蒂亚瓦纳科与北方安第斯高原上另一个伟大的城邦瓦里在经济和政治上最终都崩溃了。到了此时，各个社群都已从河谷谷底与位置较低的河谷山坡迁往海拔较高的地区；人们认为，海拔较高的地区较易获得水源。

由于台田无法再耕作下去，其中的许多社群便将蒂亚瓦纳科人曾经忽视、以前未被开发和无人居住的地方性环境利用了起来。这种做法，对高原社会产生了巨大的影响。在一度繁荣兴旺的卡塔里河谷，农民都迁移到了无数座较小的村落里；它们的规模，只有蒂亚瓦纳科全盛时期的四分之一。以前数个世纪里精心形成的社会等级制度，以及曾经将人们与此时业已遗弃的城市维系在一起、有时必定需要人们像奴隶一样奉献的政治与宗教活动（其中还包括节庆宴飨），全都一去不复返了。要想生存，就意味着他们必须离开蒂亚瓦纳科附近那些一度富足的农耕环境，迁往海拔更高、更靠近冰川水源且容易防御的地方。到了公元1300年，修建在山巅的城寨要塞已经随处可见；考古学家发掘出的遗骸表明这里出现过暴力，或许还发生过地方性战争。[16] 经过了长达 5 个世纪不间断的台田农耕，出现了一座座拥挤的城市中心之后，肆虐的干旱导致的的喀喀湖周围的农业耕作在随后的数个世纪里都难以为继了。在 15 世纪中叶印加帝国掌控这一地区之前，阿尔蒂普拉诺高原及其毗邻的高地上几百年间都没有出现过人口稠密、繁荣发展的城镇。

实际上，人们直到现代才停止台田耕作。这种耕作方式，是美国的艾伦·科拉塔（Alan Kolata）和玻利维亚的奥斯瓦尔多·里维拉（Oswaldo Rivera）这两位考古学家"重新发现"的，他们曾研究蒂亚瓦纳科以北约 10 千米一些废弃的台田。[17] 他们的发掘，穿过了一些台田与附近的沟渠，还穿过了一些曾经有人居住的土丘，目的是揭示人们为改善排水状况和把沟渠中的淤泥铺到田地里而采取的措施。在考古学家克拉克·埃里克森（Clark Erickson）、当地农民、一群农学家和其他人的参与下，他们启动了一个旨在恢复传统耕作方式的项目。他们一起精确地复制出了一块台田，并且只使用传统的工具，比如脚踏犁。结果表明，这块新辟之地不但大获成功，还证明了小家庭与亲族群体可以轻而易举地建造、耕作和维护这种田地。随后进行的对照实验项目，已经让高原上的许多农民开始采用这种失传已久、曾经支撑过一个完整的文明社会的台田耕作方法。

由此我们再次得知，传统的农耕知识在当今世界上仍然具有重大的意义。可惜的是，在我们能够将其应用到正在变暖的世界中去之前，这种知识中的大部分正在消失。如果不吸取过去的教训，我们就将面临危险。

第八章

查科与卡霍基亚

（约公元 800 年至 1350 年）

公元 1100 年前后，美国佛罗里达州派恩岛海峡。独木舟静静地穿过红树林沼泽中一条狭窄的水道，驶入了开阔水域。一段长长的麻绳和一根插到水底的杆子，让小船停到了合适的位置。船上的夫妻二人撒下一张细细的渔网，任由网子下沉，然后耐心地等待着。他们拽了拽，觉得渔网很沉，稍微动了动。他们收了网，把不断挣扎的钉头鱼拉到船上，然后继续前进。但是，船桨触到了水底。划桨者在心中暗暗记住了这个地方，然后把船划入了较深的水域。近来天气较为寒冷，这里的水深在不断变化，所以大家都开始日益主要靠海螺和其他可食用的软体动物为生了。

如今佛罗里达州东南部的美洲原住民卡卢萨族曾经在一种地势低洼的沿海环境中繁衍生息，以种类繁多的鱼类和软体动物为食。人人都靠船只谋生，住在紧凑的永久性定居地，因为这里高地很罕见，人口流动起来也很困难。食物供应虽说充足可靠，但海平面从来都不是永久不变的。海平面上升或者下降几厘米，就有可能毁掉一个海草渔场，或者毁掉盛产牡蛎或海螺的地方。他们几乎不可能将食物储存起来，故每座孤立的村落都靠着独木舟，在一个贸易和互惠互利对所有人都有益的社会里与其他村落保持联系。从根本来看，将所有人团结起来的那种黏合剂是无形的，那就是他们的经验性知识，以及他们在一种复杂的仪式生活中体现出来的超自然信仰。

无形领域在古代北美洲人的生活中居于核心位置。智人从15 000多年的漫长岁月的一开始便成功地适应了北美洲的各种迥异的环境：从严酷的北极苔原，到温带森林，再到占据了西部大部分的荒芜、干旱地区。美洲原住民通过数百代人的口耳相传，将这些适应措施的奥秘，以及与之相关的大量知识传了下来。其中很多知识曾帮助人们应对过各种各样的气候变化，直到19世纪仍然保存得很完整。许多知识如今依然留存于世，既铭刻在赞美诗与歌曲里，也铭刻在人们谨慎珍藏、很少与他人分享的不成文知识当中。全球气候变化中的重大变化，比如大气与海洋之间持续不断的相互作用、厄尔尼诺现象、严重的干旱周期以及导致海平面大幅上升的气候变暖等等，就是无数成功与不成功、牢牢立足于传统经验与知识的**地方性**适应措施的背景。直到如今我们才开始认识到：可持续性与面对这些变化时的韧性，是当代加拿大与美国的美洲原住民历史中的两个主要因素。

在本书中，我们只能描述几个例子，但它们代表着我们的知识具有巨大的进步潜力，对我们如今关于未来气候变化的论争具有重要的意义。

干旱与渔民（公元前 1050 年至公元 13 世纪）

赤道太平洋表面海水温度的不断变化，给美国加州既带来了干旱，也带来了降雨，并且次数极多，变幻莫测。数千年来，生活在沿海与内陆地区的狩猎与采集民族，都曾以我们熟悉的对策适应干旱或者洪水。[1] 他们顺应各种气候力量，在干旱年份里依靠永久性的或者可靠的水源供应，必要的时候还会吃一些不那么理想的食物。许多群落都倚重各种各样的橡树，摘取易于储存、营养也很丰富的橡子为食。加州南部沿海从事渔业的社群，则是利用圣巴巴拉海峡的自然上升流，以鳀鱼为主食，辅之以橡子。[2] 与其他从事狩猎和采集的社会一样，这里的人们也是通过焚烧干草的手段来促进新植物生长或者吸引猎物，从而对所处的环境进行"管理"。干旱降临之后，许多群落都会退回到沼泽或者湿地环境中去。和往常一样，将风险降至最小的传统对策与灵活性、机会主义结合起来，就确保人们能够在各种干旱与半干旱地区生存下来。

像圣巴巴拉沿海地区的丘马什族这样的渔民，能够毫不费力地应对厄尔尼诺之类的短期气候变化。较长期的气候变化就是另一回事了；如今，我们可以从深海岩芯、湖泊岩芯与树木年轮中看出来。幸运的是，人们从圣巴巴拉海峡中钻取了一根长达 198 米的深海岩芯，其中的 17 米岩芯中记录了自"大冰期"以来此地的气候变化情况。[3] 有孔虫（浮游生物以及其他类似的简单生物）沉积物的聚积速度很快，故非常适合用于研究高度敏感的环

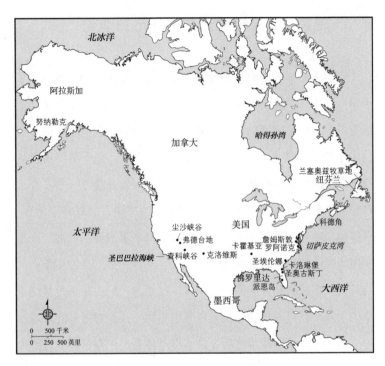

北冰洋

阿拉斯加

努纳勒克

加拿大

哈得孙湾

兰塞奥兹牧草地
纽芬兰

太平洋

科德角

美国

尘沙峡谷
弗德台地

詹姆斯敦
卡霍基亚
罗阿诺克

切萨皮克湾

圣巴巴拉海峡

查科峡谷 ·克洛维斯

圣埃伦娜

卡洛琳娜

佛罗里达
派恩岛

圣奥古斯丁

大西洋

墨西哥

0   500 千米
0   250 500 英里

第八章与第十三章中提到的北美洲遗址

境情况。由道格拉斯·肯尼特与詹姆斯·肯尼特这对父子组成的一个研究团队利用有孔虫与放射性碳定年法，获得了一幅显示过去 3 000 年间每隔 25 年海洋气候变化情况的高分辨率图像。

肯尼特父子发现，海洋表面平均温度的变化幅度高达 3℃。可公元前 2000 年之后，气候就变得更不稳定了。从人类的角度来看，生活变得更加复杂，因为沿海渔场的产量每一年都有可能出现巨大变化。海岸上升流的强度是一个关键指征，标志着富含养分的低温海水上升到海面的时期。这种上升流，极大地提高了当地渔场的产量。通过研究岩芯中的深海有孔虫和浅海有孔虫，肯尼特父子还发现，从公元前1050年至公元450年，海水温度相对较高、较平稳。海面水温较高导致自然上升流减少，故渔场产量也较低。从公元450年至1300年，海水温度大幅下降，比"大冰期"以来的水温中值低了大约1.5℃。在公元950年至1300年这三个半世纪的时间里，海洋上升流特别强劲，导致各个渔场的产量都大增。公元1300年之后，海水温度又平稳下来，开始逐渐上升。到了公元1550年，上升流的强度已经减弱。有意思的是，在公元500年至1250年间，海洋表面温度下降与海洋上升流增加的时间，与出现地区性干旱的时间相吻合。（公元800年至1250年这段干旱周期，大体与"中世纪气候异常期"相一致。）在美国西部的许多地方，内华达山脉的树木年轮序列中也记录了类似的干旱周期；其中一个序列中记录了两场旷日持久的干旱，分别持续了200多年和140多年。不管以什么标准来衡量，它们都属于特大干旱。

长久以来，圣巴巴拉海峡地区的丘马什民族及其祖先都在一个被世人误称为"伊甸园"的地方繁衍生息，并且以此闻名；那里有资源丰富的近海渔场，陆地上的橡实收成也很充足。不过，就算是在一个个降雨充沛、渔获丰收的好年景里，许多群落也是过一年算一年。虽说公元450年之后海水温度的下降改善了渔业状况，但要养活的人口也更多了。接下来的八个半世纪里干旱周期频繁，虽然有可能没给沿海地区带来太大的问题，却给内陆地区造成了重创。随着人口增加，部族领地的边界划分也变得极其清晰了。部族首领之间不断争夺领地和橡树林的控制权，并且为了永久性水源而争战。从一些墓葬的遗骸中我们得知，当时偶尔有营养不良的现象，还有受过外伤的人；这些遗骸可以追溯到公元 1300 年和 1350 年前后，当时弓箭开始出现。在降水变幻莫测、粮食供应高度本地化、政治竞争与社会竞争都很激烈的地区，深受气候压力之苦的群体之间爆发一场场短暂而激烈的局部冲突，是在所难免的事情。

公元 1100 年以后，丘马什社会发生了深刻的变化；当时，暴力与持久的饥荒（或许甚至还有当地的族群消亡）成了普遍存在的现象。定居地的规模变得越来越大，人们住得更近、更集中了。随着首领家族领导的世袭精英阶层制定了各种有力的机制来控制贸易、解决争端和分配食物，许多大型定居地和较小的定居地都形成了等级制度；有些地方仅仅相距数千米，食物资源方面却差异巨大。人们用舞蹈和其他的宗教仪式，通过一种被称为"安塔普"（antap）的联盟，确认了这种新的社会秩序；"安塔普"发挥了一种社会机制的作用，可以把相距甚远、有权有势的个人联合起来。因此，丘马什族一直存续到了 16 世纪西班牙殖民者来到美洲的时候；在一种动荡不安的政治环境下，合作确保他们能够在充满挑战的自然环境中生存下来。[4] 丘马什族的这个例子表明，在食物供应不一定充足的社会中，精心控制的传统仪式可以提升整个社会的可持续性与韧性。

在公元 10 世纪至 13 世纪的"中世纪气候异常期"里，丘马什族的渔场曾因得益于海洋中的自然上升流而产量大增。还有两个重要的社群也是如此：美国西南部的查科峡谷，以及位于密西西比河的"美国之底"、靠近如今圣路易斯的卡霍基亚。尽管两地相距约有 1 500 千米（对于他们是否知道彼此存在的问题，世人尚存分歧），但这两个社群都是一度崛起，然后在 12 世纪至 13 世纪解体的。它们存续的时间跨度，与"中世纪气候异常期"相一致；当时的人寿命短暂，而在不到 15 代人的这段时间里，气候条件较为温暖、湿润。

查科峡谷：一场气候踢踏舞（约公元 800 年至 1130 年）

圣胡安盆地的范围，包括了美国新墨西哥州西北的大部分地区，以及与该州毗邻的科罗拉多州、犹他州和亚利桑那州的部分地区。[5] 这里有辽阔的平原和众多的山谷。盆地的四周，是一些小型的台地、孤峰与低矮的峡谷。查科峡谷是一个壮观的宗教仪式中心和土木建筑群，以其中的 9 处多层式"大房子"或者说大型的普韦布洛（即印第安村落）而闻名。它们的内部和四周还有 2 400 多处大小不一的考古遗址。在公元 800 年至 1130 年间的 300 多年里，这个地区曾经生活着密度惊人的农耕人口，人们住得很近，而从一座座露台与一个个广场上不断传来的嗡嗡低语和一阵阵袭来的气味——包括北美蒿属植物、人们身上的汗液以及食物腐坏等各种气味——就是他们日常生活的写照。他们生活在一个贫瘠的农耕地区，却维持着一种可持续的农耕系统；那里的降水量变幻莫测，每年只有 200 毫米左右，并且变化很大。归根结底，一切都依赖于谨慎细致的水源管理。[6]

查科文化的核心区域坐落在查科峡谷的中间地带，如今称为"查科峡谷国家纪念公园"。这里最负盛名的普韦布洛沿着一侧的查科河绵延达 17 千米，此河会不定期地从峡谷当中穿过。在所有的"大房子"里，"普韦布洛波尼托"最为有名；这是靠近一座中央广场的一群呈半圆形排列的房间，其中还有曾经位于地下的圆形礼堂，或称"基瓦"（kiva）。[7]每处"大房子"都曾经是一个生机勃勃的地方，经常出现派系斗争与社会关系紧张等现象。这处遗址本身，有可能是作为一个圣地建成的，其标志就是附近的峡谷崖壁上有引人注目的岩层。普韦布洛波尼托也坐落在显眼的"南隘"对面；这个隘口，会把夏季的暴风雨导入查科峡谷的心脏地带。

起初，在公元 860 年至 935 年间，普韦布洛波尼托还属于一个砖石建筑的小型定居地，是一个普普通通的弧形之地，但也是一个十分具有灵性的地方。其中的居民，都生活在一个包括了天空、大地与地狱的分层世界里。他们的村落叫作"西帕普"（sipapu），也就是从地下世界出来的地方。他们举行的复杂仪式，都是围绕着夏至、冬至以及日月的运行更替进行的。普韦布洛人的世界向来都和谐、有序，他们的基本价值观则在戏剧表演中得到了再现。群体比个人重要；人们专注于维持的那种人生，过去一直如此，将来也仍然不会改变。查科峡谷的生活，以玉米耕种和宗教信仰为中心；这里气候干旱，种种严酷的现实决定了

美国新墨西哥州查科峡谷中的普韦布洛波尼托（图片来源：Robertharding/Alamy Stock Photo）

人类的生存。

　　不过，在一个日益复杂与更加政治化的时代，由于越来越多的新兴领袖渴望获得更大的权力与宗教权威，其他一些因素也开始发挥作用了。到了公元 1020 年，普韦布洛波尼托已经与宗教有了很深的联系。公元 1040 年之后，这里再次开始大兴土木。在不到 30 年的时间里，普韦布洛波尼托便变成了一个有如迷宫一般、着实引人入胜的复杂建筑群。它起初属于一个住宅区，但接下来变成了"大房子"，一座与宗教及政治密切相关的仪式性建筑，其中储存空间巨大，却没有几个永久性的居民，只是到了夏至、冬至和举行其他重大活动时，才会有人把那里挤得满满当当的。

查科峡谷里的农民，依靠各种各样的水源管理制度来灌溉庄稼。他们开垦了查科河两岸的冲积平原和悬崖之上的斜坡，并且在雨水充沛的年份靠洪水进行耕作。人们运用一系列科学方法［其中包括机载激光雷达（LiDAR）勘测］，对久已淤塞的沟渠进行考古发掘，钻取沉积岩芯，并且利用锶同位素研究水源之后，我们得知，查科的农民曾经通过引导径流的方法，利用过各种各样的水源。[8]一个个由人工灌渠与土沟构成的复杂系统，成了适合当地条件的一种多层面灌溉系统中的组成部分。变化迅速的降雨模式和变幻莫测的环境，要求整个社会随机应变，通过部署大房子与小定居地的劳力，对突如其来的雨水丰沛和水源稀缺做出反应。与居住在大房子里的精英阶层息息相关的种种强大有力的宗教关联，既强调了农耕，也强调了水源管理。对普韦布洛波尼托墓葬进行的 DNA（脱氧核糖核酸）研究证实，母系血统是查科农业获得成功的一个关键因素，因为他们的宗教活动与生育、水两个方面都息息相关，故女性在水源管理方面有很大的发言权。[9]在女性属于社会的重要成员且常常担任宗教仪式头领的一种文化中，亲族关系、遗传与保护珍贵的水源供应几个方面都极其重要。普韦布洛波尼托的领导权属于世袭制，带有宗教性且强大有力。文化秩序则以种种无常的现实为中心，比如无法预测的水源供应、天空，以及在周围地形衬托之下显得或明或暗的天体。

查科领导权的这种集中化，有可能维持过一种社会制度，它曾经不断面临变幻莫测的环境条件与气候变化。不过，这种集权也对整个地区产生了轻微的影响。确保领导层能够对土地与不断变化的水源供应加以监测的各种社会控制手段，连同在短时间里调配劳力，就是长期生存背后那种风险管理中的基本要素。

归根结底，查科社会之所以成功生存，与其说是因为这里有强大的领袖，倒不如说是因为这里的家庭具有灵活的自主性；这种自主性，受到了一种信念的引领，这种信念认为大部分劳动最终都是为了整个社会的共同利益。在圣胡安盆地那样的干旱环境里，没人能够做到自给自足；这一点，就是一些精心设计的宗教仪式曾经将整个社会团结起来的重要原因之一。至日仪式以及纪念每年农事中一些重要时刻的仪式活动，将人们团结起来，使之能够在亲族关系与义务远远超出了峡谷范围的一种环境中生存下去。在一个具有各种互惠关系，从而将住在数千米以外的亲族群体联系起来的社会中，不可能再有其他任何一种团结方式；这些互惠关系，有时反映在陶器的风格上。等到一个地方食物充足，而另一个地方食物有限的时候，这些关系就会发挥作用。在物资匮乏的时期，人们会搬到水源供应较充足的地方与亲族一起生活，对方也可以指望自己有难时同样能够投奔亲族。在一个受到年年改变节奏的气候变化所影响的社会里，合作、人口流动与韧性之间息息相关。查科人与气候之间的关系，有如一种复杂的舞蹈，有如农民与不停循环变动的降雨、气温、生长季节之间的小步舞。气候设定了一种快速而灵活的步速。它的人类"舞伴"，必须灵活、敏捷地对来自大地与天空的暗示做出反应，否则的话，这种"舞蹈"就会以灾难而告终。对此，查科人都老练地做出了反应。

有 4 种主要的天气模式会对圣胡安盆地与科罗拉多高原产生影响。湿润的极地太平洋气团从西北而来，是由往南与东南方向移动的气旋性风暴带来的。到了夏季，这种情况就会反过来；此时，源自墨西哥湾那种温暖湿润的热带气流会带来降雨，偶尔还会有太平洋上的温暖气流入侵，导致雨水更多。山脉的抬升作用，有时也会带来大量的局部性夏季雷雨，主要出现在 7 月份到 9 月初之间。不过，这里每年都只有少量降雨，并且每年都有相当大的变化。一切都取决于数千千米以外的气团运动和当地的地形地势。在相距仅有数千米之远的地方之间，雨量有可能差异巨大。

整个盆地夏季炎热，冬季寒冷，生长季约为 150 天，但在查科峡谷等地势较低的地方，生长季则会短上 1 个月之久。居住在峡谷里的人，都是任凭变幻莫测、常常还出人意料的气候变化所摆布。像厄尔尼诺之类的短期性全球气候事件，也对每年的农业耕作产生了深远的影响。

当时的查科人，很可能没有意识到长期气候变化的影响，因为活着的一代人与历代祖先具有相同的基本适应力，我们可以称之为一种"稳定性"。不过，每个查科农民都非常清楚那些为期较短、出现频率较高的变化，比如年复一年的雨量变化、长达 10 年的干旱周期、季节性变化等等。干旱、厄尔尼诺现象带来的降雨以及其他类似的气候波动，需要他们采取临时性的和高度灵活的调整措施，比如耕作更多的土地、维持两三年的粮食储备、更多地依赖野生的植物性食物，还有在整个地区进行迁徙。

这些对策，在数个世纪里都很有效；只要查科人的生活方式具有可持续性，耕作的土地上要供养的人口远低于每平方千米能够养活的人口数量，这些对策就很有效。然而，当人口增长到接近土地的承载能力上限时，人们就会日益容易受到厄尔尼诺现象的影响，尤其是容易为短期或者较长期的干旱所害。就算是一年降雨不足、作物歉收或者出现暴雨，也有可能导致一户人家数周或数月之内无以为生。时间更久的干旱周期，则有可能带来灾难性的后果。

树木年轮定年法是西南地区一种基本的气候替代指标。如今，我们已经有了查科峡谷自公元 661 年至 1990 年间的逐年树木年轮记录，以及来自其他替代指标的数据资料；它们表明，此地大兴土木、建造"大房子"的时间与降雨较为充沛的时期相吻合，从而进一步说明，稳定的气候可能导致人口增长。普韦布洛波尼托和其他地方的建造活动，在 1025 年至 1050 年间曾经大增；其间有 3 个时期的降雨量高于平均水平，它们之间隔着短暂的干旱期。即便是在情况最好的年份，圣胡安盆地的农耕环境也很不稳定；只不过，高于往常的地下水位以及较多的降雨，让这个峡谷成了比较安全的地方之一。在 1080 年到 1100 年之间，长达 20 年的干旱给农民带来了很大的麻烦，幸好有高地下水位加以缓解。接下来，这里再次出现了充沛的降雨，而人们也再次加速大兴土木；查科地区如此，而圣胡安盆地北部的阿兹特克与萨尔蒙普韦布洛等地也是如此。

到了 1130 年，查科居民已经极其依赖于栽培植物，故对同年开始的那场长达 50 年、其间只短暂中断过一次的干旱，他们根本就没有做好准备。玉米产量大幅下降，野生植物的生长严重受阻。兔子或其他野生动物，也不容易猎取了。公元 1100 年之后，人们曾从圣胡安盆地北部引入火鸡作为替代品，但这种做法并未满足人们对更多食物供应的需求。假如这场干旱只持续了数年，那么"大房子"与一些较小的社群都会幸存下来。可公元1130 年之后，那场大旱似乎并未缓解，所以人们开始挨饿。于是，查科人只得求助于一种古老的对策，那就是迁往别的地方。

在查科峡谷，人口流动向来都是一种常见的现象。很久以前，家家户户就已经不断进出这个峡谷了。他们来来去去的原因，可能是某个季节，决定与远在高地上的亲族住到一起，或者通过迁往别处来解决一种长久的纠纷。他们所属的那些历史悠久的社区继续繁荣发展着，每个社区都有各自的庭园与水源供应，拥有获得其他食物与资源的权利。待那场长达 50 年的干旱降临时，这里既没有出现人们大规模迁离的情景，也没有出现成百上千查科人死于严重饥荒的现象。相反，人们是一个家庭一个家庭地离去，有时则是大家族一起迁走。他们前往降雨较为充沛的地区，前往数个世纪以来他们一直维系着亲族关系和贸易联系的群落。

12 世纪查科峡谷的人口外迁，刚开始时跟往常一样，是一个个家庭毫无规律地进出这个峡谷。不过，随着情况恶化，人们种植更多作物的努力并未奏效。地下水位下降了。最终，原本小规模的人口流动就变成了源源不断的迁徙，家家户户都开始迁往其他地方那些正在发展的群落。查科峡谷里的人口日益减少，并且达到了一个临界点，使得那些历史悠久的群落全都突然迁走了。只有少数顽强不屈的村落仍在坚持着，直到他们无法再生存下去。至于留下者的遭遇，我们只能搜集到少量的蛛丝马迹。例如，考古学家南希·阿金斯（Nancy Akins）的骨骼研究显示，到了11世纪，查科峡谷中有83%的儿童都患有严重的缺铁性贫血；这一点，又增加了他们患上痢疾和呼吸系统疾病的风险。

只要仍有降雨，人们就可以耕种新的庭园，庭园主人也可以兴建新的定居之地。公元1080年之后，虽说雨水减少，但大兴土木的热潮并未消退。不过，在某个时间点上，"大房子"里的首领们丧失了他们对复杂宗教仪式的控制权；这样的宗教仪式，曾经为普韦布洛波尼托这类地方带来许多宝贵的奇珍异物，以及像木梁之类的商品。他们再也无力组织精心表演的种种仪式了；数个世代以来，这些仪式都是农耕年份里农事节奏的标志。查科不再是这个世界的精神生活中心。人们逐渐散居到了其他地方。古普韦布洛人跳动的心脏北移到了圣胡安河、科罗拉多州西南部和弗德台地。查科峡谷全然成了一种记忆；但它是一种强大的记忆，深深地镌刻在北方几十个普韦布洛群落的口述传统当中。

查科的历史，始终都以他们与别人、与别的民族、与亲族以及范围狭窄的峡谷之外各个群落之间的关系为中心。我们可以将那里称为查科世界，它以"大房子"为基础，然后变成了一个日益重要的宗教中心。查科的首领们从来没有掌控过偏远地区的群落，但这个世界的不同地区都以不同的方式将自己与这座峡谷联系在一起，他们的目标也各不相同（既是为了他们自己，也是为了查科的首领们）。

如果说查科的瓦解完全是由干旱造成的，那就是无稽之谈，就像用同样的说法解释玛雅文明崩溃的原因是误人子弟一样。查科人始终生活在一个贫瘠的农耕环境里，可持续性方面存在由此带来的种种脆弱性。查科的首领们世世代代都得益于一个降雨量高于平均水平、农耕生产极其成功的时期。这一点，就要求其他社群将上述首领的身份合法化。待到查科没落下去，一系列复杂的事件导致人们遗弃了此地，这个峡谷世界的中心便北移了。就算有东西留存下来，那也是因为人们对祖先的记忆十分有力，相信众神不但掌控着宇宙，还掌控着人类。只是与凡人一样，神祇也有义务将他们的恩赐分享给他人，因为这是一种古老的互惠观念。查科的根基，是三种不言而喻的价值观，即和谐、灵活性与迁徙。同样的原则，在许多古代社会中都居于核心位置，因为后者也敏锐地认识到了韧性、可持续性与风险管理的重要性。如今，对于这些合理的日常生存方法，我们还有许多要学习之处。

因灾迁徙（公元 1130 年至 1180 年）

公元 1130 年至 1180 年的那场大旱，让查科的"大房子"遭受了重创。随着查科衰落下去，政治势力便向北转移，落到了阿兹特克和萨尔蒙普韦布洛的头领手中。[10] 此时，有两个从事农耕生产的群落获得了一定的突出地位，其中一个以阿兹特克北部的托塔（Totah）为中心，另一个则以福科纳斯地区的弗德台地为中心。随后，那里出现了一轮兴建"大房子"的热潮，并且持续了60年左右。但到了1160年前后，各种大规模的建造活动都停了下来；从弗德台地中心区域发掘出的木梁表明，在接下来的一场大旱期间，人们砍伐树木的速度有所放缓了。

圣胡安北部的社群不同于查科的农民，他们完全依靠旱地玉米种植为生，并且主要在海拔1829米以上的地区栽培庄稼。在干旱年岁里，质地疏松的土壤可以养活的人口要比实际生活在这一地区的人口多得多，连严重干旱期间也是如此。在公元10世纪，当地人都住在小而分散的群落里；这种群落，一般由5至10个带有一间"基瓦"与若干间储存室的住宅单元组成。但从12世纪末到13世纪，定居地的规模变得越来越大，农业人口则变得没有那么分散了。许多以前的小村落，都变成了带有多个住宅区的村庄，只不过，它们并未达到查科"大房子"那样的规模。

这里的人口增长一直持续到了13世纪中叶，其间无数个各自为政的群落相互争夺农田，争夺贸易路线的控制权和政治权力。随着众多群落纷纷迁到各个峡谷当中能够采取防御措施的地方，袭击与战争也变得普遍起来。这就是"绝壁宫殿"与其他著名的弗德台地普韦布洛的时代，它们出现在峡谷深处，而附近的曼科斯与蒙特苏马两处河谷的普韦布洛则靠着大量的排水系统而繁荣发展起来。这里的人，往往聚居在最多产的土地附近；假如迁徙方面没有限制，或者可以耕作最优质的土地，他们便能在此熬过极端严重的干旱时期。3 个世纪之后，人口密度就从每平方千米 13 至 30 人上升到了每平方千米多达 133 人。村落的规模也翻了一番。但是，一旦人口密度接近土地的承载能力上限，而所有最多产的土地也已被开垦，人们适应长久的干旱周期就要困难得多了。

离如今科罗拉多州南部科特斯不远的尘沙峡谷（Sand Canyon）普韦布洛，此时变成了圣胡安北部最大的修有防御工事的社群之一，距一个水源充足的峡谷前部很近。在公元 1240 年至 1280 年间，这里有多达 700 人生活在一堵巨大的围墙之后。有 80 至 90 户人家居住在尘沙峡谷的住宅群里，生活在他们于短短的 40 年间建造、居住然后又将其遗弃的一个普韦布洛村落里。与普韦布洛波尼托不同，这里更像是居住地而非仪式中心；只不过，宗教节庆与至日仪式也是这里一年一度的活动中的一部分。

1280 年，历经了 40 年的繁荣之后，尘沙峡谷的居民遭受了一场大旱，其严重程度甚于他们集体经历过的任何一场干旱。此时，气候露出了它的真正面目。精确的树木年代学加上以"帕尔默干旱强度指数"为基础的气候重建，为我们提供了详尽的环境信息。气象学家韦恩·帕尔默（Wayne Palmer）开发出了一种算法，可以利用降雨和气温方面的数据来衡量干旱的严重程度。他开发的指数，已被广泛应用于衡量如今与过去的长期性干旱。一系列重建出来的气候变化、土壤信息、可能的作物生产数据和可以获得的野生食物表明，13 世纪的那场干旱并未彻底破坏尘沙峡谷环境的承载能力。因此，可能有一个人口数量业已减少的群落一直留在该地区，熬过了最严重的干旱期。

由此所需的树木年轮研究既复杂，要求也很高。例如，目前大多数序列使用的都是冷季的湿度条件，它们将被以春夏两季降水研究为基础的曲线所替代。弗德台地的冷杉树提供了一些最强烈的气候信号，因为它们的年轮中记录了前一年秋季、冬季与春季的气候信息。研究人员利用复杂的相关分析法，重现了过去 1 529 年间每个 10 年里 9 月到次年 6 月的降雨量。如今我们得知，在 12 世纪与 13 世纪，弗德台地曾经出现过数场旷日持久的冷季干旱。公元 1130 年至 1180 年间的干旱周期，曾经导致冬季与较暖和的月份都出现了严重的旱情。让气候条件变得雪上加霜的是，在整整一百年里，这里的大片地区普遍遭遇过初夏干旱。13 世纪初期与末期的旱情最为严重。正如一个世纪之前查科峡谷的情况那样，人们开始迁出这一地区。外迁缓慢地进行着，持续了数十年之久，直到 13 世纪末整个地区变得空无一人。

最终，圣胡安北部人口分散的过程开始逐渐展开，就像以前查科峡谷的情况一样。在这两个地方，古普韦布洛人都遵循了数个世纪以来的传统，离开了深受干旱困扰的土地；这一过程则见证了战争、苦难，以及农民逐渐往东南而去的迁徙过程，他们来到了雨量变化不大的小科罗拉多河流域、莫戈永高地，以及格兰德河河谷。我们如今所知的美洲原住民部落，比如霍皮族与祖尼族，就是迁往这一地区的古普韦布洛人的后裔。

迁徙曾是解决贫瘠农耕地区人口过多的一个办法。不过，如今的美国西南部也见证了人口急剧增长和主要城市迅速发展的历史，比如凤凰城、图森、拉斯维加斯和阿尔伯克基。随着全球变暖加剧、长期干旱变得更加常见，而将人们迁往水源供应更加可靠的地区也不再可行，这些大城市和大规模农耕生产就给地下水以及其他稀缺水源带来了巨大的压力。同样，对于气候更加干旱、人口更加稠密的未来而言，做出长远规划与思考供水问题都具有至关重要的意义。迁徙这种经典的对策虽说有可能在早期的文明社会中发挥过很好的作用，但它在我们这个时代已经不再是一种可行的选择。

密西西比人（公元 1050 年至 1350 年）

密西西比河流域的环境条件，与美国西南地区大不一样。以任何标准来衡量，密西西比河都算得上一条大河，其广袤而呈三角形的流域面积覆盖了美国 40% 左右的国土，仅次于亚马孙河与刚果河。密西西比河也是一条反复无常的河流，既有可能带来灾难性的洪水，也有可能带来旷日持久的低水位期，进而导致干旱。人们把圣路易斯附近的那个冲积平原称为"美国之底"，此地土地肥沃、气候湿润，在欧洲人到来之前就早已是人类一个重要的定居中心了。

自公元 1050 年左右开始，卡霍基亚在"美国之底"占据了统治地位；它是当地一个宏伟的仪式中心，也是考古学家口中一个实力强大的"密西西比王国"的政治和宗教中心。[11] 这个伟大的中心，既是一个举行宗教典礼的地方，也是一座繁荣的城市与仪式综合体，横跨密西西比河的两岸。卡霍基亚的中心区域居民稠密并且筑有防御工事，还有一座座壮观巍峨的土丘；在公元 1050 年到 1100 年这半个世纪的时间里，这里的人口从大约 2 000 人迅速增长到了 10 000 至 15 300 位居民。其中的许多人，都是在"中世纪气候异常期"从美国中部的其他地方迁徙而来的移民；这段异常期，就是公元 950 年前后至 1250 年前后世界上广大地区的气候都较为暖和的一个时期。

美洲原住民的首领凭借亲族关系、巧妙的政治手腕、长途贸易垄断以及种种据说与精神世界具有密切联系的个人超自然力量，领导着这个宏伟的中心。一些并不可靠的联盟，将卡霍基亚那些组织松散的地区团结到了一起，而后者又是靠效忠、个人与亲族关系等短暂的纽带和一种古老的宇宙观联系起来的；这种宇宙观认为，宇宙中有三个层次，最上层和最下层里都居住着力量强大的超自然生物。其中之一，就是神话中的"鸟人"，它是战士的化身。"巨蟒"则是地狱里一种了不起的生物，它一直都在跟"鸟人"作对。这种宇宙观的政治影响力与精神触角，从墨西哥湾沿岸一直延伸到五大湖区，并且深入了密西西比河的无数支流地区。

卡霍基亚是一个独特之地，是当地的美洲原住民适应有利的环境条件、不断增长和越来越多样化的人口，以及需要更多粮食盈余来维持一个日益复杂的酋邦等方面的结果。"美国之底"有适合种植玉米的肥沃土地，有丰富的鱼类和水禽；但由于这里的人口极其稠密，故风险也很大，年景接连不好的时候尤其如此。农业耕作由精英阶层牢牢掌控着，并且随着许多农民迁往地势较高之处，以躲避日益上涨的地下水位和周期性的河流泛滥，农业也扩张到了附近的高地之上。如果没有高地上的农民，那么，生活在中心区域的 10 000 多人就会面临更大的粮食短缺风险。这里的人也不具有灵活性，无法适应更加恶劣的气候状况。

源自一个覆盖了整个北美洲的干旱测量网络且经过了校准的树木年轮数据，就说明了气候变化的部分情况。与美国西南地区一样，在公元 1050 年至 1100 年半个世纪的时间里，这里的气候相对湿润。在这些年里，高地上的人口迅速增长了。接下来，干旱降临，一开始就是 1150 年之后一个长达 15 年的干旱周期。大多数年份里都是旱灾频发，而 1150 年开始的那个干旱周期，则与我们在前文中业已论述过的西南大旱在时间上相吻合。

获取古代的人口数据通常都是一个问题，因为遗址的数量有可能产生误导作用。然而，卡霍基亚北部密西西比河上一个呈牛轭状的湖泊"马蹄湖"，却证实了此地人口的上述变化。[12] 人们从湖中钻取的两份重要岩芯，提供了 1 200 年间的粪固醇记录；粪固醇是源自人类肠道中的有机分子，而令我们感到惊讶的是，这种分子竟然在沉积物中存留了成百上千年之久。它们是一种衡量人口数量随着时间推移而变化的替代指标。粪固醇（即人类粪便中产生的固醇）与土壤中产生的 5a-粪固醇微生物之间的高比率表明，这一地区曾经有过大量的人口。低比率则会反映出，该地区以前的人口要少得多。两段湖泊岩芯中不断变化的固醇比率表明，这里的人口在公元 10 世纪曾快速增长，并在 11 世纪达到了最大值。到 12 世纪时，卡霍基亚流域的人口开始减少，并在公元 1400 年左右达到了最低值。

春季与夏初生长的玉米，是卡霍基亚鼎盛时期一种决定性的主要作物。公元 1150 年左右人口数量开始下降时，气温与粪固醇的比率也一齐开始下降，直到 13 世纪才停止。但 1200 年的一场大洪水也淹没了耕地、粮仓，以及洪泛平原上的无数定居地，它是 5 个世纪以来的头一场大洪水。[13] 这种大洪水通常出现在春季与夏初，也就是非常关键的玉米生长季里。随之而来的，必定就是严重的作物歉收与粮食短缺。那场大洪水定然重塑了卡霍基亚的模样，因为头领们既无法调派大量人手去清理耕地上的杂物和干燥的冲积物，也无力派人去重建神殿与房屋。尽管许多卡霍基亚人可能已经迁往地势较高的地方，与亲属一起生活，但破坏已经造成。由此我们得知，这个时期人口数量已经开始缓慢减少，人们正在建造防御所用的栅栏，而复杂公共建筑的修建速度也已放缓。

卡霍基亚的领导阶层可能是由几个精英家族组成，而随着"美国之底"人口外迁，这个领导阶层也崩溃了。到 1350 年时，除了寥寥几个小村落，卡霍基亚已成废弃之地。其中的居民，都散居到了各地；整个周边地区，全都化成了尘土；一座座土木建筑和土丘，则消失在森林之下。

有许多因素构成了以卡霍基亚为中心的各种宗教信仰中的一部分。其中包括生与死两大现实、像水这样普遍存在的物质，以及像变化的月光与黑暗之类的现象，还有他们自己制定的、时长为18.6年的月亮周期。这一点，在他们的一座座雄伟壮观的纪念碑、土丘、灵堂和一些复杂的公共殡葬仪式中体现了出来；除了其他方面，这种殡葬仪式中还有一条通往逝者、穿过积水的土路。以神殿为中心的汗屋*，也在卡霍基亚的宗教生活中扮演了一个角色。这些方面都让人觉得强大有力，只不过，它们取决于人们认为卡霍基亚是世界的中心这种信念，也取决于他们的忠诚。

但是，像查科一样，这个王国及其基础设施在当地留下的痕迹相对轻微。也许是因为持有一种盲目的、狭隘的视角，过度专注于精神领域，所以这个领导地位衰落之后，秩序被打乱了，直到当地一些规模小得多的新中心纷纷崛起方有所好转。具有争议的继承权、一位缺乏魅力的首领、一场成功的反叛，都有可能推翻卡霍基亚的统治者，而历史上也很可能出现过这类事件。团结民众与精英阶层的社会纽带断裂了。形形色色的移民与当地人的幻想都已破灭，他们便纷纷弃"美国之底"而去。根据他们明显没有关于卡霍基亚的口述传统这一点来判断，那些离开此地的

---

*　汗屋（sweat house），美洲印第安人用于与祖先进行精神沟通、净化身心和洗涤灵魂的地方，其大小不等，多用柳条编制，呈圆形或者椭圆形，上面用水牛皮或者其他兽皮覆盖，从而围成一个黑暗、密封的屋子。举行汗屋仪式时，人们会在屋里击鼓、唱歌、祈祷，并按顺时针方向轮流为自己和家人祈福。——译者注

人必定曾经心怀一种深刻的疏离感。卡霍基亚从历史中消失了近7个世纪，直到19世纪初才被考古学家发现。然而，"美国之底"并不是全然没有人生活了；那里还有一些耕种玉米的半定居农民和捕猎野牛的狩猎民族，他们比前人更具流动性。[14]

密西西比河流域里像卡霍基亚这样的酋邦都依赖于玉米耕种，以及政治领导与社会领导，这种领导靠向有权势的酋长进献财物来维持。这些首领通过重新分配贡物和共同遵奉的宗教信仰与复杂的仪式（比如汗屋仪式），来维持追随者和一些较小中心的忠诚。这是组织管理等级社会时的一种经典方式，但它也具有一些致命的弱点。一切都依赖于亲属关系与忠诚，可后者在派系斗争盛行的社会中，往往是一种靠不住的品质，比如美国西南地区的普韦布洛人就是如此。查科峡谷与普韦布洛波尼托的历史就是一个典型的例子，说明在一个亲族义务远远延伸到了峡谷狭窄范围之外的社会里，根本力量还在于亲族与社群。在这里，宗教义务是围绕着农事与季节更替，在水源与干旱之间履行的。人们几乎彻底遗弃查科峡谷很久之后，在面对气候变化时，就算是大型的印第安村落中居于领导地位的女性与家族那种相对专制的角色，最终依赖的也是种种古老的亲族关系和迁徙的信条。普韦布洛村庄植根于所在的环境与种种社会关系之中；这些关系盘根错节，让它们存续了一代又一代，直至现代。

中央集权依赖于长期的稳定与可靠的粮食盈余。在许多以亲族关系为基础的社会中，严格的管控（甚至是通过武力进行控制的做法）只能延伸到相对有限的领土之上，或许还会小至方圆

50 千米的范围。卡霍基亚的情况无疑就是如此，因其影响力与实力的根基就是贸易与复杂的宗教信仰。待重大的旱涝灾害影响到"美国之底"之后，随着气温下降带来重创，卡霍基亚这个酋邦便土崩瓦解了。经济与政治剧变的影响有如涟漪一般，波及整个密西西比河流域。争端加剧，演变成了战争；与其他定居地一样，这个大型中心也修建了栅栏，围起来以防动乱。为了应对内战和邻邦之间为争夺权力而爆发的战争，居民纷纷迁走，故那些重要的人口中心也崩溃了。在密西西比河流域，对玉米盈余和更多外来商品的控制则巩固了政治权力。西班牙征服者经由美国东南部而来的时候，碰到的并不是一个统一的和强大的酋邦，而是数十个筑有防御工事的村落与城镇，它们之间常常还有荒芜之地隔开。当地有些村落的人口达到了数千之多，从而表明那里拥有可以证明西班牙人贪婪之心的巨大财富。不过，他们发现自己陷入了仇恨与对抗的泥淖之中。这些美洲原住民社会的生存与可持续性，取决于种种复杂的政治现实和社会现实；这种情况，完全不同于一些高度集权的国家，比如我们在下一章即将论述的吴哥。

第九章

消失的大城市

（公元 802 年至 1430 年）

富有、美丽而壮观：柬埔寨境内的吴哥窟，是惊人的建筑杰作，据说也是 20 世纪以前世界上最大的宗教建筑。公元 1113 年至 1150 年在位期间，痴迷于权力的统治者苏利耶跋摩二世在高棉帝国的鼎盛时期修建了他的这座皇宫兼庙宇。其规模之大，令人叹为观止。光是主寺加上寺中的莲花塔，就占有 215 米 ×186 米的面积，并且高出了周围的地面 60 多米。护城河边的宫墙，长 1 500 米，宽 1 200 米。与吴哥窟相比，埃及人祭祀太阳神阿蒙的卡纳克神庙或者巴黎圣母院简直就像是村中的小神殿了。[1]

吴哥窟紧挨着湄公河，此河会在每年的 8 月至 10 月间泛滥。泛滥的河水会注满附近的一个湖泊，即洞里萨湖，使之变得浩浩汤汤，长达 160 千米，水深 16 米。待到洪水退去，成千上万尾鲇鱼和其他鱼类会在浅滩出没，使得这里成了地球上最富饶的渔场之一。著名的"大吴哥"，就位于洞里萨湖与水源丰沛的荔枝山之间。吴哥窟周围皆为平原，使之可向四面八方扩张，故有充足的土地来种植水稻。一座座水库和一条条沟渠，将水源输送到数千公顷的农田里，支撑着公元802年至1430年间繁盛兴旺、极其富裕的高棉文明。然而，这里也有一个棘手的问题：在一个若不谨慎实施水源管理就从来没有充沛水源的地区，人们几乎不可能维持作物的产量。即便作物收成充足，不断增长的人口也加大了粮食短缺的风险。吴哥的领导人只有一个选择，那就是砍伐更多的森林、耕种更多的土地，才能养活以不可阻挡之势日益增长的人口。

东南亚地区尤其是湄公河三角洲上的小型城市中心，已经有6个多世纪的漫长发展历史。在公元8世纪和9世纪，这些小型中心为更加分散的城市所取代，后者在13世纪发展到了巅峰。一连串雄心勃勃的高棉国王，建立了一个实力强大而更加稳定的帝国。统治者们开创了一种对神圣王权的崇拜，兴建了许多精心设计的复杂中心，其中主要是精美奢华的神庙，比如吴哥窟和附近的吴哥城就是如此。成千上万的平民百姓，曾为一个所有东西完全流向了中央的国家辛勤劳作。公元1113年，国王苏利耶跋摩二世开始利用整个王国内精心组织起来的劳动力兴建吴哥窟，并用洞里萨湖的鱼儿和海量的稻米收成供养那些劳力。[2]

吴哥窟的每一处细节，都体现出了高棉神话的某种元素。高棉人的宇宙观里，包括一个大陆南赡部洲*，以及耸立于南赡部洲

---

*　南赡部洲（Jambudvipa），佛教传说中的"四大部洲"之一，由"四大天王"中的"增长天王"负责守卫，泛指人类生存的这个世界，亦译"琰浮洲""南阎浮提""南阎浮洲""阎浮提鞞波"等。——译者注

以北的世界中心的须弥山。吴哥窟的中央有一座 60 米的高塔，它效仿的就是须弥山；还有 4 座塔，代表着 4 座较低的山峰。这里的围墙，再现了传说中环绕着南赡部洲的那些山脉，而其四周的护城河则代表了乳海，据说神、魔双方曾经在那里搅起过"不死甘露"。

吴哥窟与吴哥城里，到处都是象征着宇宙与宗教的建筑；其中，包括了星象台、王陵与寺庙。一代代研究人员对两地的艺术与建筑都进行过研究，但笼罩在这两座遗址和整个地区之上的茂密植被，却让他们无法进行任何系统性的实地考察。2007 年，一个国际研究小组联手启动了一个最先进的项目，旨在利用一系列前沿技术来了解吴哥窟的真实情况及其更广泛的地形环境。这项具有突破性的研究表明，吴哥窟的寺庙建筑群要比人们以前所想的庞大得多、复杂得多。不过，可能更加令人激动的是，研究小组还运用了机载激光雷达技术；这是一种遥感方法，就是利用脉冲激光测量出无人机（或者其他机载设备）到地球之间的可变距离。在吴哥窟这个研究项目中，所捕获的图像让研究小组能够"看透"吴哥窟主庙群周围的茂密丛林，发现一些意想不到的东西。该项目发表了一篇在学术界引起轰动的论文，表明那里存在一个失落的"特大城市"：有一个庞大的道路网络，有池塘、沟渠、狭窄堤岸环绕着的成千上万片稻田、房屋土堆，还有 1 000 多座小型神庙。[3]

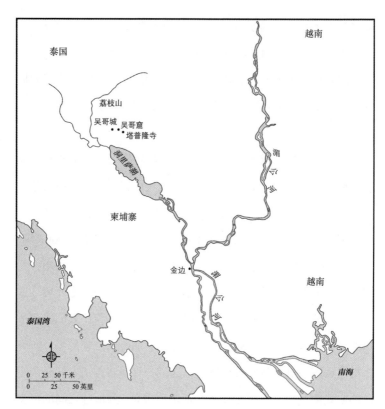

东南亚地区的高棉文明遗址

无边的辉煌

　　大吴哥地区的城乡面积加起来至少达 1 000 平方千米,并且这个广袤区域里可能有 75 万至 100 万人口(这一数据还有待商榷)。与此同时,居住在吴哥窟寺庙群围墙之内的,却只有相对较少的人口(大约为 25 000 人)。范围更广的定居地与这个宗教-

从空中鸟瞰柬埔寨的吴哥窟。图片来源：Sergei Reboredo/Alamy Stock Photo

政治–经济精英中心之间的关系，有点类似纽约城与圣帕特里克
大教堂所在的曼哈顿中心城区之间的关系，或者大伦敦地区与其
中心即圣保罗大教堂俯瞰着的伦敦城之间的关系。这是一片组织
得井然有序的绿洲，整个大吴哥地区则在辽阔而有组织的稻田之
上延伸。从考古学的角度来看，它会让人想起一度环绕着玛雅那
些宗教中心的人口稠密的地区，比如人们最近也用激光雷达技术
考察研究过的蒂卡尔与卡拉科尔，只是大吴哥的规模比它们大得
多而已。

　　吴哥窟这个伟大而生生不息的心脏之地，并不是独一无二
的。尽管吴哥窟是苏利耶跋摩二世（1113—1150 年在位）所建，
但它实际上完工于国王阇耶跋摩七世（1181—约 1218 年在位）

的统治时期。而且，这位面带温柔微笑的国王阇耶跋摩七世（其雕像上的模样就是如此）还兴建了另一座寺庙群，即吴哥城；它名副其实，意思就是"大城"。这将是高棉帝国最后一座都城，也是存续时间最久的一座都城。阇耶跋摩七世兴建的这座新城，坐落在吴哥窟以北约 1.7 千米处，占地 9 平方千米，其中心区域有 3 万至 6 万居民。还有大约 50 万人生活在从市中心向外延伸达 15 千米的郊区。兴建此城，并不是什么心血来潮的项目。相反，用激光雷达进行的勘测表明，高棉人必定是早就有了兴建吴哥城的想法，因为他们在修建这处寺庙群的半个世纪之前，就已建好了一个路网。四通八达的道路，将寺庙群的整个腹地接入了一个沟渠与道路交织的网络中，后者则延伸到了当时大部分人生活的广阔邻近地区。

这里的一切，都依赖于娴熟的水源管理。早在兴建吴哥窟和吴哥城的很久之前，高棉人就开始修建"巴莱"（baray）了。"巴莱"就是一座座巨大的长方形水库，既可用于储水，也可将多余的水排进烟波浩渺的洞里萨湖；此湖通往洞里萨河，然后注入湄公河。到了公元 9 世纪，兴建"巴莱"的工作进行得如火如荼，成了一个不变的水源管理系统的基础，并且由此形成了一个规模庞大的人造三角洲。三角洲的北端有输入水道，南部则是一些呈扇形分布的水道，它们位于紧邻吴哥窟的东巴莱湖与西巴莱湖*

---

* 东巴莱湖与西巴莱湖（East and West Barays），亦译"东大人工湖"与"西大人工湖"，或者"东池"与"西池"。——译者注

两侧。[4]

这个巧妙而灵活的水源管理系统使得官吏们几乎可以将水源输往整个平原上的任何方向，然后储存起来或者排入辽阔的洞里萨湖中。可不要把这个系统与埃及或者美索不达米亚地区形成的集中灌溉系统混为一谈。上述各地的基本灌溉技术都很简单，并且都依赖于充足的人力，只有吴哥这个国家能够召集规模充足的劳力，去兴建那些曾经属于吴哥文明之命脉的重要沟渠或水库。澳大利亚考古学家罗兰·弗莱彻曾经恰如其分地把这个系统称为"一种风险管理系统，旨在缓解一个以雨水灌溉为主且稻田有田埂环绕的地区里季风变化带来的种种不确定性"。[5]从根本上看，他无疑是对的，而他也恰当地称之为一种悖论。高棉人创造了一个多功能系统，可以应对变幻莫测的季风波动。不过，他们面临着一个严重的长期问题。规模庞大的灌溉设施和他们的管理方式，使得他们在面临重大的气候变化并需要迅速做出改变的时候，很难（且几乎不可能）去改造甚至是维护这些灌溉设施。

吴哥地区的沟渠与堤坝网络既灌溉了北部的田地，也提供了充足的水源供应，确保了吴哥地区南部那些有埂农田里种植的水稻获得高产。靠近吴哥中部的西巴莱湖，其灌溉面积在整个平原上相对较小。此湖曾为大约 20 万人口提供水源，其供应量足以让人应对季风不力所导致的干旱年份。这个系统一直运行到了 12 世纪晚期且效果良好。当时水利工程的重点，更多地放在那座中心城市之上。新筑的沟渠——至少在一定程度上是为了给管理和维护主要寺庙所需且日益增多的人口提供水源而修建的——

都确保水源会流经吴哥这个中心。光是阇耶跋摩七世国王，就在12 世纪末至 13 世纪初让吴哥中部地区的寺庙数量翻了一番。

由此所需的资源之多，是令人不可想象的。仅是一位寺庙工作人员，就需要大约 5 个农民劳作，才能生产出此人所吃的稻米。光是阇耶跋摩七世建造的塔普隆寺（1186 年完工）与圣剑寺（1191 年完工），就用了不下 15 万名辅助人员，他们都必须住在寺庙的附近。建造这两座中等规模的寺庙，消耗了大吴哥地区人口中五分之一的劳动力。然而，他们似乎成功地解决了这个问题。当地的水牛随处可见，鱼类极其普遍，菜蔬也很丰富。该国维持着一副光鲜亮丽的外表，实际上却是用苛政和宗教狂热维持着秩序。事实上，倘若不进行大规模的武力展示，国王就不会公开露面。当时，这种无边的辉煌似乎永远不会终结，直到这里开始遭遇季风不力的问题。

无常的季风（公元 1347 年至 2013 年）

吴哥地区的庄稼收成，向来都依赖于亚洲季风。[6] 季风导致的西风，会随着它们北移进入东南亚地区和南海而逐渐加强。季风雨会在每年的 8 月和 9 月达到顶峰，给孟加拉湾带来强大的热带气旋。吴哥地区的夏季降水，都源自稳定的季风雨，以及强烈的热带扰动（尤其是热带气旋）给陆地带来的暴雨。等热带扰动到达东南亚之后，它们导致的强风虽然会逐渐减弱，但会随着缓慢移动、长达 4 天的风暴系统带来大量的降雨。这些扰动与一次次强度较弱的赤道东风带来的降雨，占到了整个东南亚地区夏季降水的一半左右。

虽然 12 世纪在吴哥地区建立帝国的统治者们可能并不知道这一点，但他们治下的王国其实比哪怕一个世纪之前都要脆弱得多。[7] 该国通过一种简单的权宜之计，即靠大规模砍伐森林来增加农业用地的数量，保持着高水平的水稻生产。此时，吴哥的大部分地区都成了有埂稻田，却只有零星的树木了。当季风性暴雨来临，强劲的地表径流以及由此导致和无法遏制的侵蚀作用，就会让土壤裸露出来。再加上高地的森林被砍伐一光，所以严重的生态后果随之而来。航拍照片表明，在一片耕作强度远高于如今的土地上，遍布着成千上万处废弃的古老稻田。

此外，吴哥的基础设施原本是作为一种风险管理措施而兴建的，当气候开始变得不稳定时，已经有 500 多年的历史了。这里的最后一座"巴莱"，还是此时的一个世纪之前建成的。吴哥那种庞大的基础正在老化，不但越来越难以有效地管理，而且变得越来越盘根错节了。弗莱彻的考古团队发掘出了一座垮塌了的水坝，它曾在 10 世纪或者 11 世纪得到重建。在城市人口少得多和这个系统刚刚形成的时候，一切都没有问题。这个系统受损后，人们就会迅速将其修复，但也仅此而已。

究竟发生了什么？多亏了在越南发现的一种热带柏树"福建柏"（*Fokienia hodginsii*），我们才能找出这个问题的答案。这种柏树的年轮记录了从公元 1347 年至 2013 年间出现的"恩索"

事件与季风情况。年轮的厚薄，与寒冷的拉尼娜现象与炎热的厄尔尼诺现象相互交替的时间相吻合。[8]在14世纪，二者之间出现了剧烈的波动，以大规模的季风与严重的干旱为代表。除此之外，从印度季风区的丹达克洞穴与中国西北地区的万象洞获得的优质洞穴石笋记录，与越南南方的树木年轮记录非常吻合，尤其是与13世纪和14世纪时形成的树木年轮记录非常吻合。[9]总之，这些证据表明，13世纪和14世纪是东南亚地区一个重要的气候不稳定时期，这对元朝来说也是如此；当时的气候，在异常强大的季风与严重干旱之间波动，变幻莫测。

起初，高棉人的系统能够应对周期性的干旱，就像数个世纪以来的情况一样，只是这个系统很脆弱。这里的水坝，显然无法应对严重的泛滥。人们对这里两座主要的水库即东巴莱湖与西巴莱湖进行发掘后发现，它们的出水口都被堵死了，其中有些早在12世纪就已淤塞。东巴莱湖还曾多次储水不足，导致13世纪初气候较为干旱的时期出现了严重缺水的情况。接着，季风带来的大雨倾盆而下；直到16世纪，这种波动才稳定下来。到了此时，劳动力却出现了短缺，没有充足的人手去分流调水了。

我们不妨想象一下当时的情景：一场长达150年的大旱过后，极端强大的季风突然袭来，冲击着规模庞大却有数百年历史的基础设施。洪水汹涌，导致那个衰朽的网络上出现了裂口；这必定对精心设计的各级沟渠造成了灾难性的损毁，可精英阶层既无能力也无意愿进行修复。由此带来的后果是致命的。受损的田地再也无法养活吴哥稠密的城市人口。可持续性遭到了破坏。世世代代供养着寺庙及其工作人员的农民，也无法继续供养他们。精英阶层过着奢华的生活，拥有庞大而关系复杂的家庭，如今却难以为生了。该国的统治者和高级官吏再也没有能力或者权力来为重大的工程招募劳力，以修复这个系统。他们可以支配的粮食盈余也不足了。

数个世纪以来，复杂而极其稳固的供水系统还支撑着其他一些方面，比如道路，比如与稻田相连的鱼塘。因此，蛋白质供应与水稻这种主要作物的收成都开始面临压力。上游的供水系统失去作用之后，损害就会迅速波及下游；除了其他方面，整个道路网络也会瓦解。水运与陆运不但曾将粮食运往吴哥各地的集市，还将其他各种各样的商品和奢侈品汇集到了这些市场上。比如，大吴哥地区的家用商品中，有不少于6%产自中国。谣言、恐慌与社群之间的竞争，导致了与环境混乱一致的社会动荡。

解体（公元13世纪以后）

14世纪60年代的那场大旱，必定对粮食供应造成了严重的破坏。到了14世纪末，吴哥的部分地区已经变得不可再用，寺庙经济也处于崩溃状态。除了洪水造成的破坏，肆虐的大水还会将各种垃圾冲到整个地区，堵塞重要的沟渠，甚至更加严重地损毁精心组织起来的整个局面。

当然，并不是一切都被洪水冲毁得不留痕迹了。被冲毁的道路与堤坝当中，有一片呈方形的纵横交错的堤坝与农田完好无损地留存了下来。当时，精英阶层有好几种选择：要么迁往别的地方，跟富有的亲戚一起生活，要么随着他们的君主迁往其他中心，或者搬到他们在内地的庄园生活。不过，依赖他们谋生的工匠和为精英阶层提供粮食的农民，却被留在疮痍满目的穷乡僻壤，自生自灭了。沟渠与堤坝崩溃之后，洪水溢出人造的水道，漫到了整个地区；被遗弃于此的普通百姓，饱受饥饿与营养不良之苦。无疑，农民与其他人也曾努力修复吴哥城的供水系统，可在16世纪中叶之前的差不多200年时间里，吴哥地区都没有王室存在。

表面上，吴哥的崩溃是超强季风和极端干旱降临到高棉人身上并给他们造成了重创的直接结果。尽管这看似是一种直接的因果关系，可历史真相却要更加复杂。

一如既往地，宗教扮演了一个主要的角色（就吴哥而言，宗教还是一个致命的角色）。佛教中的大乘佛教一派，在吴哥城的缔造者阇耶跋摩七世治下（1181—约1218）被定为了国教。也正是在这段时间里，季风强度日益减弱，而粮食短缺的现象也出现了。精英阶层与农民不但都要应对这种危机，而且要为发生的事情找到一种解释。于是，他们转向了宗教。在12世纪末至13世纪初，这里爆发了一场反对王室支持大乘佛教的运动，导致一些重要寺庙墙壁上所绘的佛像遭到了破坏。几乎可以肯定地说，这种破坏佛像的行为就是民众对干旱做出的有力反应，表明他们认为其他信仰可能会提供应对持久干旱的更好方法。

多年以来，学者们都认为，吴哥是 1431 年被其竞争对手即暹罗的大城王朝攻陷并洗劫一空的；大城（音译"阿瑜陀耶"）如今位于泰国境内，曾经是一个重要的国际贸易中心，并在 16 世纪变成了东方最大和最富裕的城市之一。但我们如今明白，事实并非如此：因为到了那时，吴哥地区早已不适宜人类居住。精英阶层可能早已带着他们的财产离去了。也就是在这个时期，高棉帝国发生了深刻的政治、经济和社会变革。国家不得不面对暹罗人与越南人成群结队的南迁，这一迁徙活动切断了高棉人那些历史悠久的陆上贸易线路和沿海通道。在 15 世纪和 16 世纪，贸易变得更加全球化了。沿海城市的地位日益重要起来，而高棉内地那种古老且极其稳定的水稻生产则逐渐衰落下去。高棉帝国与阿拉伯、印度、中国以及其他航海国家和地区之间的海上贸易，也变得越来越重要。由于深受气候难题所困扰，故这个帝国随着人口减少的加速便慢慢没落下去，变得默默无闻了。

此外，新的宗教信仰也对种种旧的生活方式构成了制约。吴哥地区与印度之间有着长久而密切的贸易联系。这些历史悠久的贸易线路带来的不仅有商品，还有思想和信仰，其中包括南传佛教。13 世纪过后，南传佛教就成了高棉的国教。新的教义淡化了长期以来供养大型庙宇和庙宇中众多看管人的惯例。随着大寺庙的势力自 13 世纪起日渐减弱，其经济后果也对吴哥的人口产生了影响。3 个世纪之后，尽管人们还没有废弃吴哥城，吴哥窟也只是一个朝圣中心了。随着国家的权力中心南移到了当今金边附近的四臂湾地区，吴哥地区只有少量人口留存了。

吴哥的衰亡，涉及的远不只是气候带来的冲击。内部瓦解与征服无关；相反，这是一种变革。高棉帝国的领导阶层和权力中心，从那个面积广袤、组织有序且种植水稻的绿洲向东南方向迁移，进入了一个每年都受自然泛滥所滋养的地区。这里的农民不会那么容易受到干旱的影响。一到汛期，湄公河就会水量大增，溢出河岸。当湄公河在季风雨过后漫到洞里萨河时，洪水就会把周围之地淹没。洪水会注满面积约1万平方千米的洞里萨湖这个淡水湖，有时甚至还会将整个湖泊淹没。[10]

高棉地区的遭遇，与玛雅人的情况完全一样；我们将看到，斯里兰卡的情况也是如此。公元9世纪到16世纪之间，从中美洲一直到东南亚的热带地区中散布着的城市文明纷纷解体，它们的根基都因粮食供应的不确定性和传统的政治权力受到削弱而遭到了动摇。一个个实力强大的王朝兴起又衰落，战争变得司空见惯，一些精英阶层则迁往了新的中心。这些文明之所以崩溃，很大程度上是因为维持文明的可持续发展超出了那些中央集权制国家的能力，这些国家由神圣的国王所统治，而国王们致力于奉行不变的宗教思想，行政管理僵化。随之而来的，必然是一个转型期。农民们曾经供养距他们很遥远的君主治下的一个个王朝，他们保持着可持续的传统农耕方式，并且对其进行了改造，使之反映了新的环境现实。城市中心变得格局更加紧凑，通常位于如今业已消失的国家的外围。此前的大城市，比如蒂卡尔、蒂亚瓦纳科和吴哥窟，都屈服于种种新的经济现实和政治联盟，且其中许多都建立在国际贸易的基础之上。取而代之的则是在广袤的腹地外围繁荣发展起来的小型定居地。

在亚热带和热带地区，水源管理曾是各地可持续性当中一个至关重要的组成部分。这些社会面临着无数挑战：泾渭分明的干、湿两季，有可能带来暴雨的季风，"恩索"事件，飓风或者台风，以及短期和长期的干旱周期。尤其重要的一点在于，变幻莫测的降水是一种永远存在的挑战，降雨量年年都有可能大不相同。有了一代代新的气候替代指标之后，我们如今就可以明确，在亚洲季风区的大部分地区，气候变化曾经发挥过作用，动摇了中世纪的社会体系和政治体系。南亚、东南亚以及中国北方和南方的农民，曾经都任由距其家乡很遥远的各种气候力量所摆布，现在也依然如此。早先那种原生态的辉煌，实际上就是一个神话。

进入斯里兰卡（公元前 377 年至公元 1170 年及以后）

我们在第五章里已经看到，古罗马人与印度洋各地以及远至孟加拉湾沿岸之间的贸易，甚至把中国的丝绸带到了地中海地区，其作用就像横跨欧亚大陆的"丝绸之路"一样。其中的一大驱动因素就是季风，它在公元 2 世纪发挥了重要的作用。罗马与君士坦丁堡两地，在公元 4 世纪都极其繁荣。后者还变成了日益发展壮大的东罗马帝国的中枢。稳定可靠的季风会季节性地转变风向，将亚历山大港、红海地区与印度西海岸及斯里兰卡连接起来。人们对象牙、香料与织物都有一种永不餍足的需求；这种需求不但促进了贸易，也为斯里兰卡那些日益复杂的社会带来了财富。

当时，槃陀迦阿巴耶（Pandukabhaya）国王于公元前377年建立的阿努拉德普勒王国统治着斯里兰卡。王国的都城，坐落于斯里兰卡岛上那个所谓的干燥地带，就在如今的阿努拉德普勒遗址上；阿努拉德普勒既是当时一个重要的政治中心，也是后来在高棉占统治地位的那个佛教分支即南传佛教的一个主要的知识中心和朝圣中心。[11]

这里的百姓必须想出办法，好在每年的12月至次年2月之间利用季节性的降雨来灌溉田地。为了节约水源供旱季所用，他们修建了许多大型的水库与水坝，故需要大量的劳力。农民也兴建了一些灌溉工程，依靠的是重力，以及阿努拉德普勒腹地倾泻而下的水流。[12]随着当地寺庙与朝圣者的数量都不断增加，中心区域也在扩大。他们的水库越修越大，到了公元1世纪，努瓦拉维瓦湖（Nuwarawewa Lake）的面积达到了9平方千米。然而，人们的用水需求也进一步猛增，故精英阶层修建了更多的巨型水坝和重要的引水渠。长达87千米的尤达埃拉〔Yoda Ela，或称"贾亚甘加"（Jaya Ganga）〕运河，将更可靠的水源引到了地势较高的重要水库里。无论以什么标准来看，这条水渠都称得上一项工程杰作：水渠每千米的坡度，竟然只有10至20厘米。

阿努拉德普勒的用水供应，依赖于精英阶层派人兴建的大型水利项目，而当地社区与寺庙也兴建和管理着各自的小型阶梯式灌渠。在季风状态相对稳定、降水充沛的几个世纪里，一切都运行得很顺利。寺庙对受到灌溉的腹地施加意识形态上的控制，从而开创了一种神权政治的局面，使得僧侣既是宗教管理者，又是世俗统治者。

接下来，气候在9世纪至11世纪变得极其不稳定，导致了气温上升和持久的干旱。变幻莫测的降雨造成了严重的后果，就像吴哥的情况一样。相比而言，14世纪至16世纪则气温较低，暴雨和干旱的发生频率也越来越高。考古学家指出，在11世纪，阿努拉德普勒方圆15千米之内的遗址数量减少到仅剩11个定居地了。[13] 没有人仍然生活在城市的核心区域里。中心区域和外围的绝大多数寺庙，都已门庭冷落。没人再对水库与沟渠进行日常维护，所以许多都淤塞了。在19世纪人们重新开垦那片干燥地带之前，只有少数几个进行刀耕火种式农耕的小社群在这里幸存了下来。

随着气温在11世纪和12世纪不断上升和阿努拉德普勒日渐没落，波隆纳鲁瓦——斯里兰卡第二古老的王国——开始崛起。这个王国由僧伽罗王族维阇耶巴忽一世于公元1170年建立，位于更远的内陆和气温没那么极端、地势较高的地区。维阇耶巴忽的外孙波罗迦罗摩巴忽一世（约1153—1186年在位）派人修建的沟渠与水库，甚至比阿努拉德普勒的沟渠和水库更大。此人兴建的"波罗迦罗摩萨姆德拉雅"（意即"波罗迦罗摩海"）环绕着他的城池，既是水库，也是防御攻击的护城河。

国王修建的这个湖泊面积达 87 平方千米，实际上由 3 个水库组成，它们的浅水区有狭窄的水道相连。成千上万名劳力完全是用双手为国王修建了这座湖泊，可获得的回报却是精神上的。这个人工修建的"海"与真正的大海相比毫不逊色，它支撑着一个复杂的稻田灌溉系统，后者覆盖了 7 300 公顷的土地，养活了稠密的城市人口。

　　阿努拉德普勒和波隆纳鲁瓦两个王国的寺庙，在农耕生产与水源管理方面都发挥了核心作用。两国的寺庙，都是举行一年一度的重大宗教节庆活动的中心；每到那个时候，都有来自城市及其腹地的成千上万人参加。在吴哥和斯里兰卡，重大的公共庆祝活动确定了四季。与玛雅君主举行的公共仪式一样，这种庆祝活动可以提醒每个人记住那些复杂的和不成文的社会契约，它们将所有的人联系在一起，无论是祭司、统治者还是平民百姓，全都如此。环绕着一座座大佛塔的水库，形成了一个个组织有序的绿洲，增强了寺庙所代表的那种宗教权威。这种宁静的景色，给人以恒久和稳定的印象。不过，与吴哥的情况一样，这里的气温在 13 世纪和 14 世纪日益上升，季风降雨周期也大幅减少，对水库造成了严重的破坏；而在当时，人口密度正在增加，由此导致农业生产日益密集，以满足不断增长的粮食盈余需求。为了应对这种情况，统治者便迁往了距数量大减的水库更近的地方，有时还皈依了新的宗教信仰。这种社会转型具有深远的意义，因为人们在面对旷日持久的干旱时，采取了常见的分散策略。人口的锐减使得大城市成了纯粹的朝圣之地。

进入多灾多难的 19 世纪：中国与印度的大饥荒
（公元 1876 年至 1879 年）

　　自公元前 206 年至公元 220 年（与古罗马人统治欧洲同期）统治中国的汉朝诸帝，确立了皇室负责灌溉与掌控水利的模式；虽说此后经历了很大的改良，不过这些模式一直持续到了 20 世纪。他们面临着许多重大的挑战，其中既有北方的黄河造成的，也有南方的长江导致的。汉朝及之后的朝代，都是依靠成千上万的劳力去修建堤坝、治理洪水的。中央政府与地方利益集团之间的关系一直都很紧张，在兴建重大水利设施的问题上尤其如此。到了 19 世纪，在厄尔尼诺现象异常活跃的一段时期，中国没能将其可持续性维持下去。[14] 数千年来偶尔灵感勃发的灌溉工作、常常僵化的官僚机构和受到严格管制的劳作，都无法遏制自然界突如其来且经常很剧烈的各种循环。

　　长期以来，当洪水与干旱周期影响的充其量只是微小的可持续性时，断断续续且偶尔有效的饥荒救济制度曾解决过粮食短缺的问题。但在 1875 年至 1877 年间季风雨连续两年不力之后，中国北方遭遇了巨大的厄运。随之而来的干旱与饥荒，要比印度同一时期的干旱与作物歉收严重得多。1876 年，远至南方的上海这座城市的街头也出现了数以万计的难民；但在此之前，一个效率低下的政府在遥远的北京却几乎无动于衷。饥肠辘辘的农民只能吃谷壳、草籽，以及他们能够找到的任何东西。美国传教士卫三畏曾经看到，"民如幽魂，逡巡于已为灰烬之宅，觅薪于寺庙之废墟"。[15] 大多数地区的官吏面对这场灾难的规模时都不知所措，什么措施也没有采取；或者，他们干脆将成千上万名因饥成匪的百姓关在笼子里活活饿死。

最终，在一个面积比法国还大的地区里，有 9 000 多万人陷入了饥荒。传教士与外国公使成了向外界传递消息的唯一源头。他们报告说，一座座大坑里躺满了死去的人。最后，一些从鸦片贸易中赚取了巨额利润的公司成立了一个"中国赈灾基金委员会"。中国教区里那些虔诚的基督教信众都把饥荒赈济视为"一个美妙的开端"，可在 1878 年季风再度回归之后，信众中却没有多少人继续保持他们的信仰。据传教士们估计，当时只有20% 至 40% 的饥民得到了救济。到那场饥荒结束之时，许多村落里剩下的人口都不到饥荒之前的四分之一了。

19 世纪的严重气候变化也对印度产生了极大的影响。从维多利亚女王治下初期直到 19 世纪 60 年代，季风区的气候相对平静，降雨一直都很丰沛。就像数个世纪之前吴哥的情况一样，充沛的雨水使得作物丰收和人口增长。耕地不足的印度农民，开始去耕作一些不那么肥沃的地带；虽然这些地带在气候湿润的年份可以种植适量的作物，但大多数时候，它们对农业而言是微不足道的。在英属印度开始输出粮食的那个时候，一切似乎都没有问题。接下来，1877 年至 1878 年发生了一次大规模的厄尔尼诺现象，随后与之类似的异常气候事件又一批接一批，持续了 30 多年，尤以 1898 年和 1917 年为甚。1877 年的厄尔尼诺现象最为严重，它始于 1876 年的一场大旱，然后持续了 3 年之久。印度尼西亚上空形成了一个强大的高气压系统，阻延了季风。干旱随之而来，并且导致了大范围的丛林火灾。1877 年，西南太平洋广袤的温暖水体东移，催生出了严重程度在历史上屈指可数的一次厄尔尼诺现象。大部分热带地区遭到了重创，人口大量死亡，尤其是只依靠雨水而不靠灌溉进行耕作的农业人口。

印度在遭受了 1792 年以来最严重的干旱之后，又迎来了饥荒。雨水未至，作物枯萎。英国当局拒绝实施物价管控措施，从而引发了疯狂的投机大潮。随着粮食骚乱爆发和许多劳力饿死，即便是灌溉情况良好的地区也有数百万人受灾和丧生；可是，英国人却继续在全球市场上出售印度所产的大米与小麦。

这场严重的饥荒，实际上是一场人为造成的灾难。难民纷纷涌向城市，城市里的警察却将他们拒之门外；光是马德拉斯一地，被拒的难民就达 25 000 人。许多难民死去，其他难民则是漫无目的地四下流浪，寻觅食物。与此同时，英属印度当局却认为，赈济饥民虽然有可能挽救生命，却只会导致更多的人生而贫困；因此，当局并未积极尝试为饥饿的百姓提供粮食。官方的政策就是自由放任，结果是仅在马德拉斯地区，至少就有 150 万人饿死。等到雨水再度降临之后，成千上万的百姓却虚弱得无法耕种了。在获得补贴的工作场所里，工人们的口粮根本不够，已死和垂死之人到处都是，而"霍乱患者皆辗转于未病者之中"。新闻界与政府中少数义愤填膺之士提出了强烈抗议，却无济于事。作家迈克·戴维斯（Mike Davis）已经令人信服地指出，这场灾难为印度的民族主义奠定了基础。

1877 年的灾难，让许多殖民政府第一次不得不真正去面对气候变化方面一个普遍但经常为人们所忽视的问题：在他们正剥削的国度里，几乎普遍存在饥荒和饥饿的现象，可当时当地人唯一明确的解决办法就是外迁。没有人对由此导致的大规模人口分流做好准备，而这种分流，也预示了 20 世纪末和如今的大规模移民。自给自足的农民对祖辈留下的土地怀有深深的眷恋之情，他们用尽了熟知的办法，只能采取唯一可行的生存之道：分散开来，迁往他处，去寻觅食物和可以种植庄稼的地方。

19 世纪发生在中国和印度的严重饥荒，让基本上无视这个问题的两国中央政府几乎无力回天了。以印度为例，当时英属印度当局更关心的是从全球粮食价格中牟取暴利，而不是帮助当地农民摆脱困境。他们的干预导致了规模惊人的骚乱。有数以百万计的百姓，在现代的国际救济组织出现之前的时代里死亡。自私自利却具有凝聚力的高棉帝国曾经迅速扩张，但最终被维护水利工程的需求所压垮，因为那些水利项目需要大量的人力、谨慎细致的组织，以及高效而去中心化的行政管理。与玛雅人和蒂亚瓦纳科的农民一样，最有效的解决之道在于社会转型；转型之后的社会，不能以兴建气势恢宏的城市与寺庙为基础，而应以自给自足的农村社区为根基。

这一点，与我们的世界息息相关。如今，有数以百万计的自给农民和贫困人口都深受粮食不安全之苦。干旱与饥荒，如今在刚果民主共和国、南苏丹、津巴布韦和萨赫勒地区几乎普遍存在，而阿富汗也有三分之一的人口（约为 1 100 万人）为粮食不安全所困。形势既微妙又复杂，但就像殖民时代西方国家瓜分世界、争夺土地和资源并让民众丧失人性一样，战争、对人民和资源的剥削往往还会继续下去。此外，我们还要面对常常很腐败和冷漠的无能地方官僚机构，因此人们唯一的生存之道就变成了外迁，与过去没什么两样。

19世纪末，中国和印度曾经有成千上万忍饥挨饿的村民孤注一掷地迁徙，以寻觅食物和可靠的水源。如今，在全球变暖、干旱迅速蔓延的情况下，生态移民的人数已数以万计甚至更多。然而，我们西方人却向我们剥削的民族筑起了一道道壁垒（不管是隐喻还是非隐喻的壁垒）。究竟是什么给了我们这样做的权利呢？是西方的经济制度让我们不得不这样，因为资本主义内含强大的企业利润观念与剥削观念。因此，各国政府不得不保护本国的土地与资源，并且打压其他国家。这样做，究竟是不是我们这个物种应对全球变暖诸问题的最佳之道呢？

无疑，在我们生活的这个时代，城市人口动辄就有数百万之多。不过，这种情况导致我们忘记了过去的教训：我们忘记了许多农村社群在自我维持与合作方面所做的大规模投入，忘记了他们长期积累下来的风险管理经验。假如我们与这样的社群合作，向其学习，并且通过投资他们的生活方式和处理问题的方式，与之共享资本，那么，与始终庞大的军费支出等方面相比，这种投资对人类的未来将有用得多。

第十章

非洲的影响力

（公元前 1 世纪至公元 1450 年）

　　"这条铁路，是尸骨堆成的。"那些受害者的后代，如今仍然称之为"尤阿亚恩戈曼尼兹"（Yua ya Ngomanisye），也就是"到处蔓延的饥荒"。[1] 肯尼亚中部的那场干旱，从 1897 年持续到了 1899 年，严重削弱了东非大裂谷东侧的坎巴和基库尤两个小型的自治社会。有些地方的庄稼接连 3 年歉收。在更早的时代，农民可能还有充足的余粮维生，可此时却到了殖民时代。当时，这里正在修建乌干达铁路。从附近群落征收来的宝贵粮食，都被分配给了修建铁路的劳工。腺鼠疫很可能就是由移民劳工从印度传播到这个地区的，造成了数千人死亡。饥饿的当地人开始抢劫。铁路警察则以牙还牙，焚毁了当地人的村落，从而毁掉了更多的粮食。狮子和其他食肉动物在光天化日之下跟踪和猎杀人类，鬣狗则啃食着倒在路边的饿殍。虽然英国当局粗略尝试过为幸存者提供粮食，但损失已经极其巨大。在乌干达西部，饥荒导致的死亡人数超过了 14 万。

多年的大丰收和充沛的降雨导致人口增长集中发生于拥挤不堪的定居地之后，饥荒降临了。就像中世纪欧洲的情况一样，农民开始耕作那些贫瘠的土地，以便种出更多的粮食。雨水持续丰沛，使得本地和长途贸易也繁荣发展起来。接着，1896 年出现了一场大旱，是由一次大规模的厄尔尼诺现象导致的，其严重程度超乎想象；随后，1898 年又出现了一场由拉尼娜现象导致的干旱，而 1899 年再次爆发了一次由厄尔尼诺现象导致的干旱。埃塞俄比亚高原曾经是一个富饶之地，孕育过阿克苏姆文明，此时却旱情肆虐，以至于尼罗河的洪水降到了自 1877 年至 1878 年以来的最低水位。严重的旱情，笼罩着非洲东部、南部以及萨赫勒地区。从肯尼亚山往南，直到遥远的斯威士兰，有数以百万计的农民都遭遇了严重的作物歉收。而且祸不单行，不断暴发的牛瘟让牛群遭到重创，天花在许多社群中肆虐，无数群蝗虫遮天蔽日，其他灾祸在面对重大气候变化时也持久不去。与此同时，欧洲的帝国主义者也在步步进逼。英国人趁火打劫，将他们以内罗毕为大本营的新保护国向外扩张，吞并了坎巴和基库尤的大部分领地。在南方，塞西尔·约翰·罗得斯则占领了后来的罗得西亚。大津巴布韦一些供奉绍纳人的神灵姆瓦里的著名灵媒就曾宣称："白人乃汝等之敌……雨云将不至矣。"[2]

气候变化与其他灾难，彻底改变了非洲社会。随着各种贸易土崩瓦解，作物种类开始减少，而作物产量也大幅下降，曾经充满活力的乡村经济崩溃了。权力从传统的部落酋长转移到了殖民地政府任命的傀儡首领身上。此时非洲的各个社群，全都处于权力等级的最下层；这种权力等级，与西方国家控制下的全球粮食与原材料市场紧密相关。随着欧洲人开始"争夺非洲"，科学上极其荒谬的种族主义意识形态所支持的社会不平等与不发达，也变成了一种常态。

掌控"巴萨德拉"（公元前 118 年以前至现代）

公元 916 年，阿拉伯地理学家阿布·扎伊德·艾尔赛拉菲曾经写道："'巴萨德拉'［即夏季风］赐生于率土之民，因雨令地沃，如若无雨，民皆饥亡焉。"[3] 数个世纪之后的 1854 年，美国气象学家马修·方丹·莫里发表了他的《风向与洋流图之说明及航向》一书。[4] 他利用数百艘船只的观测结果，揭示了印度季风的环流情况。1875 年，印度气象局建立，试图利用全印度的观测网络，对带来降水的西南季风做出预报。1903 年，吉尔伯特·沃克登场了；此人是英国的一位统计学家，他利用世界各地获得的成千上万份观测数据，确定了复杂的大气与其他有可能影响到季风降雨的气候条件之间的关系。也正是沃克，发现了南方涛动及其与季风雨之间的关系——这种关系，属于印度洋气候中的一个基本要素（参见绪论）。

商船水手们在印度洋水域航行，从阿拉伯半岛和美索不达米亚地区一路来到印度，至少已有 5 000 年的历史了。他们习得了在季风中航行的本领，因而能够掌控海上的贸易路线。几个世纪

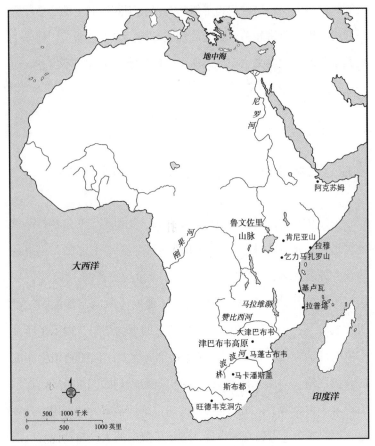

地中海

尼罗河

阿克苏姆

鲁文佐里
山脉

肯尼亚山

拉穆

乞力马扎罗山

刚果河

大西洋

基卢瓦

马拉维湖

拉普塔

赞比西河

大津巴布韦

津巴布韦高原

波林河

马蓬古布韦

马卡潘斯盖

斯布都

印度洋

旺德韦克洞穴

0   500   1000 千米
0   500   1000 英里

第十章提及的考古遗址

以来，他们都严守着关于印度洋季风的知识，只是父子相传。到
了公元前118年至前116年左右，一名遭遇海难的水手从红海
抵达了亚历山大港，在协助一位名叫"库齐库斯的欧多克索斯"
（Eudoxus of Cyzicus）的希腊人两度前往印度之后，这些知识才传到了更广阔的外界。不久之后，另一位希腊兼亚历山大港的船长希帕卢斯（Hippalus）想出了一个比沿着海岸航行要快得多的办法，那就是利用 8 月份猛烈的西南季风，开辟一条能在 12 个月内返回的从红海近海的索科特拉岛直达印度的海上航线。远洋航行中的这一重大突破，将使人们接触到非洲几十个地处内陆且远离印度洋的社会。如此一来，全球天气模式就对数以百万计的非洲自给农民以及努力统治着他们的部落酋长产生了影响。

长久以来，非洲的红海沿岸一直吸引着商贾们前往。从公元前 2500 年前后到公元前 1170 年间的 12 份古埃及文献资料中，都提到了"蓬特"或者"神之国度"这个神秘之地，并且盛赞那里有着种种珍贵的资源，其中包括黄金和沉香。一代代考古学家都在试图找出蓬特的具体位置，很有可能，它是在沿着"非洲之角"的红海往北，一直延伸到如今埃塞俄比亚和厄立特里亚所在的高原那一带。事实上，公元前 600 年的一篇古埃及铭文中提到了雨水落在蓬特山上，以及雨水随后如何流入尼罗河的情况；极有可能，流入的就是我们在第四章中曾提到过的青尼罗河。所有的古埃及文献还进一步表明，从陆路和海路都可以抵达蓬特；这就说明，至少自公元前 3 千纪起，人们就懂得如何利用季风沿着红海航行了。

尽管如此，人们显然并未大量利用这条航路。蓬特及其位置始终披着一层神秘的面纱，人们曾认为那里异常重要，以至于（在公元前 1472 年至前 1471 年前后）令人敬畏的哈特谢普苏特女王还用来自蓬特的无数商品的形象，包括搬运沉香树的奴隶、狒狒、长颈鹿、牛、狗、驴、埃及姜果棕的形象，以及一些丰乳肥臀的贵妇的形象，装饰过她位于上埃及的达尔巴赫里陵庙的墙壁。陵墓墙壁上还绘有蓬特的许多珍贵资源，比如没药、乌木、象牙和黄金。考虑到哈特谢普苏特女王对蓬特的关注，我们可以推测，这里或许是女王希望作为遗产而留下的一项开创性的国家使命。

到了公元前 1 千纪末期，形势出现了一些变化。商人们开始更加频繁地出入红海，尽管我们从斯特拉波和阿伽撒尔基德斯（Agartharchides）这些古典作家那里了解到，这仍然是一段艰难的航程，因为一路上既有遍布暗礁的水域，还有汹涌的巨浪，且没有锚泊之地。阿伽撒尔基德斯在公元前 2 世纪记述这些情况时，偶尔会发挥一点儿想象力，称有条河流流经那片土地，带来了大量的金沙，而继续往南的一座座金矿，则出产天然金块。我们认为，当时这条航线仍是一个秘密。一个世纪过后，知道这条航线的人就多得多了，连那些原本可以依靠广泛采用的航向去航行的外来者也知道了。公元 1 世纪的《红海环航》（*Periplus of the Erythraean Sea*）一书最为著名。此书的佚名作者可能是一位熟悉这个地区的航海者，用朴实无华的希腊文描述了进一步往南的非洲沿海的情况；当时，那里称为阿扎尼亚，一直延伸到了遥远的南方。[5]

《红海环航》一书中提到，遥远的南方有许多避风锚地和像拉普塔（Rhapta，具体位置至今不明）这样的地方，那里到处都是象牙与玳瑁。由于季风很有规律，故帆船可以穿越红海往返，或者从东非地区前往印度西海岸，并在 12 个月之内返回。在像肯尼亚北部的拉穆这样的避风锚地，信风商船的进出是一年当中的头等大事。在这里，人们将大船的货物卸到小船上，由后者去跟历史上默默无闻的偏远沿海群落进行贸易。在这些沿海群落里，人们可以购得许多贵重商品，比如质地柔软、易于雕刻的非洲象牙，用于制作装饰品的金、铜，以及易冶炼的铁矿石，然后销往阿拉伯半岛和印度。也有一些较为普通的商品，其中包括产自非洲红树沼泽的木屋梁柱；在没有树木的阿拉伯半岛上，这种梁柱对住宅建造很是重要。

数个世纪以来，阿扎尼亚都是一个由小村落组成的冷清之地，只有来自红海的商贾偶尔前来。可这一切，在 10 世纪出现了变化，因为地中海地区对黄金、象牙以及透明石英的需求急剧增加了。此时，随着一些商贾社群在避风港附近的发展，伊斯兰教也站稳了脚跟。有些沿海飞地有数以千计的聚居人口，他们都住在一座座"石头城"里面；一些实力强大的商贾家族，在遥远的南方也兴旺发达得很，比如当今坦桑尼亚的基卢瓦。

如今，这里被称为"斯瓦希里走廊"（Swahili Corridor），在这片狭窄的沿海地带，许多本地的商业城镇都是在安全的锚地附近发展起来的。[6] 在公元 1 千纪晚期，伊斯兰教开始与范围更加广泛的世界产生政治联系和经济联系，并且与那些更遥远之地的意识形态形成了联系。然而，生活在非洲这一地区的石头城中的群体与实力强大的商贾家族也注重更多的地方关系。他们与一个个贸易线路网之间发展起政治联系与社会联系，并且小心翼翼地加以维护；那些贸易线路延伸到了数百千米以外的内陆。一小批一小批的商贾带着粮食、兽皮、贝壳和农民十分重视的食盐，深入了遥远的内陆地区。他们还带来了其他的奇珍异宝，比如中国的瓷器、印度的纺织品和玻璃珠子。贝壳和小饰品基本上都是廉价的小玩意儿，只相当于他们运往沿海地区的黄金和象牙价值的一小部分。在遥远的非洲内陆，海贝却是声名赫赫之物；当然，它们并不是用作发饰的普通子安贝，而是一些更稀罕的贝类。印度洋中的芋螺贝成了部落酋长威望的重要象征。近至1856 年，5 个芋螺贝仍可以在非洲中部买到一根象牙。黄金最难获得，因为黄金产地在遥远的南方，即津巴布韦高原上。然而，据估计，在长达 8 个世纪的时间里，至少有 567 吨黄金被运往了沿海，因为非洲的黄金是当时全球经济中的一个要素。[7]

这种非正式的贸易已经持续了数世纪之久。在许多考古遗址中，人们都发掘出了像中国的陶瓷器皿、精细和较粗糙的棉织品以及成千上万颗玻璃珠子之类的外来商品；而那些考古遗址，距这些商品首次抵达非洲时落脚的港口都有数百千米之遥。令考古学家们觉得幸运的是，根据样式就可以确定其中许多东西所属的年代，而光谱微量元素常常可以揭示出它们的原产地。

季风将东非地区的石头城与遥远的地方联系了起来，并将它们纳入了全球长途贸易领域当中。尽管风力可能年年不同，降雨量也有可能逐年增加或者减少，但印度洋上的商业贸易却持续了数个世纪，甚至持续到了欧洲人开始殖民之后。可以说，全球气候在过去的 2 000 多年里，在非洲东部和南部的历史中扮演了一个重要的角色。不过，变幻莫测的季风对那些生活在遥远内陆的人，又产生了什么样的影响呢？这个问题的答案，就存在于赞比西河与林波波河之间的津巴布韦高原上，存在于那些从事畜牧业的王国与农耕村落的复杂历史之中。

探索内陆（公元 1 世纪至约 1250 年）

前往非洲内陆，我们就会进入这样的一个世界：在 19 世纪中叶传教士兼探险家大卫·利文斯通（David Livingstone）穿过非洲中部大部分地区之前，欧洲人对这个世界几乎一无所知。一些零碎的文献，如葡萄牙人所著的编年史和维多利亚时期一些探险家的著作，描绘了从 16 世纪到 19 世纪这里的情况。不过，除了"大津巴布韦是腓尼基人的一座宫殿"这种不正确的说法之外，我们对非洲早期的历史几乎是一无所知，直到 20 世纪 60 年代人们开始认真研究。我们正在进入的，是一个与世界上许多其他地区相比，很少被探索且具有复杂气候动态的历史领域。

我们的"老朋友"热带辐合带，在印度洋上的南、北半球之间来回移动。尽管它始终停留在赤道附近，但其北移的极限却是北纬 15° 上下。每年的 1 月份，它会南移至南纬 5° 左右。热带辐合带是一个雨云密布的地带。在冬季里，即从 11 月份至次年 2 月，这种移动会给非洲南部带来降雨。但热带辐合带位置的长期变化，却有可能导致旷日持久的干旱。这一点，还只是一种复杂的气象状况中的一部分，因为厄尔尼诺现象与拉尼娜现象在干旱与洪涝灾害中都扮演着重要的角色。我们探究气候变化在非洲东部与南部的作用时，就像是在玩一个难以掌握、变化莫测的溜溜球。

大约 2 000 年前，一小群一小群的农民与牧民相继迁徙到了赞比西河流域，并从那里进入了非洲南部。他们在辽阔的热带稀树草原上的广大地区定居下来，形成一个个小村落，并且喜欢选择没有采采蝇的地方，因为采采蝇对牛群具有致命性；这些地方的土壤也相对较松，用简单的铁片锄头就可以轻松耕作。[8]

这些新来者迁入的地区里，已有少量的桑族猎人与采集民族生活了数千年之久。几个世纪之后，农耕人口增加了，而桑人要么是采用了新的经济模式，要么就是迁往了边缘地带。桑人的祖先人口不多，并且流动性极强，可农民却被束缚于土地之上，种植高粱和两种谷子，早在玉米从美洲传入之前就已如此了。

一道崎岖的悬崖，将非洲南部赞比西河与林波波河之间的内陆地区与东边紧邻印度洋的平原分隔开了。一个个炎热而低洼的河谷，切入了地势较高、平均海拔超过 1 000 米的津巴布韦高原。绵延起伏的平原上，是一望无际的热带稀树林地，其间夹杂着一片片适合种植高粱与谷子的沃土，是一个气候相对凉爽、灌溉条件相对较好的环境。[9]这两种作物都是在南方的夏季生长，但它们需要 350 毫米左右的降水，且每天起码还需要 3 毫米的灌溉用水。这些现实情况，意味着此地的农田须有 500 毫米左右的最低年降水量，同时气温不能低于 15℃。虽然不同地区的要求也有所不同，但在一种旱季漫长和降水量变化无常的环境下，它们算是两种要求颇高的作物了。一片片辽阔的草地，为牛、绵羊和山羊提供了优质的牧草；只不过，其背后始终都存在干旱与降水无常的风险。这里并不是一个条件优越的农耕地区，因为这里不但存在干旱、缺水和旱季漫长等问题，偶尔还会出现降雨过多的情况和洪涝灾害，并且年年不同，变化巨大。

非洲南部的降雨，自东向西呈显著递减的趋势；同时，非洲南部的东南部在南半球冬季的降雨量，占到了其年降雨量的66%左右。热带辐合带在印度洋上南移，一股来自印度洋的偏东气流，给广大地区带来常常难以预测的降雨。这些相对湿润的气候条件，对过去1 000年间农业与牧业的规模产生了关键的作用。此地的农牧业，大多局限于草原林地和开阔的热带稀树草原上，以及位于北方的赞比西河与南方的大凯河之间的草原地区。

大量的湖泊岩芯、洞穴石笋以及树木年轮表明，在过去的1 000年间，这里的降水与气温都出现过显著的变化。[10]总的来说，从公元1000年以前到公元1300年后不久的这一时期，非洲南部的广大地区都出现了变化极大的中世纪变暖现象。气温在公元1250年前后达到了一个显著的峰值，故那一年是过去6 000年间最炎热的年份之一；当年的气温，要比1961年至1990年间的年最高气温还高了3℃到4℃。接着，气温开始下降；从海洋中钻取的岩芯与内陆地区的马拉维湖的水位变化，就说明了这一点。气温最低的时候，是1650年前后到1850年之间。其间的最低气温，出现在1700年前后，但差不多一个世纪之前，还出现过一个较为寒冷的短暂时期。有意思的是，从南非西开普省和其他沿海地区的考古遗址中发掘出的软体动物身上的同位素记录了当时海面气温下降的情况。南非北部马卡潘斯盖地区一些洞穴中最低温度与氧同位素记录的时间，则与 1645 年前后至 1715 年间让欧洲变得极其寒冷的"蒙德极小期"相吻合，而且记录中也有气候寒冷的"斯波勒极小期"（1450—1530）的迹象。当然，这些都属于大致情况，因为洞穴石笋中还记录了无数种地区性的差异。1760 年之后，气候又慢慢地回暖了。不过，无论具体情况如何，对于村落中的农民和在"小冰期"中崛起然后又逐渐衰亡的国家而言，降雨和气温变化都是一种始终存在的重大挑战。

自给农业的现实

在粗略地探究了范围更广的气候时间框架之后，我们现在将关注焦点缩小到过去的 2 000 年间，即自给农民首次在非洲中南部定居以来的那些世纪。当时，几乎所有的农耕生产都是围绕着村庄进行的，并且依靠刀耕火种式的农业，即烧垦农业。每年 9 月份旱季结束时，村民都会清理掉此前无人清理过的林地，然后在各自的地块上点火焚烧。接下来，他们会把灰烬散播开去，用锄头将灰烬翻进土里，做好一切准备。然后，随着气温每天稳步上升，他们就开始等待天降甘霖。有时，几场阵雨会落到这个地区的不同地方，出现一个村庄下雨而邻村却艳阳高照的情况。这种时候，该不该播种呢？假如播下了种子，那人们就会盯着天空，盼着雨云出现了。有时，充沛的雨水随之而来，庄稼也长势良好。但更常见的情况是，庄稼会在田地里枯萎。几周之后，饥荒就会降临，而到了春天，就会有人饿死了。大多数农耕村落虽然可以凭借存粮熬过一年的干旱，却没法在多个干旱年份中幸存下来。人们会以野生植物、猎物维生，假如养有家畜的话，他们也会宰杀牛羊为食。

世世代代的人来之不易的经验教训，就是农业获得成功的基础。[11]

风险管理需要人们运用熟悉的对策，但就像农业具有多样性一样，这些对策也因村而异。人们曾在家庭和村庄两个层面，建立了一些完善的应对机制。其中包括谨慎地长期储存粮食，同族之间分享粮食，以及古老的互惠互助观念；这种互助观念，可以确保挨饿的人尽可能地少。清理田地和执行其他重要任务时的合作劳动，已经成了惯例。

这些社群，在很大程度上依赖于亲族和与祖先之间强大的仪式联系；因为自古以来，祖先就是这片土地的守护者。在部落社会里，求雨和祈雨仪式是两种强大的催化剂，而人们与居住在附近或者更远社区的亲族之间种种强大的纽带，也是如此。源远流长的互济关系以及相互提供帮助、食物甚至是播种用的谷物之类的共同义务，在气候突然变化和出现长久干旱的时候，为人们提供了强大的适应武器。

那些散布各地且养有少量畜群的农耕村落，在这几个世纪中挺了过来，当村民们可以靠不定时的长途象牙贸易和其他商品交换粮食时，尤其如此。但其中最重要的，还是宗教仪式与血缘关系，它们就是最初将远近村落维系起来的纽带。经过多个世代之后，这些血缘关系和受人重视的能够与祖先交流的超自然力量，将曾经规模很小的村落社会变成了一种由小型的酋邦构成且不断变化的政治格局。社会地位上的差异，取决于人们所谓的超自然天赋、是否属于主要宗族的成员以及个人魅力，因为这里与古代世界的其他地方一样，权力常常取决于一个人的统领能力和让追随者（通常都是亲族）保持忠诚的能力。仪式性的帮助、适时的礼物与互惠姿态，就是换取忠诚的通用方法，而赠予财富也是一个办法。这种财富以活的牲畜为主，尤其是牛。

　　人们养牛，远非只是用于产肉与产奶。这种享有盛誉的牲畜，当时也是财富、社会地位和丰厚聘礼的有力指标。多余的公牛是十分宝贵的通用财富，而数量庞大的畜群则是政治权力的无声象征。只不过，大大小小的畜群都很容易受到变幻莫测的降雨和干旱影响，因为每头牛起码每隔 24 小时就须喝一次水，并且还需要优质的牧草。高原与河谷地区的酋长都不遗余力地获取粮食与牛群，来巩固他们的政治权力。

　　到了 10 世纪，高原社会开始出现变化，但终究还是依赖于一种行之有效的对策，去适应一种以分散的村落社会为根基的变化无常的环境。从根本来看，人们在高原环境中的成功生存和发展，一如既往地取决于畜牧业和自给农业。不过，高原地区远非只有肥沃的土地与牧草。从冲积矿床中开采的黄金，石英矿脉，以及铜、铁和锡，很快就成了长途贸易的主要商品。在高原上繁衍生息的不只是牛，还有长着象牙的大象。控制着高原地区的绍纳人酋长们，开始接触从遥远的印度洋沿岸来寻找黄金和象牙的游客。起初，沿海贸易断断续续地进行，但10世纪过后，在气候条件较为炎热且湿润的一个时期，这种贸易急剧扩大了。随着高地上的一些酋长成功地掌控了贸易路线，并且从实力较弱的部落首领那里榨取贡赋，他们自然地在经济和政治上获得了统治地位。这给他们带来了不稳定的政治权力与经济权力，因为在面临长期干旱或者印度洋贸易出现变故时，这种权力有可能迅速化为乌有。

马蓬古布韦与大津巴布韦（公元1220年至约1450年）

在气候炎热、地势低洼的林波波河河谷中，崛起了一个实力强大的王国。[12] 公元10世纪到公元13世纪，也就是在"中世纪气候异常期"的那几个世纪里，较多的降雨导致河流经常泛滥，并将原本干旱的河谷变成了一个农耕生产欣欣向荣、牛群茁壮成长的地区。林波波河流域的优质牧草还引来了大批象群。一个统领河谷的王国崛起所需的一切要素均已具备，尤其是在环境对一个以牛为财富与社会地位象征的社会有利时。起初，实力强大的新兴部落首领们都住在河谷中较大的村落里。到了公元1220年，一小群精神力量强大的人迁到了一座显眼的小山之巅；此山名叫"马蓬古布韦"，俯瞰着整个河谷。长久以来，这座独特的小山一直是部落举行求雨仪式的中心，而求雨仪式又是当地绍纳人社会的一个重要组成部分。当时的降雨较为丰沛，似乎就证明了马蓬古布韦的首领们具有强大的精神力量。

当时，因有牲畜、黄金和象牙而富甲一方的马蓬古布韦并非一枝独秀。还有一些中心也纷纷崛起，其中许多都坐落在平坦的山巅，有石墙环绕，还有安全无虞的牛栏；并且，每个中心的位置都经过精挑细选，都位于主要的河流流域，确保有可靠的水源供应。酋长和村民都采取了深思熟虑的对策，来适应季节的更替与气候变化。他们精心挑选耕地，种植高粱之类的抗旱作物，并且极其注意储存粮食，以备干旱年份之需。他们的农耕策略在广大地区蓬勃发展，包括尝试通过点火生烟来减少采采蝇造成的牲畜死亡。

随着 13 世纪降雨量减少，马蓬古布韦的部落酋长们借助那些控制着降雨的超自然力量来求雨的能力，也变得越来越重要了。求雨仪式变得更加集中，从而强化了酋长的合法性，增加了酋长的权力。不过，由于一个个旱季接连而至，酋长的求雨能力似乎显著下降，故他们的地位与权力就变得岌岌可危了。公元 1290 年前后至 1310 年间，气温下降和干旱加剧，再加上降雨极其多变，就慢慢地动摇了部落酋长们的威信，削弱了他们确保林波波河洪泛平原土壤肥沃的能力。马蓬古布韦的影响力，也在 13 世纪那一场场越发漫长的干旱中大大下降了。

马蓬古布韦并不是独一无二的。整个地区的生物丰富多样，养活了无数的群落；这些群落从事着本地贸易与长途贸易，贸易物包括基本商品、金属以及像印度洋地区的珠子、海贝和纺织品之类的进口商品。他们应对气候变化的长期性保障措施，很大程度上源自与远亲近邻之间的合作。许多措施也要依靠别人的技能。其中包括铜铁加工、矿石开采，甚至是制作捕猎大象的铁矛。其中一些社群的社会变得相当复杂，但最重要的是，他们擅于通过农业知识、手工艺生产，以及在不同社群和亲族群体中共享知识和经验来进行风险管理。遗憾的是，对于马蓬古布韦地区这些为数众多的社群及其弱点，我们仍然几乎一无所知。

随着马蓬古布韦适应较干旱气候条件的能力受到削弱，干旱更加普遍的现象与酋长们影响力的下降之间，无疑是存在关联的。14世纪初，政治权力从林波波河流域往北转移到了津巴布韦高原上。大津巴布韦地区举世闻名，那里有其标志性的石制建筑和一座居高临下的山丘。[13] 但不那么为人所知的是，这个遗址起初是很有影响的求雨仪式的主要中心，事实上后来也一直如此。津巴布韦位于一个黄金矿区的边缘，但更重要的是，这个地区一年四季都绿意盎然，因为从印度洋直接袭来的雾气和雨水会频繁地从附近的穆蒂里奎河流域向北推进。这个偏远之地，似乎是津巴布韦高原上一个相对干燥的地区里的一片绿洲，曾经被人们奉为求雨中心。那座气势雄伟的山丘上，有许多巨石和洞穴，成了一个与姆瓦里崇拜有关的求雨和祭祖的仪式中心；在绍纳人社会中，姆瓦里崇拜扮演着一个重要的角色。姆瓦里这种一神论信仰中身兼祭司的酋长，对津巴布韦社会产生了重大的影响。

当时，人们上山肯定受到了限制，但津巴布韦的部落酋长们统治着一个由自给农业和养牛业支撑着的辽阔王国；就像马蓬古布韦一样，在大大小小的社群里，牛既是一种财富之源，也是区分社会等级的基础。只不过，牛属于一种要求颇高的财富来源，原因不但在于牛容易患上疾病，而且在于它们需要广阔的牧场，尤其是需要充沛的水源。不断增长的人口密度，为获取柴火和出于其他目的而对林地进行的过度开发，以及更加寒冷和干燥的气候条件（这一点是最重要的），逐渐削弱了王国的适应能力。这个王国位于降雨无常的地区，当地土壤往往也只有中等肥力。尽管大津巴布韦的酋长们曾经努力储存粮食，可能还集中管控过粮食供应，但他们在应对气候压力方面几乎没有什么长期的保护措施，唯一能对他们起到保护作用的是印度洋贸易给他们带来的威望、财富和权力。

津巴布韦王国及其后继者所处的政治环境十分复杂。王室牛群规模太过庞大，以至于无法饲养在都城里；在这样一个王国中，王位继承是个很复杂的问题。这就意味着，王国周围的众多其他政治实体（其中许多有自己的祭司），提供了一些可以取而代之的权力中心。酋长们的都城频繁地搬迁，如今，其中许多都城都以规模较小的石制建筑为标志。战争显然非常普遍；不过，鉴于人们需要在地里耕作和收割，当时的战争规模还是有限的。

像大津巴布韦这样的牧牛王国，可能都由一些权势显赫的酋长统治着，他们曾受益于黄金和象牙贸易，但他们的统治地位不

大津巴布韦鸟瞰图，图中前景为"卫城"，背景则为宏伟的"山丘废墟"（图片来源：Christopher Scott/ Alamy Stock Photo）

但依赖于印度洋贸易带来的威望，还依赖于他们拥有的需要广阔牧场的畜群。一些主要中心可能掌控着长途贸易，但它们与散布在其大部分领地的村落相比，更容易受到气候变化的影响。较大的中心周围的人口也较为稠密，故需要可靠的粮食供应，而小村落则可以靠狩猎与觅食为生，并且更容易转向种植较为耐旱的替代性作物。它们的主要压力并不来自频繁出现干旱年景，而是来自较为长期的干旱，因为长期干旱既有可能毁掉牧草，也有可能毁掉固定的水源。像牛瘟之类的牲畜疾病、蝗灾，甚至是偶尔出现的洪涝灾害，则带来更多的危险。在这种情况下，数量庞大而分散在各处的畜群就提供了一定的保护,让人们可以应对饥荒,野生植物和精心组织的狩猎也是如此。

至于津巴布韦王国瓦解的确切原因,至今依然是一个谜;但极有可能的情况是,一连串事件的发生,导致了该王国的解体。其中之一,可能就是大津巴布韦附近的金矿枯竭,导致商人们都到其他地方寻找黄金了。15 世纪初,气候条件再次变得较为寒冷和干燥,这一点有可能破坏了农耕生产,从而养活不了日益增长的人口。来自邻近王国的竞争日益加剧,可能也有影响。到了 16 世纪 60 年代,与那些较为分散的部落群体相比,像津巴布韦这样的较大王国其实更加脆弱了。当时,政治重心已经北移到了赞比西河地区,葡萄牙商人与殖民者为了搜寻黄金,也已深入了高原腹地。在 1625 年至 1684 年间,葡萄牙人从当地酋长的手中夺取了矿区开采的控制权,削弱了那些实力一度强大的王国经济繁荣的基础。尽管如此,在政局动荡的情况下,传统的食物体系和求雨仪式仍旧延续了下来,许多较大的群落也依然顽强地生存着。[14]

非洲南部的王国中,没有哪一个曾经长久存在或者达到了幅员辽阔的规模,连津巴布韦也不例外。这里没有任何将中央集权的高棉帝国团结起来的那种大规模的基础设施。这是一个由分散的村落与反复无常的王国组成的世界:村落的韧性,靠的是谨慎的风险管理;王国则由酋长们统治着,存续时间很少超过 200 年,而酋长们得到的忠诚度又取决于其是否慷慨,允许一夫多妻则会显得更加大度。凡是在津巴布韦高原上统治一个王国的人,都必须既是企业家又是政治家。酋长们的地位安全与否,在很大程度上取决于他们与人打交道的技巧和获得牲畜的本领。在这个方面，我们所知的情况仍然很不可靠，而唯一能够肯定的是，内陆地区的所有王国都很脆弱。最终幸存下来的是分散的村落，它们积累的知识可以告诉人们如何在一个极具挑战性的环境中进行风险管理。现代非洲的情况仍是如此；尽管城市化的速度很快，但数以百万计的人口仍然依靠自给农业与村落生活。无论是过去还是现在，在地方层面上应对气候变化都最为有效，因为当地的人们对环境与地形地貌都了然于胸。

本章将长途的全球性贸易与村落里的农民所在的世界联系了起来，但非洲农民的思维方式，与种植水稻的高棉农民或者封建制度下的欧洲农民截然不同。与"中世纪气候异常期"有关的气候温暖的那几个世纪，对热带非洲的大部分地区产生了重要的影响。在接下来的章节里，我们将对"中世纪气候异常期"和欧洲、北美洲的"小冰期"加以探究。

短暂的暖期

（公元 536 年至 1216 年）

以任何标准来衡量，公元 536 年都是东地中海地区一个极其可怕的年份（亦请参见第五章）。拜占庭的历史学家普罗科匹厄斯曾写道："日如淡月，无熠无光，全年皆然。"[1] 欧洲、中东和亚洲的部分地区都有如浓雾笼罩，天昏地暗，长达 18 个月之久。造成这种状况的罪魁祸首，是冰岛发生的一次大规模的火山爆发，这一次爆发将大量的火山灰抛到了整个北半球。接着，公元 540 年和 547 年又出现了两次规模巨大的火山喷发。这几次火山事件，再加上"查士丁尼瘟疫"，让欧洲的经济陷入了 100 多年的停滞不前，直到公元 640 年才有所好转。

火山作乱（公元 750 年至 950 年）

火山喷发的时候，会将硫、铋和其他物质抛至高空的大气中。这些物质会形成一层气溶胶，将阳光反射回太空，从而让地球上的气温下降。研究人员首先确定了公元536年的火山爆发，因为采自格陵兰岛和南极洲的冰芯都表明当年喷发物处于峰值。随后，2013年研究人员又在瑞士阿尔卑斯山上的科尔格尼菲蒂（Colle Gnifetti）冰川中钻取了一段长达72米的冰芯，并从体现了数天或者数周降雪情况的激光切割冰条中，获得了有关火山爆发、撒哈拉沙尘暴和人类活动的记录。[2]每米冰芯中大约有5万个样本，使得冰川学家保罗·马耶夫斯基（Paul Mayewski）和其同事们能够精准地确定像火山爆发之类的气候事件，甚至是铅污染的情况，并且时间可以精确到2 000年前的月份。在探究公元536年的火山爆发时，他们就是根据冰芯粒子确定其源头在冰岛的。

从全球范围来看，火山活动从来没有出现过连续不断的情况。尽管公元536年出现了火山爆发，但在公元1千纪的前500年里，几乎找不到其他的火山活动迹象。不过，从公元750年至950年的两个世纪，就是另一番光景了。其间，全球至少发生了8次大规模的火山爆发。我们能够知道这一切，应归功于研究人员从"格陵兰冰盖项目2"（Greenland Ice Sheet Project 2，略作GISP 2）中获取的数据。"格陵兰冰盖项目2"为我们提供了一份重要的大气化学成分记录，揭示了西伯利亚的天气事件、中亚地区的暴风雨以及海洋风暴等方面的情况。格陵兰岛冰芯中出现的火山爆发证据，就是硫酸盐颗粒的背景值突然大幅增加了。其中大部分硫酸盐颗粒的来源仍不为人知。值得注意的是，研究人员从"格陵兰冰盖项目2"的冰芯中获得了公元750年至950年间的气候事件记录，它们的时间都精确到了2.5年之内，其间8次主要火山喷发的记录还更加准确。

不过，将科学研究与同一时期的书面史料进行对照，结果又会如何呢？迈克尔·麦考密克和保罗·达顿（Paul Dutton）这两位历史学家与冰川学家保罗·马耶夫斯基合作，将公元750年至950年之间最重大的火山喷发事件与现存的历史资料进行了对照。只有史料中记载的几个地区同时异常寒冷（而非只有局部观察到这种反常现象）的冬季，他们才会纳入研究范围。冰川钻芯与当时在世者撰述的第一手资料结合起来，揭开了一段令人目眩的历史；其间既有严寒的冬季和气候偶尔湿润的夏季，也出现过作物歉收和饥荒。公元750年至950年间，欧洲西部出现过9次严冬；其中有8次表明，"格陵兰冰盖项目2"冰芯中的硫酸盐沉积水平峰值，与那些抱怨说天气异常寒冷的史料之间有所关联。公元763年至764年的冬天给爱尔兰到黑海的广大地区带来了巨大的灾难。爱尔兰的历史文献中曾经提到，那里的降雪持续了差不多3个月之久。严寒席卷了欧洲中部，而君士坦丁堡也遭遇了酷寒，以至于冰雪从黑海北部海岸开始，一路延伸了157千米。待到2月份冰雪融化之后，浮冰竟然阻塞了博斯普鲁斯海峡。

极其严酷的寒冬，又在公元821年至822年和公元823年至824年卷土重来，而此前的两个夏季气候湿润，故查理帝国的葡萄酒收成不佳；当时，查理帝国统治着西欧的大部分地区。莱茵河、多瑙河、易北河与塞纳河全都冻结了，马车可以在这些大河之上行驶，时间达 30 天或者更久。公元 855 年至 856 年和 859 年至 860 年，寒冬再度来袭。公元 859 年至 860 年的那个冬天异常漫长和寒冷，整个欧洲西部都是如此。在鲁昂，严寒从头年 11 月 30 日开始，一直持续到了次年的 4 月 5 日。公元 873 年夏末，今天的德国、法国和西班牙所在地区先是爆发了一场蝗灾，接着又经历了一个严冬。饥荒加上相关的疾病，夺走了西法兰克王国和东法兰克王国三分之一左右的人口。从公元 913 年到 939 年或 940 年那段时间也极其寒冷，后者是由冰岛的埃尔加火山爆发导致的。

　　火山爆发能够对气候产生重大影响。大规模的爆发，有可能令大量的火山气体、火山灰和其他物质喷射到大气的平流层中。像二氧化硫之类的火山气体，可以导致全球气温下降。二氧化硫变成硫酸之后，硫酸会在平流层里迅速凝集，形成硫酸盐气溶胶。这些东西会提高大气对太阳辐射的反射量，将阳光反射回太空，从而导致地球的低层大气降温。1991 年 6 月菲律宾的皮纳图博火山大爆发，曾令大约 2 000 万吨二氧化硫喷向高度达 32 千米的大气中。这一事件，使得地表温度的最大下降幅度超过了 1℃。过去一些规模更大的火山爆发，比如 19 世纪时的坦博拉火山爆发和喀拉喀托火山爆发*，曾经让气温的下降持续数年之久。虽然没人会说公元 1 千纪末期似乎频繁出现的火山爆发事件摧毁了一个又一个王国，但它们对这两个世纪的气候造成了强大

---

*　　这两座火山都位于印度尼西亚。——译者注

的冲击，既影响了作物收成，也对动物和人类产生了影响。在那段艰难岁月里，人口下降现象严重，粮食供应方面也出现了经济倒退。从更广阔的历史范围来看，经历了快速气候变化的法兰克国王查理曼（742—814）相对来说还算幸运，因为他的臣民挺过了公元 763 年至 764 年那个可怕的冬季，以及公元 792 年至 793 年间的饥荒。然而，他的儿子"虔诚者"路易（Louis the Pious，778—840）却忧心忡忡，固执地相信公元 821 年至 822 年间那个同样可怕的冬天与上帝的震怒之间存在一种似是而非的联系，故他还在公元 822 年 8 月，为自己和父亲的罪孽进行了公开忏悔。可就算是忏悔，也无济于事，因为一年之后又是一个严冬，他的帝国陷入了酷寒之中。

"中世纪气候异常期"（约公元 950 年至 1200 年）

就在 4 个多世纪之后的公元 1244 年，方济各会修士"英国人"巴塞洛缪（Bartholomew the Englishman）宣称，欧洲占据了已知世界的三分之一，从"北大洋"一直延伸到了西班牙南部。[3] 当时的学者，都在凝望着一片广袤的陆地。东边的尽头，是似乎无边无际的欧洲平原，并在遥远的天际融入了亚洲大草原。那里人口稀少，主要是经常四处奔波的游牧民族，他们受到没有规律的干旱周期与更加充沛的降雨所驱使，不断地迁徙。那里的半干旱草原宛如一个个吞吐呼吸着的巨肺，雨水降临时引来动物与人类，而到了干旱时节，又将其赶往周边水源条件较好的地方。所以，中世纪的欧洲人以为他们被一个危险的人类-自然世界包围着，并不让人感到奇怪。东面有伊斯兰教步步进逼，西面的大西洋则形成了一道屏障。来自东方平原上的游牧部落，则在欧亚大陆的边缘徘徊。

东方的大草原，是成吉思汗的天下。由此带来的威胁，是切实存在的。公元1227年，成吉思汗驾崩；14年之后，在如今波兰境内的莱格尼察，一支蒙古军队打败了欧洲诸侯。装有被杀的波兰人右耳的9个袋子，被送到了蒙古的王庭。可在1242年，这些入侵者却突然向东撤退了；至于原因，至今仍然是一个谜团。他们的撤退可能并非巧合，因为大雨和较低的气温束缚了蒙古骑兵的行动，并且导致战马所需的饲料不足。[4]

我们并不能责怪蒙古人曾经把贪婪的目光投向西方水源较充足的肥沃之地。欧洲人生活在一个半岛上，四周都是较为干旱的环境。在大约10世纪至13世纪，这里的气候条件比较暖和，气温略高于之前的年份。这3个世纪，基本就是人们通常所称的"中世纪气候异常期"，它短暂地让欧洲变成了一个繁荣兴旺的粮仓。

提出中世纪是一个异常温暖的时期这一观点的，是目光敏锐的英国气候学家休伯特·兰姆（Hubert Lamb）；此人在1965年率先创造了"中世纪暖世"（Medieval Warm Epoch）的说法，只不过后来改成了"中世纪暖期"（Medieval Warm Period），如今则称为"中世纪气候异常期"。[5]不同于现代的气候学家，兰姆当时几乎没有什么气候替代指标可用，主要依靠七拼八凑的历史资料。他是最早提出气候有可能在数代人的时间里发生变化的科学家之一；这种观点，与当时认为气候长期不变的正统观点针锋相对。兰姆指出，北大西洋与欧洲上空的冬季环流在中世纪存在适度却持续的变化。他还说过："尤其是在英格兰，在公元1100年至1300年间，每年5月份出现霜冻的可能性一定小一些。"这一点，可是丰收的好兆头。

气候上的转折点，出现在"中世纪盛期"（公元1000年至1299年）。兰姆将它与艺术史学家肯尼斯·克拉克（Kenneth Clark）提出的"欧洲文明的第一次伟大觉醒"观点联系了起来；那种观点，因1969年克拉克在英国广播公司播出的电视系列片《文明》(Civilization)而给世人留下了难以磨灭的印象。尽管世人（尤其是欧洲与北美洲以外的人）如今仍对"中世纪气候异常期"知之甚少，但这个时期已经成为许多国家气候学界公认的气候标准。不过，作为一个定义明确的实体，这个时期真的存在吗？

如今细致入微的考古学表明，许多对古代人类社会进行的刻板分类，其实与过去的文化现实几乎没有什么相吻合之处。过去是动态的、不断变化的，很少有清晰明确的分界线。同样，考古学家仅仅把我们对人类历史进行的人为细分看作各种便利的参考术语和有用的工具。可以说，"中世纪气候异常期"也是如此。虽说大多数气候学家一致认为，这个异常时期从公元950年至1000年左右持续到了公元1250年至1300年前后，但其时间范围存在无数变化，并且其中许多都因地而异。[6]

我们已经描述了一系列范围广泛的古代社会，它们都在"中世纪气候异常期"的数个世纪中，崛起和瓦解于欧洲以外的地区，但我们至今仍然没有发现其他地区明确出现过欧洲的气候模式。20 世纪 70 年代，气候学家 V.C. 拉马什（V. C. LaMarche）在研究了源自美国加州怀特山脉的树木年轮和其他资料之后表明，在公元 1000 年至 1300 年间，那个地区的气候条件大多较为温暖和干旱，而到了公元 1400 年至 1800 年间，气候则变得较为寒冷和湿润了。这些变化，是由该地区上空的暴风雨路径自北向南移动造成的。这一发现说明，当时的全球环流模式可能发生了变化，且其影响范围远远超出了欧洲。

　　但情况还不止于此：人们对太阳黑子活动强度进行的研究表明，在过去的 1 200 年里，太阳黑子活动强度出现过 5 个低谷期。这些低谷期，通常与气温下降的时期相一致。最早的一个低谷期从公元 1040 年持续到了 1080 年，与"中世纪气候异常期"中气温相对较低的时段相吻合。接着，公元 1280 年之后，又接连出现了 4 个太阳黑子活动低谷期（我们将在第十二章加以论述），与 16 世纪末至 17 世纪初的"小冰期"相吻合。

　　这几个世纪里发生的各种气候变化，主要都是局部变化；就算它们起源于大气与海洋之间较大规模的相互作用，也是如此。欧洲经历了一个个漫长的暖期，只是当时的气温略低于如今。东太平洋地区由于有拉尼娜现象而气候凉爽、干燥，导致了北美洲西南部出现了特大干旱（参见第八章）。西太平洋和印度洋地区较为炎热；北大西洋涛动朝着正指数阶段发展，导致了气温升高和更严重的暴风雨；北极地区夏季的冰雪范围则缩小了。有粗略的证据表明，从中国西藏到安第斯山脉的广大地区以及热带非洲的气温当时都有所升高。简而言之，在公元1000年到1349年间，全球6个大洲的气温都要高于1350年前后至1899年间的气温。然而，从1900年到现在，世界各地的气温始终都在上升，只有南极洲除外，因为南极洲四周的海洋有可能导致气候惯性。至于是不是这样，迄今还无人知晓。

丰富的气候替代指标资料，说明了中世纪晚期欧洲的气候情况。它们表明，当时出现了一个气候变化频发且有时还相当剧烈的时期。例如，气候学家乌尔夫·宾特根（Ulf Büntgen）与莉娜·赫尔曼（Lena Hellman）对源自欧洲阿尔卑斯山脉的冰川冰芯和树木年轮中的气候数据进行了比较。[7]数据表明，中世纪和近代的气温都相对较高，其间则是一段较为寒冷的时期。瑞士阿尔卑斯山脉西部高海拔落叶松的横截面，曾经被用于进行年轮定代，其中有的来自树木本身，还有的则来自那个时代的历史建筑。它们表明，10世纪至13世纪的高温与现代相似。然而，过去1 000年里还出现过相当大的自然变化，大约公元1250年之前和大约1850年之后的气温相对较高。公元755年至2004年间气温最高的10年中，有6个出现在20世纪。其间，最冷的年份是1816年，最热的是2003年，而最热的20世纪40年代与最冷的19世纪第二个10年之间，气温的变化幅度达到了3.1℃。气候情况方面的线索，有时会源自我们意想不到的地方。连从瑞士阿尔卑斯山一个冰川湖中发掘出来的细小蠓虫，也可以用作气候替代指标，能够为我们提供早至 1032 年 7 月的大致气温。这些蠓虫表明，中世纪的气温比 1961 年至 1990 年间的气温高了 1℃左右。

还有一项令人瞩目的研究，则是利用欧洲中部的橡树年轮，集中研究了每年 4 月至 6 月间的降水变化情况；研究人员使用了数千份具有降水敏感性的树木年轮序列，它们来自一个面积广袤的地区，时间涵盖了过去的 2 500 年。[8] 这项研究牵涉的远不只是树木年轮，还包括了当时的仪器记录与历史记录之间的对照研究。至少有 88 位亲历者对降雨情况的描述，与树木年轮记录里总计 32 次极端降雨中的 30 次相吻合——这可是一种令人印象深刻的相关性。通过将橡树年轮记录与其他树木（比如奥地利阿尔卑斯山上的高海拔落叶松）年轮中的记录结合起来，研究人员得到了一种复合记录，这与现代气象学家在 1864 年至 2003 年间对每年 6 月至 8 月的气温变化情况进行的记录相当一致。

到了 9 世纪初，由一连串火山活动引发的极端气候开始平静下来，与古罗马时代的气候条件更加相似了；只不过，当时仍有大量的火山活动，冬季也仍然极其寒冷。此时，正值欧洲一些新的王国在"中世纪盛期"开始崛起。在大约公元 800 年至 1000 年间，各个王国都开始取得骄人的文化成就与政治成就。

生存与苦役（公元 1000 年）

公元 1000 年时，欧洲人几乎完全依赖于自给农业。在这一

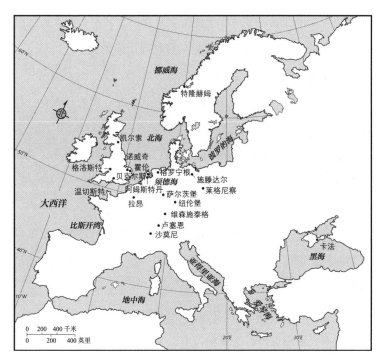

第十一章与第十三章中涉及的地点

点上，他们与吴哥人、玛雅人或者古普韦布洛人并无不同。当时的农耕方式仍然极其简单，特别容易被突如其来的气候变化所影响，或者被火山活动对环境造成的往往很严重的影响所波及。

欧洲的乡村由森林与林地、河谷与湿地等地形地貌交织而成，而在历经了数千年的农业与畜牧业生产之后，它们都出现了沧桑巨变。[9] 到了公元 1000 年，大多数农村人口都生活在分散的小村落里；但更常见的情况是，他们都生活在较大的村庄里，四周是开阔的田野，且田地被分割成了每块面积约为 0.2 公顷的狭长地块。虽说在欧洲靠耕作土地谋生从来都不容易，但人们还是做得到这一点，尤其是在天气炎热和相对干燥的夏季里，到了 5 月份，气温便高到足以让人们耕种了。

英法两国的自给农民，当时主要种植小麦、大麦和燕麦。约有三分之一的耕地种植的是小麦，可能有一半土地种植大麦，余下的耕地种植的就是各种各样的作物了，包括豌豆。用现代的标准来衡量，当时的收成少得可怜，只有如今的四分之一左右。每 0.4 公顷土地所获的 4 公石 * 收成中，20% 会留作下一季的种子，重新播到地里去。加上教会征收的什一税，以及就算是歉收年份也须向地主缴纳的粮食税，余下来养活一家人的收成就少到弥足珍贵了。一个有妻子和两个孩子的农民，靠 2 公顷土地的收成只能勉强维生，几乎无力去应对意外出现的霜冻、干旱或者暴风雨。所有人都须劳作，去种植蔬菜，采集蘑菇、坚果以及其他野生的植物性食物，连孩童也不例外。

大多数家庭都养有一些牲畜，也许是两头奶牛、猪、绵羊或者山羊，还有鸡。要是运气好的话，他们会有一匹马，或者起码也能找到一匹马来耕地。牲畜既可以为人们提供肉和奶，还可以提供皮革和羊毛。牲畜身上的每一个部位，都会做到物尽其用。一年当中的大部分时间里，牲畜都是自由放养；但一到冬天，要让牲畜活下来并且得到妥善喂养，却成了一场持久战。每年秋

---

* 公石（hectoliter），英制容量单位，1 公石合 100 升（略作"石"）；作重量单位时，1 公石合 100 公斤（也作"公担"）。缩写为 hl.。——译者注

天，村民都会屠宰多余的公畜和老牛，好让他们珍贵的草料能够储存得更久一点儿。每年的6月和7月，人们都会割取草料，同时祈盼天气晴好，以便将庄稼晒干储存起来，而不致让庄稼腐坏或者自燃起火（如果农民们很快地把大量潮湿的粮食储存起来，那么他们依然会碰到这个问题）。多雨年份会带来严重的后果，有可能导致存粮遭受灾难性的损失。

春、夏、秋、冬四季的无尽循环，既决定了自给农民的生活，也反映出了人类的生存真谛。播种、生长和收获，然后是宁静的几个月；这种循环犹如人类的生存，是一个从出生、生活到死去的过程。生存曾经非常残酷。忍饥挨饿，是免不了的事情。中世纪从事农耕的村落里，每个人都经历过营养不良，有时是饥荒和挨饿，以及随之而来的与饥荒相关的疾病。当时婴儿的死亡率极高，大多数农民的平均寿命只有二十几岁。

与此前各个古代文明中的民族一样，中世纪的农民也对周围的环境了如指掌。他们熟悉不同禾草的性质；他们懂得肥力枯竭的土地可以再次耕作，明白必须将牲畜赶到耕地上去放牧、施肥，然后休耕，使土壤恢复肥力，并将植物病害降至最低程度。人人都知道各种可以食用或者药用的水果与植物在什么时候应季。当时的小麦种植效率很低，因为人们使用的是极其简单的工具，靠的是极其艰苦的劳作。生存取决于人们在田间地头获得并且代代相传的知识。例如，播撒的种子若是太少，就会给杂草留下生长的空间；可种子若是播得太多，就会扼杀幼苗。他们没有什么精心制定的标准公式，只有民间习俗与实践经验。与世界各地的自给农民一样，中世纪的耕作者也擅长风险管理，他们会尽可能地种植多种多样的作物。这里的降水常常比热带地区更加充沛，但要从土地中收获庄稼，就算不是更难，至少也与玛雅低地或者吴哥窟一样艰难，更别提粮食富余了。

了解历史但对气候变化持怀疑态度的人，把"中世纪气候异常期"视为一个持久且宜人的夏季，认为它是有益的，还是自然变暖的象征，并且声称当时的情况与如今没什么两样。他们的论调，建立在下述观点之上：我们正在经历的这种变暖，过去已经出现过，所以不是气候不稳定或者危机即将到来的征兆。当

彼得·勃鲁盖尔的《收获》（The Harvesters，1565 年）一作，给人留下了一种具有误导性的印象，以为中世纪的欧洲人是在炎炎夏日里进行耕作。实际情况要严酷得多（图片来源：Universal Images Group North America LLC/Alamy Stock Photo）

然，这纯属无稽之谈。非但是我们人类导致了目前的气候变暖，而且我们越来越多的证据也不支持他们的幻象（即认为往昔的夏日美好漫长、无休无止）。

逐渐变暖（公元 800 年至公元 1300 年）

确实有那么几年，中世纪的农民们曾在夏天沐浴着太阳，而庄稼则在明媚的阳光之下茁壮成长。可气候从来都不是一成不变的，而是常常以不显眼的方式反复变化着。虽然欧洲的农民们享受过比较温暖和干燥的气候，但树木年轮中却记录了持续而细微的气候变化；它们都是由如今仍然鲜为人知的一些变化导致的，比如地球倾角的变化、太阳黑子活动周期的变化以及火山喷发等。公元 800 年左右至公元 1300 年间是欧洲发生深刻变化的一个时期，当时大气与海洋之间无休无止的"共舞"速度稍有放缓，变成了一种较有规律的常见现象。不过，大家仍然是一个季节又一个季节地生活着；夏季白天漫长，天气炎热，冬季则号称"黑暗季节"，人们都挤在一起取暖，充其量靠摇曳的烛光和烟雾缭绕的火堆来照明。一件厚长袍或者一张舒适的床，就是极佳的奢侈品了。

尽管如此，这个暖期顶多不过像怀疑气候变化的人所称的那样，是一个人们快乐生活的时期，而欧洲在"中世纪盛期"（大约自公元 1000 年至 1250 年）确实也很繁荣。马姆斯伯里的威廉是一位修士兼历史学家，他曾在公元 1120 年前后游历了英格兰的格洛斯特谷，欣赏了那里的夏日景象。他如此写道："此地所见，通衢大道果树满目，且非人力所植，乃自然天成。"[10] 他对英国的葡萄酒也赞不绝口，称"味之甘美，不逊法国红酒"。令法国当地的酒商大感惊慌的是，产自英吉利海峡对面的葡萄酒大量涌入了法国市场。这种情况其实不足为怪。当时的葡萄园可谓遍地开花，最北可达挪威南部。

最重要的一点是，在气温较高的年份，谷物的生长季延长了 3 周之久。在公元 1100 年至公元 1300 年间，祸害过早先农民的 5 月霜冻几乎没有再出现过；这是一种可喜的征兆，说明作物的生长季和收获季通常都是漫长而稳定的夏日天气。随着谷物种植的范围急剧扩大，常常还延伸到了以前人们认为贫瘠的土地上，农村人口也稳步增长了。地处苏格兰南部的凯尔索修道院，曾经在海拔 300 米的地方种植了 100 多公顷的谷物，那里远远超出了如今的谷物耕种范围。修士们还拥有 1 400 只绵羊，并且在他们的土地上养活了 16 个牧羊人家庭。挪威的农民，曾经在北至特隆赫姆的地方种植小麦。在南方海拔较低的地区，由于生长期较长，所以谷物的产量也大幅增加了。由此带来的粮食盈余，为不断发展的市镇和城市提供了粮食。与此同时，随着原始橡树林被砍伐一空，人们对耕地的需求也急剧上升了。对大多数人而言，生活并不容易。一个中等收入的城市家庭，每年要购买 5.5 吨食物，其中大部分粮食都被制成了面包。大多数生活在贫困线以上的家庭，每天会消耗 1.8 公斤的面包。穷苦人家经常喝奶麦粥，那是一种用碎小麦或其他碎谷物加上牛奶或者清汤熬成的粥。不过，面包与啤酒是当时的主食，每天可以为每人提供大约 1 500 至 2 000 卡路里的热量。[11]

然而，当时仍出现过一些极其寒冷的冬季，比如公元 1010 年至 1011 年间的那个冬天，甚至让东地中海地区也陷入了严寒。尽管气温偶尔有起落，但持续较暖的气候条件还是融化了冰盖，提高了山间的林木线，并且导致北海的海面上升了 80 厘米。到了公元 1100 年，一条潮汐汊道竟然深入英国内陆，到达了诺福克郡的贝克尔斯镇，将那里变成了一个繁荣兴旺的鲱鱼港口。海平面上升还导致猛烈的西风带来了强劲的风暴潮，淹没了地势低洼的沿海地区，尤其是尼德兰地区。公元 1251 年和 1287 年的两场大风暴还导致海水涌到岸上，形成了一条巨大的内陆水道，即须德海。此外，虽然"中世纪气候异常期"里阳光明媚，可欧洲却并不平静，暴力随处可见。精英阶层与特权阶层醉心于结成昙花一现的联盟，进行残酷的军事征战。按骑士标准表现出来的勇敢与力量，是人们评估政治权威的范围、确定效忠对象的依据。战争时起时消，但正是因为有了粮食盈余，加上野心勃勃的领主们能够修建要塞与城堡来保护日益增长的人口，这里才有可能爆发战争。

最终，随着一些存续时间更久远的王国崛起，迅速增长的人口与日益扩大的长途贸易量就改变了欧洲的政治格局。现代欧洲的遥远发端首次出现了。在阿尔卑斯山北部，靠土地为生的人越来越多，导致森林和沼泽遭到了大规模的砍伐和清理，其中还包括古罗马时代耕作过，但后来荒芜了的地区。人们开始迁往土壤贫瘠的边缘地区。成千上万农民往东迁徙，越过了易北河。在这几个世纪里，天主教会的政治权力达到了巅峰，而其标志就是"十字军"进攻塞尔柱突厥人和法蒂玛王朝治下的埃及，在黎凡特地区建立"十字军国家"，以及推翻西班牙的信奉伊斯兰教的安达卢西亚。

"中世纪盛期"的欧洲，经历了一场艺术与知识话语的新爆发；这场爆发，将亚里士多德和托马斯·阿奎那等思想家的思想，与一些源自伊斯兰教和犹太哲学的观念结合了起来。这是一个各国君主都鼓励兴建哥特式大教堂的时代，也是一个彩绘手稿和上等木制品盛行的时代，成就不胜枚举。所有这些创新之举，无论是知识上的、物质上的、精神上的还是社会政治上的，全都依赖于丰富的粮食盈余，才能创造出财富与金钱，去支付工匠和不断增长的非农人口的工资，以及去礼敬上帝。作物丰收、粮食充足的时候，每一个人，无论是君主、贵族还是平民百姓，都会感谢上帝，并向上帝敬奉奢侈的供品。大家都害怕神之震怒，因为神灵一怒，就会出现饥荒、瘟疫和战争。若是收成不佳，供品就会缩水，大教堂的修建速度也会放缓。不管有没有供品，中世纪欧洲那副华美壮丽的外表，最终都靠农村那些自给农民默默无闻的辛勤劳作来维持；此时，乡村已经包围了正在发展中的城镇。

君主、贵族、宗教人士以及城镇居民，都是靠着几乎全部由当地农民供应的谷物为生。那时，大多数人的饮食都很简单——面包、饼干、粥和汤。他们在单调的饮食中添加新鲜或腌制的水果或蔬菜，偶尔也会有肉。肉类太贵，大多数人并不常吃；鱼则是沿海、湖滨或者河滨地区的主食，只有腌制过的鳕鱼或者鲱鱼除外。就算是轻微的作物歉收，也会导致粮食价格上涨，农村地区出现饥荒，农村居民因此更易生病。在不断发展的城市里，社会动荡和饥荒则会结合起来，以"面包暴动"的形式爆发。

在差不多1 000年的时间里，欧洲的自给农业一步步地发展起来。欧洲的经济和社会体系，依赖于掌控在地方贵族和教会手中的封建土地所有权。耕作土地的农民一个季节又一个季节地勉强维生，使用的是数个世纪以来几乎没有改变过的工具。由于金属农具供应不足，故许多农民严重依赖于木制工具，它们只能勉强翻开土壤的表层。很少有人买得起牛马来拉犁，只能靠家人拉犁耕地。实际上，他们从事的是一种简单的单一栽培，会耗尽土壤中的重要养分，降低作物的产量，连休耕之后也是如此。考虑到教会和贵族都很贪婪，即便是在丰收年份也会增加实物税，而农民留下的份额则保持不变，故农民也没有提高粮食生产的动机。偶尔出现的粮食短缺，确实是一个问题，但整个系统还是能够存续下去。不过，当降雨和气温都出现重大变化时，日常生活与农业的根基就会分崩离析；1314年初的情况就是如此。

黑暗时代和大饥荒（公元1309年至1321年）

公元1309年至1312年间，欧洲的冬天都极其寒冷。浮冰从格陵兰岛延伸到了冰岛，厚度足以让北极熊从一地走到另一地。

北大西洋涛动一直处于高指数模式，低气压则以冰岛上空为中心；这种情况，就是气候寒冷的原因。接着，突然间，北大西洋涛动变成了低指数模式，气候条件开始变得不稳定，整个欧洲都受到了影响。无人知道为什么会这样，但某种突发性的大气作用导致了一个巨大的气团在欧洲北部上升，冷凝成水，然后在大片地区降下了暴雨。[12]

要知道，这些大规模的降雨，始于 1314 年 4 月中旬或者 5 月，即五旬节前后。法国北部拉昂附近圣文森特修道院的院长曾写道："大雨如注，历时甚久。"[13] 另一份文献则称，从比利牛斯山脉一直到东方的乌拉尔山脉和北方的波罗的海的广大地区，曾经连续不断地下了 155 天的雨。萨尔茨堡的一位编年史家曾称："彼时泽国汪洋，宛如末世之洪水。"仅在萨克森一地，洪灾就将 450 多座村庄夷为了平地。桥梁纷纷倒塌，堤坝纷纷溃垮。就连地基牢固的房屋，也轰然垮塌。

这种情况，对田地的破坏最严重。一代代的人口增长和乱砍滥伐，已经让密实的薄土裸露出来，尤其是山坡与地势较高处那些产量不高的贫瘠土地。暴雨的冲刷，让田地变得泥泞不堪，冲走了此时已经裸露出来的紧实土壤，形成一道道很深的侵蚀沟壑，将农田变成了大坑。在 14 世纪，人们耕作最优质的表层土壤时，犁铧已能掘出深深的犁沟了。在正常情况下，这种犁耕田地可以毫无困难地吸收掉 760 毫米的年均降雨量。可 1314 年的暴雨却降下了 5 倍的雨水，至少达到了 2 540 毫米。所以，有着很长犁沟的表层土壤被冲走，露出来的就只有坚硬的黏土底土

气候变迁与文明兴衰

了。那些较松和较贫瘠的土壤，几天就被冲刷得一干二净。从苏格兰和英格兰直到法国北部，再往东到波兰，差不多有一半的可用耕地不复存在，只剩下了岩石。

饥荒和一个极其寒冷的冬季接踵而至。1315年的春季，出现了更多无情的降雨。按照惯例，大家都播下了种子；可经过4个月持续的倾盆大雨，英格兰与法国北部都颗粒无收。许多欧洲家庭便采取了那种跨越时间与文明的经典对策，抛弃了他们的土地，开始漫无目的地流浪，或者向亲戚寻求救济。到了1316年底，成千上万的劳力和农民都变得穷困潦倒了。社群要么解体要么规模缩小，尤其是那些靠贫瘠耕地维生的群落；由于没有谷种和耕牛，他们只得舍弃自己的村庄与田地。所以，经常没有充足的人手去耕种或者犁地。

当时，经营水力磨坊是一桩有利可图的生意；水力磨坊由磨坊所有者严格掌控着，他们会向使用者征收实物税。1315年和1316年的洪水，冲毁了数百座水力磨坊；其余磨坊也被洪水淹没，无法再用了。这些磨坊，正是人们将小麦这种主食磨碎成粉的地方；不过，当时的粮食供应反正也紧缺。暴雨大幅降低了土地的生产力；这不但是因为下雨让收割和播种都变得很困难，常常会把粮食冲走，而且是因为洪水会带走土壤中的硝酸盐。潮湿的天气还给贫瘠的土地带来了植物病害，尤其是霉菌和霉病。到1316年时，英格兰南部温切斯特周边地区的小麦与大麦收成，都只有平均水平的60%，成了公元1217年至1410年之间的最低水平。这两种作物的收成，至少在接下来的5年里都比平均水平低25%。[14]

为了增加粮食供应,英国王室还给予过西班牙的粮食商人安全通行权。但是,1316年再度出现了同样的天气模式。到了此时,数年来降雨过度和洪水接连不断所形成的累积效应,带来了毁灭性的后果。我们之前已经看到,热带地区的干旱有可能让正在生长的作物枯萎,并将农田变成干旱的荒芜之地。然而,当雨水再度来临,庄稼可以再度迅速生长之后,人们就会忘掉干旱。不过,1315年至1317年间的这种极端降雨和由此引发的洪灾,却导致了持久的破坏,需要多年才能缓解。德国的编年史家曾经记载过许多一度肥沃的农田如今变得贫瘠的现象。在人们对这一切还记忆犹新的1326年,英王爱德华二世的佚名传记作者曾称:"豪雨泛滥,种子皆腐,若以赛亚之预言,此时似将实现……诸地之草料,久淹于水下,至刈拔皆为不能。"[15] 接着,就是1317年至1318年间的那个冬季;由于北大西洋暖流与北冰洋之间的水温梯度增加了,所以那个冬天异常寒冷。

降雨对中世纪饮食的方方面面都产生了影响。在那个时代,没有人把葡萄酒储存起来制作年份酒。他们都是在几个月内就把葡萄酒喝光了。1316年,由于葡萄歉收,法国实际上没有生产出什么葡萄酒。食盐主要是通过阳光晒制和在沿海盐田中点火焚烧制成的,当时由于木柴太过潮湿、无法点燃,故食盐变得稀少和昂贵。腌鳕鱼与腌鲱鱼的价格,很快就上涨到了一个世纪以来的最高水平。

营养不良是粮食短缺带来的一种明显后果。战争持久不断,四处游荡的军队大肆掠夺庄稼和其他粮食，导致营养不良的程度不断加剧，从而变成了饥荒。由此造成的影响，从各个方面都看得出来；当时，欧洲各地饿死的人达数百万人之多。1319 年，英格兰前都城温切斯特的大街小巷里，饿殍遍地，还散发着恶臭。在绝望之下，有些人开始吃人，还有一些人则开始杀死婴儿。照例，穷人和乡间农民遭受的苦难最为严重。富人与宗教群体中的人，通常都有多种多样的充足食物。当然，情况也并非始终如此。比如同一年里，在北海对岸原本富裕的佛兰德斯，30 个星期之内就死了将近 3 000 人，可那里的居民总共仅有 25 000 人。

糟糕的情况还在后头。1319 年，欧洲暴发了一场牛瘟。[16]牛瘟病毒对人们无害，对牲畜却是致命的，杀死了英格兰 65%的牛、绵羊和山羊。人们转而开始饲养繁殖速度很快的猪，但日益增长的需求很快就导致这种牲畜也短缺起来。牛羊畜群都极度营养不良，以至于存栏量直到 1327 年才恢复过来。牛奶产量骤降至每头奶牛仅有 170 升。牛奶的匮乏，更是让营养不良的局面变得雪上加霜。这种情况原本已经够糟糕的了，可牛瘟还导致用于拉犁耕地的公牛大量死亡。有些人养了马匹，但喂养马匹的成本更高。农耕生产的成功依赖于耕作更多的土地，故由此带来的后果极其严重。

这场"大饥荒"，让欧洲的农民遭受了重创。尽管粮食短缺的情况很严重，但农民社会足够顽强，仍然能够存续下来。凭借传统的知识，他们能够熬过数场庄稼歉收。1314 年至 1321 年间多年的降雨和饥荒，导致了政治和社会动荡、叛乱，以及近乎持续不断的暴力与战争。气候温暖的数个世纪结束之后，这些天灾人祸结合起来，导致"中世纪盛期"出现了一场不可思议的粮食危机。这场灾难，将对教会、国家以及整个欧洲社会的未来产生影响；与之前的数个世纪比起来，欧洲社会的未来将呈现出更加动荡和更加暴力的特点，其中就包括了"百年战争"（1337—1453）期间的种种恐怖情景。

欧洲中世纪的作物产量一向很低，就算在人们可以称之为正常天气的情况下也是如此，因为其间有可能存在反常的霜冻和秋季冰雹。其中还不包括禽鸟和啮齿类动物造成的破坏；事实上，还有养活（以前）剧增的中世纪人口所带来的各种压力。其实，人口数据就说明了一切。1066年，"征服者"威廉入侵时，英格兰有260万至340万公顷的土地种植着谷物。这些土地，轻而易举地养活了150万左右的人口。到了13世纪最后的几十年，英格兰的人口达到了500万，却只能靠460万公顷的土地维持生计了；而且，其中很多还是贫瘠的土地。

"中世纪气候异常期"并不像许多人认为的那样，经历了几个世纪温暖而稳定的气候。其间确实出现过几十年的好天气，有一周又一周的明媚阳光，充沛的雨水则带来了丰收，而冬季气候也比以往更加温和。但这几个世纪属于异常现象，其显著之处并不在于气温较高，而在于气候多变，常常在极端的寒冷和炎热之间来回变换。无疑，我们并不能像那些否认气候变化的人一样，声称"中世纪气候异常期"比如今还要温暖。当时的大多数时候，平均气温似乎都跟21世纪的常态差不多，偶尔有些年份，甚至是几十年，气温还要比如今稍高一点儿。只不过，这些影响很微妙，而"中世纪气候异常期"那几个世纪也属于气候持续多变的时代，就像此前和此后的多个世纪一样。

起初，人们认为"中世纪气候异常期"是欧洲特有的一种现象。如今我们得知，它的影响虽然很微妙，却具有全球性，有时还是灾难性的，尤其是像美国西南部和东南亚这样的半干旱地区遭遇持久干旱的时候。在欧洲，这种异常气候加上经常的作物丰收，催生出了人们通常所称的"中世纪盛期"，催生出了那里众多宏伟壮观的大教堂，以及随着人们争夺资源控制权而爆发的地方性战争。特别是，正如我们在后续各章中即将看到的那样，在接下来的数个世纪里，随着人口增加，随着越来越多的农民为了可持续农业而被迫去开垦那些称为贫瘠土地都很勉强的地块，人们易受气候变化影响的脆弱性也急剧增加了。"中世纪暖期"再次提醒我们，可持续性与韧性取决于前瞻性思维、细致的环境知识，以及对短期和长期的气候变化做出的长期规划。

1316 年春季，数代以来不断增加的脆弱性，终于结出了恶果。春雨不停地下，冲走了地里的种子，侵蚀了脆弱的山坡。与营养不良和饥荒相关的疾病在欧洲的广大地区肆虐了 5 年。饥荒就像是《圣经》中的"天启第三骑士"一般降临，后者骑着黑马，带着象征着食物的价格与丰裕程度的决定命运的天平。在这位神话中的"骑士"的脚步声中，瘟疫和几个世纪的降温随着"小冰期"的到来不断出现，经常是极度寒冷的气候波动，对生活在欧洲和美洲的人都产生了影响。

第十二章

"新安达卢西亚"与更远之地
（公元 1513 年至今）

一切都始于诺曼人，且远早于克里斯托弗·哥伦布登陆巴哈马群岛的时候。欧洲人与美洲原住民之间的第一次接触，是在"中世纪气候异常期"；当时，冰岛与加拿大拉布拉多之间的北方海域上，浮冰已经消退。到公元 874 年时，北欧殖民者已经开始利用北方海域的有利冰雪条件了。他们在北极边缘的冰岛上永久定居下来。他们的航海鼎盛期持续了差不多 3 个世纪，当时北大西洋东部的气温较高，气候条件也较稳定（参见第八章中的地图）。

公元 986 年，因为"杀了一些人"而被逐出冰岛的"红发"埃里克*在格陵兰岛建立了殖民地。不久之后，这些殖民者就跨海而过，来到了如今属于加拿大北部的巴芬兰。埃里克的儿子莱夫·埃里克森（Leif Eirikson）又驾船往南航行，远至圣劳伦斯河

---

*　"红发"埃里克（Eirik the Red，950—1003），挪威维京时期的探险家兼海盗埃里克·瑟瓦尔德森（Erik Thorvaldsson），"红发"是其外号。——译者注

河口，并且在纽芬兰的北部过了冬。此人的过冬之地，可能就是该岛最北端的兰塞奥兹牧草地遗址；在这处遗址上，考古学家发现了北美洲唯一一个为世人所知的维京人殖民地。[1] 后来，他们又多次航行到了拉布拉多，与因纽特部落进行了不定期的接触，还前去采伐格陵兰岛上供不应求的木材。世世代代，格陵兰人都是用他们在这些航海活动中获得的海象象牙，向祖国的教会缴纳部分什一税。1075 年，一位名叫奥顿（Audun）的商人甚至从格陵兰岛运来了一只活的北极熊，并把它当作礼物送给了乌尔夫松国王；这种事情，在公元 1200 年以后气候较为寒冷的数个世纪里根本就做不到。

诺曼人从未在北美洲定居下来；至于原因，部分在于他们与美洲原住民之间的激烈交锋阻碍了殖民。但在北大西洋西部气温较低、气候寒冷的数个世代里，他们却一直留在格陵兰岛上，生活了 3 个世纪。在格陵兰岛对面的巴芬兰，高山冰川的面积在公元 1000 年前后到 1250 年间达到了最大。此外，从"格陵兰冰盖项目 2"的冰芯中获得的气温数据表明，从公元 1000 年左右到 1075 年以及从公元 1140 年至 1220 年这两个时期，都出现过气温下降的现象。[2] 诺曼殖民者的人口逐渐减少，直到 1450 年他们彻底弃定居点而去。至于诺曼人离开格陵兰岛的确切原因，如今仍然是一个存有争议的问题。日益孤立的环境、海象象牙贸易的衰落，或许还有因纽特人的敌意，可能都是他们遗弃定居地的原因。只有诺曼人的史诗中，还保存着人们对美洲原住民与欧洲人首次相遇时的记忆。

神秘的"新安达卢西亚"（公元 1513 年至 1606 年）

15 世纪末至 16 世纪初，欧洲已知世界的边界显著扩张了。克里斯托弗·哥伦布及其后继者，在属于热带气候的加勒比地区建立了殖民地。阿兹特克的印第安人曾在西班牙的宫廷之前接受检阅。西班牙征服者对佛罗里达和新墨西哥进行勘察，结果却酿成了一场灾难，遭遇了严寒。在深受干旱与低温所困的弗吉尼亚，英国殖民者建立了詹姆斯敦。1497 年约翰·卡伯特到纽芬兰的航行以及后来的探险活动则清晰地表明，任何一条前往亚洲的"西北通道"，都要经过冰天雪地、极其寒冷的地带。

1605 年至 1607 年间，丹麦国王克里斯蒂安四世曾经派遣 3 支远征队，前去寻找业已消失的诺曼人殖民地。这几次远征，都以失败而告终。远征队遭遇了严寒，连夏季也是如此；夏季冰层从格陵兰岛沿海往外，一直延伸到了很远的地方。此后，捕鲸就成了荷兰人在北极水域的主要活动。北方的真正"黄金"藏在纽芬兰的鳕鱼渔场里，可汉弗莱·吉尔伯特（Humphrey Gilbert）在这座岛屿上进行殖民的努力，在 1583 年以灾难而告终。[3] "小冰期"里最寒冷的一些天气，不利于人们在纽芬兰进行永久性的殖民活动。人们的关注焦点，便转向了科德角的南部。

与欧洲的情况一样，"小冰期"从来都不是一个持久存在的深度冰冻期，也不只是数个世纪的寒冷天气。这几个世纪不断变化的气候，同样对美洲的殖民历史产生了极大的影响。[4] 寒冷刺骨的冬天、旷日持久的干旱、飓风以及猛烈的暴风雨，都曾导致船只偏离航线和失事。北美洲的情况，尤其让当时的人感到困惑。来到陌生环境里的欧洲农民，都期待着这里有他们熟悉的、界限明确的季节，而不是像夏季炎热潮湿、冬季气温低于零度之类的极端气候。此外，他们在狩猎与捕鱼时碰到的也是不同的物种。

当时欧洲人对北美洲天气的态度很僵化，以为世界上任何一个纬度地区的气候都是恒定不变的。[5]古典作家把已知世界划分成了一些所谓的"克利玛塔"（climata）带，故才有了如今的"气候"（climate）一词。[6]"克利玛塔"往往是指气温，它会随着纬度的变化而以一种相对可预测的方式变化。欧洲属于湿润的海洋性气候，一年到头降雨充沛，气温日较差与季节性温差相对较小，而且一般来说，每个季节的起始时间变化不大。这就意味着，那些鼓吹殖民的人以为，生活在北美洲的人也会享受与欧洲西部相似的温和气候。这种看似常识的设想，其实是完全错误的。

北美洲的东部，夏季极其炎热，冬季极其寒冷；那里属于大陆性气候，为来自陆地而非来自大西洋的气团所控制，后者对欧洲的气候具有强大的影响。不但如此，两地气温所属的纬度区间也不同，欧洲为北纬40°到60°之间，而北美洲则为北纬35°到50°之间。伦敦位于北纬51°，与纽芬兰北部的纬度相同。美国弗吉尼亚州的切萨皮克湾位于北纬37°，则与西班牙塞维利亚的纬度相同。弗吉尼亚的降雨主要出现在夏季，并且不那么可靠，还会出现毫无规律的干旱周期。对于欧洲殖民者而言，这种气候现实很严酷，他们原本指望这里是一个气候温和、气温较高且如地中海地区一般的"天堂"。一些劝人去殖民的作家，把这里称为"新安达卢西亚"。[7]

最早记载从北部诸地前往波多黎各的西班牙殖民地的情况的资料中，提到过一个叫作"比米尼"（Bimini）的岛屿。1513 年，西班牙探险家胡安·庞塞·德莱昂（Juan Ponce de León）沿着比米尼岛海岸航行，将这个神秘之地改名为"佛罗里达"。两度探险失败后，此人便放弃了野心勃勃的殖民计划，抱怨那里的气候不好，那里的人则"十分野蛮和好战"。在接下来的 50 年里，还有人往返于此地，全都大失所望。"佛罗里达"不是什么"新安达卢亚"，不会给他们的祖国提供地中海各地可以找到的橄榄油和其他商品。大部分雨水都是在夏季的那几个月里降下，使得冬季作物很少，甚至根本就没有发芽所需的水分。那里也没有旱季来让作物成熟。年复一年，西班牙殖民者种植的庄稼全都烂在了地里。佛罗里达还深受猛烈的飓风和冬季极其寒冷的北风所害。大大小小的探险队曾经向西远行，到达了密西西比河与如今的得克萨斯州；其中的一次远征，是 1538 年至 1543 年间埃尔南多·德索托（Hernando de Soto）发动的损失惨重的入侵，这次远征因他们的苦难经历和暴行而令人瞩目。西班牙之所以殖民失败，部分原因就在于远征者无能且领导无方，同时也在于殖民者怀有不切实际的野心。这些远征，并不是王室经过了精心计划且持续提供资金支持的行动。一切都依赖于个人的开拓精神，可这又要靠西班牙贵族的财富来支持。王室国库负担不起实施这种计划所需的费用。

西班牙的殖民活动，也是因为严酷的气候变化才会土崩瓦解。今天的美国东南部在"小冰期"里曾经显著降温，气温降幅视地点而异，高达 1℃ 至 4℃ 不等。这种降温，在一定程度上是由西北部寒冷干燥的空气和冬季降雪导致的，16 世纪和 17 世纪尤其如此。西班牙人的记述中，就反映出了当时大气环流的变化和寒风肆虐的情况，以及殖民者遭遇的严重干旱。[8] 异乎寻常的寒冷、大雨和大雪，使得他们不论身处哪里都有挨饿和生病的危险，同时还会遭到心怀敌意的印第安人的袭击。1528 年，得克萨斯沿海地区极其寒冷，以至于海中的鱼都冻僵了，还有过同一天既下雪又下冰雹的情况。十几年之后的 1541 年，埃尔南多·德索托率领的那支远征队在如今密西西比州境内距奇卡索人（Chickasaw）不远的地方扎下了营寨。当时，天气极度寒冷，故他们"整夜无眠，辗转反侧；半身若暖，半身受冻"。[9] 经历了"小冰期"的气候严寒（如今几乎不为人所知）后，人们的"新安达卢西亚"之梦就破灭了。至于其间的一场场干旱，下文所述的树木年轮序列表明，当时的旱情是数个世纪以来最严重的。

但人们还是继续努力，想要在这里永久定居下来。1565 年 9 月，西班牙海军将领佩德罗·梅内德斯·德·阿维莱斯（Pedro Menédez de Avilés）率军来到了佛罗里达。此人将法国殖民者从圣约翰斯河畔的卡洛琳堡（Fort Caroline）赶走，然后在圣埃伦娜和圣奥古斯丁两地建立了殖民地；当时，恰好碰上 16 世纪 60 年代一次严重的干旱和一场大飓风袭击了各个殖民地。在 6 年的时间里，阿维莱斯手下有一半的士兵都饿死和病死了。当地的印第安人便把西班牙人赶出了圣埃伦娜。16世纪80年代初，又出现了一场大旱；当时，西班牙殖民者正在与当地的瓜勒（Guale）印第安人进行一场残酷的战争。最终，印第安人缴械投降，圣埃伦娜则进行了重建。佛罗里达一度短暂地恢复了元气，直到1586年弗朗西斯·德雷克（Francis Drake）袭击了圣奥古斯丁，放火将那里的250幢房屋夷为平地，并且掳走了一切。但在"新西班牙"*当局的大力资助下，这座城市最终幸免于难，成了西属佛罗里达的首府，时间超过了200年。

此时的西属美洲已经因为从墨西哥与秘鲁攫取了大量黄金和白银，积聚了巨大的财富而享有了传奇般的声誉，所以引来了大量的海盗与私掠船。一双双贪婪的眼睛，全都盯着西班牙的领地，以及此时几乎还无人了解的佛罗里达北部沿海。1584年5月，英国伊丽莎白一世时期的冒险家沃尔特·雷利（Walter Raleigh）派遣两艘船只，对那里实施过一次侦察。他们在哈特勒斯湾登岸，然后又向北航行到了罗阿诺克岛，那里的塞科坦（Secotan）印第安人热情地欢迎了他们。这些来客带着极尽赞誉之语的报告而返，称那里有肥沃的土地、丰富的木材，甚至还有野生葡萄。至于当地的印第安人，则一个个都态度温和，当然也没有敌意。据说，他们都是"按照着黄金时代的方式"生活着。

---

* 新西班牙（New Spain），1535年至1821年间西班牙在其殖民地设置的一个总督辖区，范围包括如今的美国西南部、墨西哥、巴拿马北部的中美洲及西印度群岛的大部分，首府设在墨西哥城。——译者注

画家约翰·怀特（John White, 1539—1593）曾在 1585 年随同理查德·格伦维尔航行到过罗阿诺克，并且绘制了这幅塞科坦的风景画；塞科坦是阿尔贡金印第安人（Algonquian Indian）的一个村落（图片来源: Alpha Stock/Alamy Stock Photo）

　　另一支前往罗阿诺克岛的探险队，由理查德·格伦维尔（Richard Grenville，或者拼作 Richard Greenville）与拉尔夫·莱恩（Ralph Lane）两人率领，于 1585 年起航。[10] 由于遭遇了暴风雨、船只失事和偶尔的私掠船骚扰，再加上旗舰在"外滩群岛"

搁了浅，失去了全部的辎重，所以这些殖民者狼狈不堪地到达了罗阿诺克。格伦维尔返回英国寻找新的给养，莱恩则与大约100位殖民者留了下来。这个殖民地，很快就变得岌岌可危了。完全不同于之前的报告，这里的土层很薄，一点儿也不肥沃。种在地里的庄稼全都死了。此地的池柏年轮表明，在1587年至1589年的殖民期间，800年来最严重的一场干旱仍在这里肆虐。[11] 殖民者还遭遇了食物短缺，因为印第安人不愿把玉米卖给他们。英国也没有派来救援船只。尽管害怕遭到印第安人的伏击，这些绝望的殖民者还是不得不去寻找给养。接下来，莱恩与当地酋长的对手结盟，杀掉了那位酋长。不到一个星期之后，弗朗西斯·德雷克爵士就率领一支满载劫掠品的船队抵达了；只不过，他手下的船员因为患病而数量大减。他提出帮助莱恩另觅一个殖民地，可一场大风却刮了4天，可能会让德雷克的舰队陷入搁浅的危险。于是，殖民者迅速遗弃了这个前哨，坐船返回了英国，只在罗阿诺克留下了15个人，这些人后来消失得无影无踪。关于这些消失的殖民者，有一个传说流传了下来，可他们的遭遇，至今依然不为人知。极有可能，他们要么是加入了当地的一个印第安群落，要么就是为印第安人所杀。对此，我们多半永远都无从知晓了。

尽管有罗阿诺克岛之祸，可北美洲以及那里的原住民，还是深深地吸引着英国国内的民众。激情洋溢的支持者计划开拓新的殖民地，其中就有持乐观态度的理查德·哈克卢特（Richard Hakluyt）；此人是一位大臣兼业余地理学家，他确信英国拥有巨大的潜力，能够掌控海外勘探和贸易。[12] 他曾经热情地吹嘘说，北美洲拥有丰富的黄金、白银、珍珠和充足的热带食物，其实这种说法并不正确。西班牙帝国在美洲进行扩张的流言，时断时续地传到了欧洲，因为西班牙人认为他们的发现属于国家机密，只有少数精英人士才能知晓。英国没人看过16世纪70年代至80年代编纂而成的《印第亚斯之地理关系》（*Relaciones geográficas de Indias*）一作，而此作也从未得到过广泛传播。这份具有里程碑意义的报告详细描述了当地的天气状况。对于任何一个打算到加勒比地区、佛罗里达以北和更往北的海岸进行航海探险的人而言，这种信息都属于无价之宝。除了地理方面的错误，哈克卢特还重申了一种错误的观点，即从卡罗来纳到缅因地区的整个东海岸都是地中海气候。他在作品中称，那里气候温和、土地肥沃、气温较高，是一个农民可以种植橄榄、葡萄、柑橘和其他各种作物的地方；这些作物，原本都是英国耗费巨资从地中海地区进口的。这片土地上，"气候、土壤皆似意大利、西班牙，以及吾等获取葡萄酒与油料之群岛"。[13]

这种前景确实诱人，也构成了弗吉尼亚公司在1606年派遣3艘船只前往美国东海岸时制定的《建议性指示》（Instructions by Way of Advice）的核心内容。当时的组织者，几乎没有从过去其他地方的错误中吸取经验教训。他们想当然地以为，尽管16世纪末的气候日益寒冷，但他们的目的地的气候会跟祖国的气候差不多。

詹姆斯敦的麻烦（公元1606年至1610年）

1606年12月，从伦敦起航的3艘船只和大约144位殖民者在美国东海岸登陆了。1607年5月6日，他们在如今的弗吉尼亚驶入了詹姆斯河河口；虽说当地的"印度人"*袭击了他们，可他们还是继续进行了勘探。最终，他们在这条河上游方向大约80千米处一个沼泽密布的半岛上，修建了一座呈三角形的要塞。从战略上来看，这个低洼之地的选址是很合理的，而且那里的土壤"肥沃之至，非言表所及"。不过，要塞紧挨着水边，除了河水就没有淡水供应。森林则不断地向这个定居地逼近，故他们有遭到伏击的危险。对于即将到来的可怕遭遇，这些殖民者毫无准备。[14]

哈克卢特的计划以当时人们能够接触到的最佳信息为基础，同时也着眼于长远。他将目光投向了殖民活动的遥远未来。然而，殖民者首先就碰到了一个更加紧迫的问题，那就是他们必须在詹姆斯敦挺过最初的几个冬天，只能靠自给农业维生。从一开始，这里的粮食供应就很稀缺，因为印第安人并没有像大家以为的那样慷慨地给他们提供粮食。很快，疾病与死亡接踵而至，到8月份就死了50个人。没人知道究竟是哪些原因导致了他们死亡，但毫无疑问的是，与饥荒有关的疾病位列其中。

---

* 英文中的"印度人"与"印第安人"为同一个单词。这是因为欧洲殖民者初抵美洲时，以为他们到达的是印度。为了将其区分开来，我们才将两地的人分译为"印度人"和"印第安人"。此处的"印度人"加了引号，无疑是指印第安人。——译者注

更加糟糕的情况还在后头，因为气候也对殖民者造成了压力。此地的树木年轮中，就客观地记录了气温变化的情况。不巧的是，殖民者抵达詹姆斯敦的时候，正值一场从 1606 年持续到 1612 年的漫长干旱刚刚开始。气候学家还研究了取自切萨皮克湾中的沉积岩芯，发现这段时间也是整个千年里最寒冷的几年，气温比 20 世纪低了 2℃。[15] 美国西弗吉尼亚州的树木年轮与洞穴沉积物都表明，17 世纪初这里的季节性气候条件出现了重大变化，从而证实了殖民者自己记载的情况：冬季更加寒冷，夏季则更加干旱。

在詹姆斯敦这个殖民地最初和最脆弱的几年里，极端的气候变化造成了严重的破坏。炎热干燥的夏季，毁掉了正在生长的庄稼。詹姆斯河的水位急剧下降，使得河水中的盐分增加，变得极不利于健康了。当时也没人想过要挖一口井来获取淡水。冬季那种不常见的寒冷所导致的作物歉收，既加剧了粮食短缺的程度，也让殖民者之间的人际关系变得恶化。人们每天聊以为生的，只有 1 品脱甚至更少* 的小麦与大麦，再加上他们能够找到的其他食物。他们虽说既有武器，也有渔具，但显然很少加以利用。他们的生活条件充其量只能说是非常简朴，许多人都睡在冰冷的地上。正如历史学家凯伦·库珀曼所言，那些殖民者极有可能始终处在饥饿与震惊的状态之中；她还认为，这

---

*   品脱（pint），英美等国的容积单位。在英制单位中，1 品脱约合 0.568 3 升，美制单位中则有干、湿之分，1 干量品脱约合 0.550 6 升，1 湿量品脱约合 0.473 2 升。1 品脱小麦换算成重量之后，无论干湿，都不到 0.5 公斤。——译者注

种状况堪比受到了虐待的战俘。[16]

除了不得不将就着饮用盐分很高的肮脏河水，殖民者可能还把伤寒从卫生条件很差的船上带了过来；他们花了 2 年的时间，才掘出一口井来获取"甜水"。鉴于印第安人的袭击始终都是一种威胁，故他们取水的地方可能距他们处理垃圾的地方很近，这也很危险。可以说，许多殖民者可能都是死于饮用了不干净的水，而非死于饮用啤酒。英国当时的大麦收成，绝大部分用于酿制啤酒了；许多人每天要饮用 6 品脱左右，故啤酒在他们每天所获的热量中占有重要的比例。酿制啤酒时的麦芽，也是他们日常饮食的一部分。由于对艰苦的生活条件和食物匮乏的情况毫无准备，所以殖民者还遭到了毁灭性的心理打击。

当地的美洲原住民村庄，都被波瓦坦部落联盟统治着；那是一个实力强大的酋邦，控制着无数座村落，总计有约 15 000 人生活在詹姆斯敦的上游地区。不同于新来的殖民者，他们在当地的气候下生活了数百年，故经验丰富。与当时弗吉尼亚的所有印第安人一样，波瓦坦部落把农耕生产与狩猎、捕鱼以及采集植物性食物结合起来维生。[17] 他们追求食物的多样化。在春季里，他们会用鱼梁捕鱼，并且用陷阱捕猎松鼠之类的小型动物。5 月和 6 月是播种季节，他们主要以橡子、核桃和鱼为食。还有一些人则散布在各个小营地里，靠各种各样的食物维生，其中既有鱼类、螃蟹和一些猎物，也有多种多样的植物性食物。6 月、7 月和 8 月是食物相对充沛的几个月，他们会以箭叶芋（tocknough）的根茎、浆果（疆南星属植物）、鱼和青玉米为食。夏末秋初是收获和富足的季节；接下来，他们整个冬天就会捕猎鹿和其他猎物。有些酋长和位高权重的个人还会设法储存玉米供全年所食，但大多数波瓦坦人种植的粮食都只足以吃上几个月，然后他们就靠吃野生食物来熬过一年中余下的时间。

从当时一些美洲原住民遗骸中重要的碳、氮同位素来看，17世纪的大多数印第安人主要是以玉米为食。[18] 而且，尽管他们对环境中的各种资源了如指掌，可这些人的骨骼也证明，他们经历过严重的营养不良时期。生存从来就不是一件容易的事情，哪怕他们比欧洲移民有更多的选择，也是如此；至于他们具有更多选择的原因，部分在于他们对自己所处的环境与气候有着深入的了解。他们可以把园圃迁到气温较高和朝南的向阳坡上，可以种植一些比玉米更加耐寒的作物。在极端情况下，当地人要么是迁往别处，要么就是彻底回归狩猎与采集的生活方式。正如人类学家海伦·朗特里指出的那样，部落里的女性可能不愿储存较多的玉米，因为她们担心酋长和精英阶层会把余粮当成贡品夺走。[19] 当时，随着一些实力强大的酋长相互争夺权力和威望，波瓦坦人生活的村落越来越大、越来越集中，并且筑有防御工事。从印第安人的角度来看，如何应对新来的殖民者，其实是一个非常简单的问题，那就是：他们怎样才能在不冒不必要的风险的情况下，最大限度地利用欧洲人的存在呢？

波瓦坦印第安人都盼着把玉米和其他食物卖给欧洲人，以此来获得欧洲人那些奇异的金属工具。由于地位和外交等问题都很棘手，并且有时还很微妙，所以二者之间的交易时起时落。到

1607 年秋季，殖民者几乎没有开垦任何土地。这些新来者都住在简陋不堪的洞穴居所里，其中许多人还意志消沉，坐在那里无所事事。1608 年 1 月两艘补给船抵达之后，一场火灾又迅速把船上带来的一切连同要塞烧了个精光。那个冬天异常寒冷，冰冻的詹姆斯河几乎把两岸连起来了。1608 年，一支损失惨重的救援远征队带来了更多的殖民者，可他们的粮食供应却降到了最低限度。

面对敌意越来越强烈的当地人，大约 400 位殖民者都挤进了那座重建的要塞，几乎没人去耕种作物了。饥荒自然随之而来。1609 年末，还有大约 240 人住在詹姆斯敦。到了第二年夏天，就只剩 60 人还活着了，死者则被安葬在附近的一处墓地里；他们的遗骸清晰地表明，这些人都是饿死的。到了这一年的隆冬，天气太过寒冷，以至于人们都没法涉水到浅滩上去寻找牡蛎了。一些绝望的欧洲殖民者竟然掘出死尸，以之为食。人们曾在这座要塞的一个地窖发现过一具少女的遗骸，上面带有明显的杀戮痕迹；有人甚至切开了少女的头骨，将她的大脑拿走了。[20]1610 年，切萨皮克湾周边的河流里，连鲟鱼这种重要的食物也不见踪影；至于原因，可能就是持续的干旱使得河水盐度太大，导致鲟鱼未至。殖民者只得把东西都装上船，离开了这里，结果却在詹姆斯河河口碰上了从英国而来的一支给养充足的新船队；若是没有这支船队，詹姆斯敦殖民地就不可能在"小冰期"中幸存下来。

努纳勒克知道如何做（公元 17 世纪以后）

在"小冰期"天气最寒冷的那些年里，詹姆斯敦爆发了一场粮食危机。即便是在较为暖和的年份，这个定居地也很容易受到作物歉收的影响，而波瓦坦印第安人不稳定的粮食供应，也让这里深受困扰。当地的美洲原住民，已经适应了数个世纪里迅速变化的气候；出现极端气候的时候，他们通过在一个有鱼、野生植物性食物和小型猎物的环境中追求食物的多样化而幸存了下来。尽管当地人的文化当中含有某种礼尚往来的精神，但与殖民者相比，他们获取食物的方式还是要灵活得多。而且，波瓦坦印第安人只是众多美洲原住民部落里的一个；这些部落都曾利用食物多样化的对策，在"小冰期"的气候波动中幸存了下来。

努纳勒克是一个图勒族村落，位于白令海靠阿拉斯加沿海地区卡斯科奎姆湾畔的昆哈加克村附近。[21] 从 14 世纪至 19 世纪，那里的气候明显更为寒冷，降雪量更大，夏季气温比如今低了1.3℃，而海冰的面积也更广阔。原住民在努纳勒克生活了差不多 300 年之久。此地居民最密集的时期，是 17 世纪早期与中叶，与詹姆斯敦人口最密集的时间相同；当时正值"蒙德极小期"的最盛期，也就是"小冰期"里气候最寒冷的数年。这个定居地紧挨着河流，河中既有丰富的季节性洄游鱼类，也有世界上迁徙性水禽的一些最大集中地。这里到处都是小型的哺乳动物；鲸鱼在近海觅食，而海洋中的哺乳动物很丰富。人们所吃的肉类来自北美驯鹿，它们冬季会在海岸附近觅食。如今，这里却变成了多雪的北极气候，夏季凉爽而湿润。努纳勒克丰富的食物资源层级，也为人们提供了从衣物到狩猎武器的各种原材料。最重要的一点是，该村村民的食物都可以在距离相对很近的地方得到。利用天然冻土层的制冷作用，食物储存不成问题。人们几乎也不存在饮食方面的压力。正因为如此，人们才在这个地方居住了一代又一代。

这个村落的地理位置很优越，使得人们可以极其灵活地获取多种多样的食物。他们的家门口就有各种食材，而且有高效地储存食物的潜力，这意味着气候发生变化的时候，人们完全可以改变狩猎目标，只需重点捕杀其他的猎物就行了，因为气候变化不太可能对一个地区的所有动物产生同样的影响。就算是气候迅速波动，可能也不成问题，这主要是因为像鲑鱼这类食物的有无可以相对容易地预测出来。风险管理始终是人们在寻觅食物时的背景，但与季节更替、干旱和极端低温对食物供应有直接影响的许多环境相比，这里的人进行风险管理却要容易得多。目前，冰雪消融、海平面上升以及较高气温对当地永久冻土层的融化作用，正在侵蚀着这座遗址。

努纳勒克繁荣发展起来的环境，我们可以称之为一个"资源热点"。在这里，得益于对当地环境的深入了解，当地人形成了一种灵活多变的生存策略。他们的技术非常先进，完全适合在零度以下的气温中寻觅食物与生活，从而让村中的居民能够在条件艰苦的几十年里生活在一个地方；当时的天气条件会在毫无征兆的情况下突然改变，而食物来源也年年不同。与波瓦坦印第安人一样，高效灵活的缓冲机制与应对机制，让这个群落在"小冰期"的极端气候最恶劣，同时也是各个群落争夺食物资源的一个时期里幸存了下来。他们的位置得天独厚，这或许也是这里最终受到了袭击，接着又在 17 世纪末被人们遗弃的原因。

干旱演变成特大干旱（公元 16 世纪末至 1600 年）

最后，我们再来看一看美国西南地区的情况。在前文中，我们已经描述过这里的美洲原住民社会利用迁徙并通过与不论远近的相邻群落维持亲族纽带的对策，适应了一次次漫长干旱的过程。这些干旱，都是由自然的气候变化造成的。"新西班牙"诸殖民者遭遇的干旱，也是如此；他们往北步步推进，深入了有着种种极端气候的新墨西哥州的沙漠地带。他们在 16 世纪晚期到达了这里，当时正值"小冰期"里西部地区气候最干旱和最寒冷的一个时期。数个世纪以来，古普韦布洛诸社会已经出色地适应了这里的环境：作物歉收是常有的事情，生存则取决于谨慎细致地利用泉水和降雨。普韦布洛人的骸骨表明，在那些经常发生暴力事件的社会中，曾经频繁地出现过营养不良、慢性贫血与寿命短暂的时期。[22] 最早到达新墨西哥地区的欧洲人的经历，几乎与殖民者在北美洲东部的遭遇完全一样。错误的希望、不准确的预测和不熟悉的气候全都产生了影响，纯粹因厄运而遭遇的严重干旱与其他气候异常则令其雪上加霜；这些干旱与气候异常，在一定程度上是由 1600 年的于埃纳普蒂纳火山爆发导致的。

　　这里与其他地方一样，极度的不信任、缺乏了解与相互冲突，都曾让美洲原住民与新来者之间的关系备受困扰。从与之为邻的美洲原住民那里，欧洲殖民者没有了解到多少关于当地环境和食物的知识，也没有学习其狩猎、打鱼的策略，这一点实在令人感到惊讶。他们都是从自身的艰苦经历中吸取教训，利用来自祖国的技术来生产和生活。在应对这片土地和气候的数千年里，当地居民已经开发出了一些技术，可以制作充足的防寒装备、防水捕鱼服和防冻鞋具；假如欧洲殖民者能够看到并且借鉴这些技术，他们经历的苦难可能就要少得多了。

展望未来

　　与北美洲其他大多数地方相比，美国西南地区给我们带来了更多的启示，让我们看到人类活动导致的全球变暖正在改变我们的未来。尽管处于低活跃水平的厄尔尼诺现象可能是造成美洲遭遇特大干旱的一个主要因素，但一项新的研究将树木年轮中记录的 1 200 年之久的夏季土壤湿度重建与水文建模、统计评估结合起来，表明从 2000 年至 2018 年的这 19 年才是公元 800 年以来第二个最干旱的时期。此外，目前这场特大干旱造成的严重后果当中，有不少于 47% 是人为气候变暖导致的。人类活动抬升了气温，降低了相对湿度，杀死了西部数以百万计的树木。因此，一个原本属于常规性的干旱周期，就演变成了一场特大干旱，并且严重程度和持续时间在 1 200 年来均位居第二。严重干旱的表征，体现在各个方面，比如积雪大幅减少、河流流量下降、地下水减少、森林火灾增多等等。[23] 气候学家把干旱的原因归咎于太平洋东部海面气温的下降，其气候条件与厄尔尼诺现象处于低活跃度时的拉尼娜现象相似。这些气候条件，在北太平洋西部催生出了一个大气波列，从而挡住了暴风雨，使之无法到达美国西南部。过去 1 000 年中严重程度位居第二的这场特大干旱始于公元 2000 年，并且仍在继续发展着。如今，它已经让 20 世纪 30 年代的"尘暴"大干旱和 20 世纪 50 年代"大平原"南部的严重干旱相形见绌了。当然，我们还没法预测出这场干旱会不会因为不久之后一种降水较为充沛的新循环而结束，但更严重的人为变暖带来的威胁令人不安，因为它表明了我们现在对全球气候的影响究竟有多么强大。

　　未来究竟会怎样呢？在撰写本书之时（即 2020 年），我们还没有看到气温下降或者降雨更加充沛的迹象。气候建模的预测表明，到 21 世纪中叶时，干旱情况可能会更加严重。现有的气候变化数据，更加全面地描绘出了过去由大气与海洋异常导致的干旱的情况，而大气与海洋的异常，又是由自然的气候变化造成的。那些声称气候变化总会发生的人一直都在强调 21 世纪的变暖属于自然现象。但是，根据人们过去在美国西南部进行的学术研究来看，2000 年至 2018 年间的土壤变干、蒸发增强和早期积雪的消失，全都因人类做出的决策与活动而增强了，因干旱叠加于气候压力之上而受到影响的地区也扩大了，故它们已经将原本属于常规性的一个干旱期变成了一场特大干旱。而且，真正的干旱可能还未开始。就算是自然力量终结了当前的干旱，全球人类排放的温室气体也会对将来干旱期的规模产生极大的影响。我们又一次收到了有力的提醒，必须牢记可持续发展的重要性。虽说记忆短暂，但我们已经看到，过去的地下水源是如何在短时间里灾难性地枯竭的。这种情况，已经在一些国家里出现，比如印度。可不可以兴建更多的水库，来储存更多的水呢？虽然在某些情况下，我们把这种做法视作一种短期的解决办法，但若认为这样做可以解决我们预测的未来降水会越来越少的长期问题，尤其是在我们的行为还会加速这一趋势的时候，就纯属痴心妄想了。

第十三章

冰期重来

（约公元 1321 年至 1800 年）

对于接下来要描述的现象，人们曾称之为"大曼德雷克"（the Grote Mandreke），或者"人类大溺水"。13 世纪末和 14 世纪的大部分时间里，欧洲北部都是世界上一个暴风雨肆虐的地区。至少有 12 场大风暴曾在"低地国家"*的沿海肆虐，将面前的一切全都席卷而去。接着，1362 年 1 月 16 日，"大曼德雷克"出现了；它在北大西洋形成了一股强劲的西南大风，然后横扫爱尔兰和英格兰，导致诺威奇大教堂的木制尖顶轰然倒塌，坠到了下方的中殿**里。这还仅仅是个开始。狂风巨浪在北海上呼啸而过，然后冲到了德国北部和尼德兰地区，将那里的一切也都席卷

---

* 低地国家（Low Countries），对欧洲西北沿海地区的称呼，广义上包括荷兰、比利时、卢森堡以及法国北部与德国西部，狭义上则仅指荷兰、比利时、卢森堡，因地势和平均海拔较低而得此名。——译者注

** 中殿（nave），欧洲基督教传统教堂的一个重要组成部分，是举行礼拜活动时容纳信徒的场所，亦译"中厅"。——译者注

而去了。这场特大风暴，摧毁了丹麦的60多个教区，像玩"九柱戏"*一样把牛群击倒。当时的一位目击者写道："狂风令锚楫折断，港内舰船尽毁，溺亡者众，牛羊皆不能免……亡者不可胜数。"[1] 由于当时几乎不存在什么海防设施，也没有什么预警机制，故成千上万生活在海边的百姓在面对这种似乎是为了惩罚罪人而释放的神灵的震怒时，全都束手无策。

差不多就在1315年至1321年的"大饥荒"期间，随着暴雨和持续不断的气候波动，"中世纪气候异常期"迅速结束了。随后的数个寒冬导致大河封冻，并且阻塞了波罗的海上的航运。其间，既不是没有出现过气候十分炎热的夏季，也不是没有出现过持续近10年或者仅仅一两个季节的严重的干旱周期。毫无征兆地刮起的狂风，是数十年间快速气候变化中的一部分，而且常常伴随着极端的寒冷和炎热，从而开启了"小冰期"。

从气候的角度来说，一位旅行者在"小冰期"里穿越欧洲时，除了偶尔会碰上极其严酷的寒冬和一个个酷暑之外，其经历与现在几乎不会有什么不同。如今，我们许多人都经历过高速公路结冰、雪连下几周或者夏季气温高于20℃之类的情况。14世纪的欧洲农民，有可能种植多种多样的作物来降低霜冻或干旱天气的影响，但在面对反复无常的气候波动时，他们基本上无能为

---

* 九柱戏（ninepins），现代保龄球运动的前身，发源于德国，起初是教会的一种宗教仪式（人们在教堂的走廊里放置9根象征着叛教者与邪恶的柱子，然后用一个球滚地击打它们，叫作打击"魔鬼"），后来逐渐发展成了贵族之间盛行的一种高雅游戏。——译者注

力。由于敏锐地认识到了这种脆弱性，所以他们都生活在忧虑之中，担心作物歉收和饥荒，害怕营养不良导致的疾病。神灵的报复与"末日审判"带来的威胁，无形地笼罩在城镇与乡村之上。接下来，腺鼠疫暴发了。

黑死病（公元 1346 年至 1353 年）

1346 年至 1353 年间，臭名昭著的黑死病降临到了欧洲。[2] 欧洲西部大约有 2 500 万人染病死亡，只是确切的死亡人数我们无法确知。这场可怕的瘟疫，实际上是腺鼠疫第二次侵袭欧洲了；至于第一次，就是公元 541 年至 542 年间的"查士丁尼瘟疫"（参见第五章）。引发此疫的罪魁祸首是一种细菌，即鼠疫杆菌，它会感染寄居于地面上的啮齿类动物身上的跳蚤；这些啮齿类动物中，包括了中亚旱獭和各种鼠类。人们并不清楚鼠疫杆菌首次到达欧洲的确切时间，但这种细菌最晚也是在公元前 3000 年就在欧洲出现了；只不过，鼠疫杆菌第一次暴发时，并未导致真正的瘟疫大流行。[3]

中世纪的黑死病起源于亚洲中部，有可能源自吉尔吉斯斯坦；那是"丝绸之路"上的一个内陆国家，与哈萨克斯坦、中国、塔吉克斯坦以及乌兹别克斯坦等国接壤。鼠疫从那里开始，传播到了中国和印度。这种疾病，有可能是沿着连接国际大都市的"丝绸之路"，或者经由船只一路来到黑海地区的。到 1346

年底，欧洲各个港口接到了报告，称印度人口正在减少，而美索不达米亚、叙利亚、亚美尼亚和蒙古人统治的地区已尸横遍野。据说，是1347年乘坐帆船从克里米亚半岛东部的卡法（Kaffa）回来的30名热那亚商人，将鼠疫传到了西西里岛上。于是，瘟疫从意大利开始，沿西北方向蔓延到了整个欧洲。染病者身上出现的显著症状，有淋巴结炎（即腋窝下或腹股沟出现疖子）、发烧和吐血。最近人们对伦敦和欧洲大陆因患黑死病而身亡的人进行了DNA分析，结果表明，鼠疫杆菌就是造成这场瘟疫的罪魁祸首。

为什么黑死病会在中亚地区盛行呢？气候变化在其传播过程中，有没有发挥作用？验证这个问题的一个方法，就是研究沙鼠而非老鼠。在吉尔吉斯斯坦，沙鼠的种群密度会随着占主导地位的气候条件而变化。温暖湿润的环境，会提高这些大沙鼠及其身上的跳蚤原本就在增加的种群密度。假如同样的天气在一个面积广大的地区里发展，那么瘟疫就会迅速蔓延开去。每只沙鼠身上的跳蚤密度都会增加，鼠疫则会变得更加盛行；而更重要的是，跳蚤会寻找其他的宿主，包括人类及其饲养的牲畜。假如气温下降，环境变得较为干燥，那么沙鼠的数量就会大幅下降，而跳蚤的数量也会减少。

为了验证这种观点，一组研究人员曾将源自喀喇昆仑山脉上的刺柏年轮序列以及其中记录的降水和气温情况与鼠疫暴发的历史记载进行了比较。[4] 他们发现，亚洲暴发的一场鼠疫过了15年左右之后，才传播到了欧洲的港口。但在人口较为稠密的欧洲，瘟疫的传播速度却比中亚地区快得多，每年能够传播 1 300 千米左右。长久以来，流行病学家和历史学家都以为，黑死病是一桩单一的意外事件。新的气候学证据却表明，由于沙鼠的种群数量以及它们身上的跳蚤种群数量都随着气候而波动，故源自亚洲大量野生啮齿类储存宿主身上的鼠疫出现了由气候驱动的、间歇性暴发的新菌株。欧洲本地却没有这些储存宿主。

由此导致的后果，是毁灭性的。在苏格兰，染病者"残喘于世，仅有二日"。与此同时，巴黎及其周边地区的人口锐减了三分之二。据估计，当时法国的人口数量降幅惊人，达到了42%。许多死者原本就异常容易受到感染，因为他们在"大饥荒"期间已经营养不良了。到了 15 世纪初，法国大约有 3 000 座村庄都被人们所遗弃。由英法"百年战争"引发的连年战乱，本已让粮食短缺的情况变得很严重，而作物歉收与潮湿的天气更是加剧了这个问题。人们的绝望情绪，在 1420 年至 1439 年间集体陷入了低谷，当时北大西洋涛动处于高指数模式，带来了非比寻常的大暴雨。虽说要养活的人口少了许多，但粮食短缺与饥荒仍然存在，其中许多都是由连年的战争导致的。

反复暴发的瘟疫和时不时出现的饥荒，在数十年里一直对欧洲人口的增长产生遏制作用。多场粮食危机爆发的时间，都与斯堪的纳维亚半岛上空高气压导致的异常寒冷的冬天相吻合，特别是在 15 世纪 30 年代；当时出现了长达 7 年的漫长霜冻和猛烈的暴风雨，比斯开湾与北海海域尤其如此。

1451 年黑死病结束之后，随着农民回到疫情期间废弃的土地上，粮食生产开始飙升。1453年"百年战争"结束后，欧洲迎来了真正的复苏。气温逐渐升高，降雨日见充沛。70年之后，16世纪20年代的英国出现了5次异乎寻常的大丰收，这一局面直到1527年一场寒潮导致圣诞节期间小麦供应不足，并且有可能爆发针对富人的粮食骚乱才结束。尽管如此，以自给自足和作物多样化两种观念为基础的历史悠久的自给农业传统仍在继续。不过，这种暂时的缓解并没有持续多久。气候造成的凛冽之风，正在天边聚集。

"小冰期"（约公元1321年至19世纪晚期）

所谓的"小冰期"，是指"中世纪气候异常期"之后出现的一个"短暂"的显著降温期，但并不属于一段真正持久的冰期。弗朗索瓦·马泰是一位受人敬重的冰川学家，曾任职于美国地球物理学会冰川委员会；他在1939年首次使用了这个术语，如此写道："我们正生活在一个重新开始但规模中等的冰川时期——一个'小冰期'里。"[5]马泰当时是用一种非正式的方式使用这个说法的，他甚至没有用大写字母进行突出显示，但这一术语如今已经成为一种公认的气候学标签了。

1939年，"小冰期"还仅仅是一种观点。如今，研究人员却已积累了来自世界各地"小冰期"里的气候替代指标与历史记录，其中不但有欧洲和北美地区的，也有包括澳大利亚的大洋洲和日本等遥远之地的。比如说,日本对樱花盛开期的详尽记录可以追溯到 600 年之前,并且提供了充足的降温记录。最近进行的一次全球气温重建,利用了不少于 73 种不同的全球性气候替代指标,它们证明确实存在降温现象,尤其是公元 1500 年至 1800 年间。目前,"小冰期"十分突出,成了自公元前 6000 年以来最显著的一个气候异常期;当然,这并不包括当今人为造成的全球变暖。[6]

究竟是怎么回事呢?在公元 1250—1300 年到公元 1850—1900 年的这段时间里,全世界的气温稍有下降;至于原因,我们却还不清楚。采自格陵兰岛、冰岛和拉布拉多周边的深海岩芯提供了确凿的证据,证明了北极海冰有随着气温突然下降而向南移动的趋势。例如,采自"东冰岛大陆架"且断代准确的高分辨率洋底岩芯中,记录了公元 1300 年之后一次持续了 60 年至 80 年左右的气温陡降,这就是北极冰层南移的结果。14 世纪中叶有过一次短暂的升温期,14 世纪末期再度出现了一次突如其来的降温。在另一个冰层较少南移的时期之后,从公元 1500 年至 20 世纪初,南移的冰层面积就普遍增加了。冰层的这些变化究竟是由火山喷发事件或者太阳变化造成的,还是由其他因素导致的,目前我们还不得而知。

"气温稍降"在很大程度上算是一种一般性的说法,因为降温趋势会随着时间和空间而变化。真正意义上的全球变冷始于公元 1400 年前后,直到 1850 年左右才结束;当时,工业污染导致的温室气体抵消了长期的"轨道强迫"效应(也称"轨道驱动",即地轴倾角以及它围绕太阳公转时轨道形状的缓慢变化带来的影响，其中可能涉及太阳能在纬度和季节方面的再分布）。

"小冰期"里的气候，并不是一成不变的。较短的强迫期（比如火山爆发或者太阳活动的变化）虽然只有暂时的影响，但确实也曾导致气候记录中出现突然而短暂的波动。其他的极端事件包括"大饥荒"这场灾难，以及特大干旱、异常寒冷的冬季和周期性的大风，还有一些对人类社会产生了深远影响的事件，其中包括瘟疫流行、作物歉收和禽畜周期性地大批死亡。这样的事件，既加剧了我们的短期脆弱性，也减缓了人类的顺应速度。

亲历者描述早期全球降温情况的史料非常罕见。1572年，荷兰豪达一座天主教修道院的院长沃特·雅各布森（Wouter Jacobszoon）迁居到了阿姆斯特丹。此人写有一部日记，记录了当时普遍存在的暴力现象与天主教徒受到迫害的情况，其中也有对寒冷天气的牢骚之语。当时，阿姆斯特丹的人连谷物与鲱鱼之类的主食也买不起。降雪一直持续到了来年的4月份。可天气如冬季一般，依然寒冷。1574年11月，一场暴风引发了洪水，冲垮了堤坝，将淹没的田野变成了冰雪覆盖的荒漠。在普鲁士，新教牧师丹尼尔·沙勒（Daniel Schaller）竟然怀疑世界末日已经来临。"非但面包奇匮，吾等珍爱之玉米及谷物，价格亦昂贵至极……林中之木，长势不如既往……是故 ruina mundi［世界之毁灭］将至。"[7]

雅各布森及其同侪曾一再祈求上帝施以援手，却无济于事。那些年间的树木年轮记录的确表明，树木的生长速度放缓了。自公元1510年以来，普鲁士发生了10次地震。虔诚的沙勒认为，

亨德里克·阿维坎普（Hendrick Avercamp，1585—1634）的《村中滑冰图》（*Ice Skating in a Village*），作于1610年前后。阿维坎普描绘的是冬日里一个热闹非凡的市场（图片来源：Everett Collection/Alamy Stock Photo）

地震预示着即将到来的"末日审判与末世之震，凡亡者皆醒，出其墓穴，领受基督之审判"。

不过，"末日审判"始终都没有降临。相反，气候变化仍在继续，而随着海洋温度下降，北海海域很快出现了大量的鲱鱼，让渔民颇感欣慰。但是，寒冷仍然持续不去。泰晤士河的伦敦段在公元1408年至1437年间出现过5次封冻，而在1565年至1695年间则封冻了12次。（泰晤士河上一次封冻是在1963年，那是1814年以来最寒冷的1月份。）这段时间，也就是泰晤士河上的"冰冻集市"蓬勃发展起来的时候。一些具有生意头脑的小商小贩甚至会在冰上烤全牛。冬季的气温不但下降了，而且变得非常极端，完全无法预测。根据气候替代指标重建出来的气温证明，在14世纪和从16世纪末到19世纪之间，罗讷河上的封冻期要比之前的各个时期多得多。

欧洲 16 世纪末的"小冰期"并不是一个令人觉得愉快的时期，因为当时社会普遍动荡不安，而社会动荡常常是由粮食价格上涨引发的。光是在英国，自威廉·莎士比亚出生的 1564 年至 1660 年间，就爆发了 70 多起粮食骚乱。在之前的数个世纪里，英国的酒商一直都向法国出口葡萄酒，可他们的收成在寒冷面前却化为乌有。战争、时有发生的饥荒和严寒，影响了数百万欧洲人的生活。法国的损失尤其严重，这既是连年战乱所致，也有寒冷造成作物歉收的影响。在 16 世纪晚期，至少有 400 万人死于军事暴力、饥荒和流行性疾病。1590 年，信奉新教的国王亨利四世率军围困了信奉天主教的巴黎。由于无法获得充足的大炮，故他决定用断粮的方式，迫使这座城市投降。寒冬对城中的粮食供应造成了严重的破坏；愤怒的暴民要求获得食物，但守军还是继续坚持着。街道两旁，全都是死去的人和极度饥饿、虚弱得无法动弹的民众。到 1590 年 8 月信奉天主教的守军突围之时，已经有 45 000 人饿死或者病死，这一数目占城中人口的五分之一。[8]在此期间，英国与整个欧洲人口外迁的速度加快了，这可不是巧合。

波罗的海地区的粮食与荷兰的基础设施
（公元 16 世纪及以后）

变革即将发生。早在 14、15 世纪，佛兰德斯与尼德兰就率先出现了应对气候变化的创新之举。[9]长期以来，波罗的海诸国与乌克兰都是欧洲大部分地区的粮仓，这里种植的粮食经由阿姆斯特丹外销，远至南方的意大利。17世纪初，从波罗的海诸国进口而来的粮食当中，75%的粮食都会抵达阿姆斯特丹，储存于一座座巨大的仓库中。在国内进行粮食生产，已经变得很不划算了。

为了应对这种情况，荷兰与佛兰德斯的农民都开始尝试种植牲畜饲料，并且种植牧草供牛吃。他们在以前闲置休耕的土地上种植豌豆、蚕豆和富氮的苜蓿。随着越来越多的闲置土地被开垦出来进行耕作，畜牧业也变得越来越重要。由于新的农业生产打破了人们对谷物的一味依赖，并且促生了一种新的国内贸易，因此粪肥、肉类、羊毛和皮革纷纷进入了市场。农民在以前种植谷物的地里种植苜蓿，而他们饲养的牛群则在主人重新种植谷物之前，在草地上吃草。这种自我延续的农业循环，大幅提高了土地的生产力，尤其是在作物中包括了芜菁或者用于酿造啤酒的啤酒花，还有像亚麻和芥菜之类的纯粹经济作物的时候。

波罗的海地区进行的贸易也不容易。冰雪是一个始终存在的难题，严冬之际尤其如此。1586年2月12日，正值天气严寒的隆冬时节，大风和滴水成冰的气温把18艘船困在了霍伦港外迅速扩张的冰层之中。城中居民用斧子破开冰层，费了九牛二虎之力，才把那些船只拖进港口。冬季的暴风雪甚至更加危险。1695年9月9日，接二连三的狂风吹沉了北海上的几十艘船只。大约有1 000名水手因此而丧生。到了夏季，荷兰的沿海地区则完全暴露在盛行的西风之下。在大风中，许多商船都在这个危险的下风岸搁了浅。

阿姆斯特丹的商贾在舒适的住所和仓库里，相当有效地解决了"小冰期"的冬季带来的各种挑战。不过，运送货物的水手却要历经各种艰难险阻，常常还会丢掉性命。诚如历史学家达戈马·德格罗所言："许多荷兰人都适应并利用了不断变化的环境。他们也许并未意识到气候正在改变，但不管是有意还是无意，他们的应对方式都于他们的利益有所裨补，并且反过来造福于他们社会的利益。"[10]尽管云谲波诡的战争和日益复杂的外交手段导致波罗的海诸国间的贸易关系变得更加棘手，这一切还是发生了。例如，在小麦供不应求的时候，人们开始广泛使用价格较为便宜的黑麦，尽管后者制作出来的面包不太受欢迎。结果，小麦和黑麦的价格都出现了波动。在粮食匮乏时，荷兰商贾非但根本没有被这些挑战吓倒，反而动用了阿姆斯特丹的大量存粮，高价出售谷物（尤其是黑麦），将粮食销往那些深陷作物歉收之困境、有可能爆发饥荒的南方地区。

荷兰人在生意上的适应能力，还不止于此。荷兰是一个由大大小小的水道、沟渠、河流、湖泊及近海航路构成的网络，此外还有陆路。荷兰多种多样和紧密相连的交通网络，使得这里比欧洲其他地方都更容易出行，只有在"格林德沃波动期"（1560—1620）出现最严重的暴风雪（气温更低）的时候与"蒙德极小期"除外。[11]阿姆斯特丹和霍伦港还开发出了小型帆船的摆渡服务；它们都定时出发，前往不同的地方，无论空载还是满载，都是如此。这个"船渡"系统经营得红红火火，故16世纪时开始在沿海诸省得到广泛应用。两个世纪之后，阿姆斯特丹每周已有不少于800艘渡船出发驶往荷兰共和国境内的121个目的地了。虽然逆风和狂风有可能导致混乱，可这个系统运作得相当好。1595年，英国富翁法因斯·莫里森（Fynes Moryson）开始了前往耶路撒冷漫长旅程中的第一站：在"喧嚣狂暴"的大风中，从吕伐登前往格罗宁根。他们一行人乘坐的是一条私家渡船。受一股可怕却又有利的西风的推动，乘客们在"狂风大作"时失去了船舵，当时差点儿就沉了船。

各座城市的政府和商贾新建了一些带有纤道的运河，供马匹拉拽的驳船所用。当时逆风航行根本不成问题，人们可以用一种很悠闲的速度，每小时航行7千米，差不多2个小时之内就能从阿姆斯特丹坐船到达霍伦港，反之亦然。到17世纪中叶时，已有30多万名乘客乘坐过这种"拉拽渡船"，并且有头等舱与二等舱之分。儿童乘坐时，只需要半价。

当时包括奴隶在内的人，再加上基本的商品，甚至是干草、鱼和信件，都是通过农民和企业主的小型船只运送的。这种小船叫作schuiten，有些挂着船帆，最长可达10米；它们不仅在主要水道上来去，还在通往所有小社区的各种小运河与渠道中穿梭。天气较为暖和之时，这些渡船通常都能顺利航行。可到了寒冬腊月，冰雪与持续封冻则有可能阻断船渡交通达3个月之久，从而危及乳制品如牛奶的运输，这种商品主要就是用渡船进行运输的。就算是在那种时候，当地人也发挥出了聪明才智，让货物与人口继续流动，从而赋予荷兰共和国一种超过英、法等国的巨大优势；在英、法两国，兴建远离内河与海洋的基础设施是一种更大的挑战。

荷兰的国内交通网络为旅行者提供了一种灵活性与韧性，使得人们能够在"小冰期"气候迅速变化的情况下出行。狂风与冰雪，曾是人们在波罗的海与北海地区进行贸易的两大威胁。幸运的是，尽管粮食价格不断变化，荷兰人在饮食方面却具有多样性，故几乎没有出现过食物匮乏的情况。

多样化的农业经济，使得人们更加容易适应突如其来的短期气候变化；特别是，这里很容易获得波罗的海地区的粮食，而内陆水道则让粮食运输变得更加便捷，几乎可以运往任何一个地方。在人们大规模地开垦土地的同时，这些基础设施也得到了改善，故从16世纪至19世纪初，荷兰的农田面积扩大了差不多10万公顷，而其中大部分又是在1600年至1650年间开垦出来的。幸运的是，荷兰人拥有一种灵活的社会组织制度，在农民收入不断增加的过程中促进了小型农场的发展。与此同时，较年轻的家庭开始追求基本生活用品以外的东西。随着砖木结构的普及和像衣物、家具之类的消费品更易买到，人们的居住条件也大幅改善了。

由于能干和极具竞争精神，故在当时仍然以自给农业为主，且农耕方式数个世纪以来几乎没有什么变化的欧洲，荷兰与佛兰德斯的农民显得独一无二。他们的种种创新之举，逐渐普及开来。到了公元1600年，英国伦敦附近开始出现商品菜园，为城中的市场种植蔬菜。60 年之后，荷兰移民又将抗寒的芜菁引入了土质较松的英格兰东部。绿色的芜菁嫩叶可以很好地替代干草。英国东部地势低洼的沼泽地带，长久以来都是牧民、渔民和捕鸟者的庇护所。荷兰出生的工程师兼海防专家科尼利厄斯·费尔默伊登则在 17 世纪开垦了那里的 15.5 万多公顷沼泽地，使之一跃进入英国产量最高的耕地之列。[12]

尝试种植新的作物，开始变成多样化生存的另一种策略。从美洲引入的玉米和土豆，成了两种常见的作物。土豆是在 1570 年前后，由一个从南美洲回国的西班牙人引入欧洲的。起初，人们只是把土豆当成一种奇异的植物，甚至认为它是一种具有催情作用的药物；当时一位姓名不详的权威人士曾称，食用土豆会"激起爱欲"[*]。这种外来的块茎类植物，非但产量比燕麦和其他作物高得多，而且还富含矿物质。它们先是被用作牲畜的饲料，在 18、19 世纪才变成了爱尔兰和欧洲各地的一种主食。新作物、具有创新性的农耕方法（包括广泛施肥）和改善排水，再加上圈地政策，让英国慢慢地摆脱了谷物种植的束缚。法国却要再过两个世纪的时间，才会摆脱那种束缚。与此同时，像烟草与巧克力之类的成瘾性产品，则变成了社会等级制度中的一部分。

肉类消费也急剧增长了。到 18 世纪时，英国人已经养成了大量食用牛肉、羊肉和猪肉并且乐此不疲的习惯。仅在 1750 年

---

[*]　原文为 "incites to Venus"。维纳斯（Venus）为古罗马神话中十二主神之一，是爱与美的女神。——译者注

一年，伦敦的屠夫就宰杀了至少 7.4 万头肥牛和 57 万只绵羊。随着农作物产量的提高和饲料的丰富，畜群规模变得越来越大，牲畜因它们的肉、皮和副产品而受到了重视。畜牧业在 18 世纪变成了一门艺术，尤其是在罗伯特·贝克维尔的手中；此人是英格兰中部的一位农民，他饲养了许多拉车运货的马匹和肉质上好的牛群。此人最大的成功还在于养羊，特别是"新莱斯特羊"；这是一个成熟速度很快的品种，饲养两年就可以上市出售。[13]

太阳黑子、火山与罪孽（公元 1450 年及以后）

尽管农民和牧师们仍会想起一些将气候灾难与神之震怒联系起来的古老噩梦般的可怕场景，但 17 世纪至 18 世纪初也见证了一些重大的科学进步，并且其中很多都出现在天文学领域里。天文学家记录了金星和水星的凌日现象，还通过观察木星诸卫星的轨道，确定了光的速度。他们的一些研究，有助于我们理解宇宙对地球气候的影响方式。除了对太阳黑子进行探究，他们还研究了日食，发表了第一批详尽论述太阳本身的研究结果。

1711 年，针对 1660 年至 1684 年间太阳黑子活动处于低水平的现象，英国自然科学家威廉·德勒姆发表了评论。他声称："彼时观日者咸以远镜窥之，并无休止，故黑子当无所遁形。"[14]在 1774 年之前，人人都以为黑子是遮挡了太阳的云朵，所以直到 19 世纪，几乎都没有什么新的观测结果问世。如今我们知道，黑子其实是太阳磁场从其表面突起的地方。黑子活动差不多每隔11年就会出现一次盛衰，但不会直接对我们产生影响。有时，可能几天甚至是数周之内完全不出现太阳黑子活动。但在过去的两个世纪里，只有1810年全年都没有出现过黑子活动。以任何标准来衡量，"小冰期"内太阳黑子活动处于低水平的现象都是不同寻常的。这些黑子活动平静期是否导致了该时期的较低气温，我们仍不得而知；但是，它们在很大程度上与气候最寒冷的年份相一致。

"小冰期"内有过3个极小期。第一个时间较长的寒冷阶段，出现在1450年至1530年间。这个阶段，与一个被称为"斯波勒极小期"（以一位德国天文学家的名字命名）的太阳黑子活动水平很低的时期相吻合。[15]"斯波勒极小期"各个年份都气候寒冷，但从16世纪60年代初持续到了1620年的第二个极小期，却要显著寒冷得多；这个时期以阿尔卑斯山上的一座小镇为名，被称为"格林德沃波动期"。在"格林德沃波动期"最寒冷的年份里，欧洲北部的作物生长季竟然短了多达6周。许多农民都不再种植小麦，转而开始种植更加耐寒的大麦、燕麦和黑麦。尽管如此，当时仍然出现了作物歉收，而那些贫瘠土地上的歉收现象尤其严重。"蒙德极小期"（1645—1715）是太阳黑子活动水平极低的一个时期，与欧洲和北美洲气温低于平均水平的那个时期相吻合。当时，泰晤士河的伦敦段与荷兰的运河全都封冻起来了。在"蒙德极小期"里，太阳辐射出来的紫外线较弱，使得平流层里的臭氧含量下降了。这种下降导致了"行星波"，从而让北大西洋涛动转向了负指数模式。在这种情况下，冬季的暴风雪往往更加寒冷，气温也更低，有限的历史资料已经证实了这一点。

太阳黑子活动并不是出现"小冰期"的原因。极有可能，火山活动是一个主要因素，因为寒冷会随着火山活动的增加而加剧。1600年2月19日，秘鲁南部的于埃纳普蒂纳火山爆发了；这是此前2500年里规模最大的一次火山爆发，使得掩埋了庞贝古城的维苏威火山爆发，以及19世纪的坦博拉火山和喀拉喀托火山爆发都相形见绌（参见第十四章）。[16] 于埃纳普蒂纳火山爆发时，将30立方千米的火山灰与岩石喷射到了35千米高的大气当中。火山灰有如大雨一般，落到了面积达数百平方千米的地方。火山灰还覆盖了被火山包围的阿雷基帕。当地的学者费利佩·华曼·波马·德阿亚拉（Felipe Guáman Poma de Ayala）曾称，足足有一个月的时间，人们既看不到太阳和月亮，也看不到星星。1601年的夏季，成了整个北半球自公元1400年以来气温最低的一个夏季。冰岛当年夏天的阳光无比暗淡，地上连影子都照不出来。太阳和月亮不过是两个"朦胧而微红"的幻影罢了。虽然17世纪至少还有4次火山爆发导致气温显著达到了寒冷峰值，但没有哪一次的后果像于埃纳普蒂纳火山爆发那么严重。

沙莫尼如今已是一个时尚的滑雪胜地，但在当时还是一个贫困的村庄，冰雪始终都在威胁着生长中的作物。从1628年至1630年，面对雪崩、洪水和不断推进的冰川，这个村庄失去了三分之一的土地。由于田地一年当中的大部分时间都被积雪覆盖，故三季收成当中只有一季达到了成熟。村民都深感绝望，便说服社区的头领们，向日内瓦主教汇报了他们的困境。他们将冰雪带来的种种威胁，以及他们认为自己正在因为罪孽而遭到惩罚的恐惧之情通通告知了主教。主教便率领一支由 300 人组成的队伍，来到了 4 个被冰川围困的村庄里。他一遍又一遍地祷告，并且为冰原祈福。幸运的是，他的祈福似乎起到了作用，冰雪慢慢地消退了。可不幸的是，刚刚从冰川之下现出身来的土地却太过贫瘠，不适合耕作。而且，冰川的消退也不是永久性的活动。每当冰川再次进逼，沙莫尼和其他地方重新开始的虔诚祈祷，就会上达天听。在 1850 年左右冰川开始消退之前，高山冰川的规模比如今要大得多。

与此同时，由于作物持续歉收，葡萄酒的价格不断上涨，粮食价格也上涨了。作物歉收、饥荒以及由此导致的疾病，便引发了面包骚乱和社会动荡。一如数个世纪以来的历史，教士们纷纷宣称，持久的恶劣天气是上帝对罪孽深重的人类感到震怒的结果。在 1587 年和 1588 年的寒冷岁月里，一场歇斯底里的指控狂潮爆发了。邻居们之间相互指控对方使用巫术。1563 年，德国维森施泰格市政当局就将不少于 63 名被人指控使用巫术的女性判处了火刑。[17] 直到科学家开始对气候事件做出自然的解释，巫术才逐渐淡出了人们的视野。在此之前，上帝和种种超自然力量都很容易被人们当成这一切的始作俑者。

大洋彼岸（公元 17 世纪以后）

尽管为了应对气候条件的挑战，农场与住宅都发生了革命性的变化，但其中有些最彻底的变革，却发生在远距离的海上贸易领域。虽然葡萄牙人与西班牙人在历史上处于领先地位，可令人惊讶的是，此时的荷兰人在一个暴风雨强度日益增加的时期顶替了他们。[18] 在"格林德沃波动期"里，佛兰德斯地区出现猛烈暴风雨的次数达到了以前的 4 倍。最显著的是，风向与风速都出现了重大的变化，导致了一些很有意思的结果。

"格林德沃波动期"内寒冷天气的日益加剧，对荷兰水手以及商贾雄心勃勃地要开辟一条穿越欧洲北部的北极航线的尝试构成了障碍。当时的冰天雪地令人望而生畏，走这条航线的成本也过于高昂，对长途贸易来说并不划算。于是，他们便把注意力转向了一些小型的公司，这些公司曾经对一条经由好望角前往亚洲的南部航线进行过投资。对于这些小企业而言，前往东南亚的航程既危险又漫长，其中的风险也是难以接受的。因此，1602 年，荷兰国会便将这些公司联合起来，组建了荷兰东印度公司（荷兰语为 Vereenogde Oostindische Comagnie，因此略作 VOC）。这家公司实际上是一个企业集团，通过用印度和东南亚出产的香料与纺织品交易贵金属而迅速蓬勃发展起来。荷兰东印度公司由"17人董事会"（Heren XVII，意即"17 贵族"）掌管着，而公司的最终目标为削弱其竞争对手西班牙的商业实力。1619 年，荷兰东印度公司驻亚洲总督扬·彼得松·科恩（Jan Pieterszoon Coen）

占领了东南亚的巴达维亚（即如今的雅加达）；后来，这里变成了荷兰企业在该地区的中心。荷兰东印度公司变成了一个庞大的企业，有 3 万多名员工，此外还有来自非洲的大量劳工，像奴隶一样遭到公司剥削。荷兰人很快就掌控了欧、亚两洲和亚洲诸港之间的贸易，时间长达数代之久。

荷兰东印度公司凭借东印度商船组成的船队，以将风险降至最低程度的规模进行远洋航行。这在很大程度上依赖于公司在海况方面积累起来的经验，尤其是对盛行的洋流与信风的了解。通常来说，这些洋流与信风在北半球是来自东北方向，在南半球则是来自东南方向。起初，公司的船长们尝试了不同的航线，但"17 人董事会"制定了标准化的航程安排：穿过英吉利海峡，然后往南到达好望角，再从那里往东到达澳大利亚沿海，最终向北前往东南亚。每年都有两支船队起航：一支是冬季的"圣诞船队"，另一支则是春季的"复活节船队"。从巴达维亚返回的航程，则是 11 月至次年 1 月间起航，并于次年的 11 月抵达荷兰共和国。

以任何标准来衡量，荷兰东印度公司的航海活动都是很危险的，尤其是在"小冰期"气候最寒冷、时常狂风大作的那几十年里。任何一条船失事都是一场灾难，因为每艘船上都满满当当，全是人员和贵重的货物。在极其寒冷的数十年里，由天气原因导致的沉船事故当中，有一半以上都发生在北海海域。

荷兰东印度公司船只的航海日志是一个宝库，让我们对年复一年的气候变化影响航海的情况有了新的认识。在"蒙德极小期"里，低指数模式的北大西洋涛动和西伯利亚高压（东方一种持久存在的高压）加剧了大西洋东北部盛行的东风，而那里通常是整个航程中速度最慢的地方。热带辐合带也已南移，使得船队在途中的港口停靠变得很不划算。与此同时，1640年后在加勒比海南部涌流的驱动下，信风强度不断提升，加快了荷兰东印度公司的船只横跨大西洋的速度。"小冰期"缩短了前往东南亚的航程，提高了利润；夏季风的强度虽然较弱，但船只若是及时抵达，它们就能够在整个东南亚地区进行贸易。

荷兰商人及其手下的海员可能较为有效地应对了"小冰期"里天气寒冷的数十年，因为该国沿海各地都从全球远洋贸易中获取了巨大的利益。到了17世纪晚期，由于斯堪的纳维亚人、法国人和英国人的小型船舶速度变得更快，运载的也是其他一些利润更高、供精英阶层所用的商品，比如咖啡与茶叶，所以荷兰东印度公司的影响就逐渐衰落下去了。从气候方面来看，"蒙德极小期"的衰退增强了大西洋东北部的西风，从而减缓了出港船舶的速度。

荷兰共和国拥有一种独特的政治结构形式，主要由城市商人委员会实施管理。这些人当中，有野心勃勃的企业家和创新者，也有对非洲原住民进行残酷剥削的人；如今，不但荷兰人承认了这些剥削者的存在，事实上西方的其他大多数殖民国家也承认了这一点。他们利用由此攫取的财富，改进了土地开垦和造船技术，甚至是消防方面的技术。快速发展起来的阿姆斯特丹，变成了欧洲的商业和金融中心，以及一个以商业效率而著称的国际性的进出口中心。最重要的是，荷兰人还成功地适应了气候异常寒冷所带来的种种挑战，并且充分利用了各种独特的机会。

最终，不管是身为工程师、农民、水手，还是农场里的劳力，荷兰人都非但逐渐习惯了持续不断的气候变迁，还设计出了许多巧妙的方法来规划航线，克服了数十年常见的酷寒和各种变幻莫测的自然挑战；这一切，都是人类的奴隶付出了无数努力，辛勤劳作才促成的。我们可以称这种资本主义为有助于解决环境挑战的企业资本主义。但到了最后，正如我们将在第十四章中看到的那样，1815 年一场巨大的火山喷发让每个人所处的局面都彻底发生了逆转。

这些事件，都是在基督教教义对人们思考自然、环境以及人类起源等方面维持着一种宗教束缚的数个世纪里发生的。亚伯拉罕宗教的教义宣称，《创世记》中上帝创造世界与人类的故事属于历史事实。身为阿马大主教的厄谢尔，曾经利用《圣经》中的谱系计算出，上帝是在公元前 4004 年 10 月 22 日创造出地球和人类的。厄谢尔是一位令人敬畏的学者，他发表这一研究结果的时候，正值各个领域里都出现了重大科学进步的几十年，从天文学、生物学、数学、医学到植物分类，不一而足。科学在田野上、实验室里和书房中蓬勃发展起来了。农业多样化和动物选育开始盛行起来；理性的论争与对话，则与宗教意识形态展开了竞争。

在"小冰期"里，认为气候变化是上帝对人类罪孽感到震怒导致的结果这种长久存在的、想当然的观点，在一个理性对话与仔细观察促进了各种科学探究的时代中逐渐消失了。这是古代与当代气候研究中的一个重大转折点；此后，科学便逐渐登上了气候条件预测研究的中心舞台。除了少数阴谋论者和宗教信徒，将科学与其他解释对立起来的论争早已结束。古气候学在很大程度上属于 20 世纪和 21 世纪的一门科学，它彻底改变了我们对全球气候的认知。不过，与世俗和宗教推测相对立的科学，其主导地位却是在"小冰期"气候最寒冷的那个时期开始形成的，对当今和未来的世界都具有根本性意义。

第十四章

可怕的火山喷发

（公元 1808 年至 1988 年）

　　哥伦比亚天文学家弗朗西斯科·何塞·德卡尔达斯感到十分困惑。他从 1808 年 12 月 11 日就开始观察到，平流层里有一层持久存在的"透明之云，翳金乌之辉"。他的观察结果进一步指出："［日之］自然赤色已转银白，至众人皆误以为月。"[1] 秘鲁利马的一位外科医生也注意到，日落时分的晚霞异于寻常。这两位目击者的描述，是唯一记录了一场大规模火山喷发的第一手资料；那场火山爆发很可能发生在东南亚，对全球广大地区的气温都产生了影响。唯一的另一项记录，则是坦博拉火山大爆发 5 年之前，南极冰芯中的硫酸盐含量达到了一个峰值；坦博拉火山也位于东南亚，于 1815 年喷发。

　　神秘莫测的火山喷发，并不是只有一次。从 1808 年至 1835 年间，全球至少出现过 5 场重大的热带火山喷发；在那几十年里，4 月至 9 月间的气温与随后气温较高的 30 年相比低了 0.65℃ 左右。[2] 这种显著的降温，很可能与猛烈的火山活动有关。高山冰川的面积不断扩大。这些火山活动导致的气温变化，减少了印度、澳大利亚和非洲的季风活动，带来了干旱，并在尼罗河的低泛滥水位和东非地区的低湖泊水位中体现出来。火山爆发之后，大西洋-欧洲气旋的路径便南移了，而这种南移，与非洲季风活动的强度降低之间具有关联性。

火山活动就是"小冰期"的最后阶段以广泛的气候波动而引人关注的一个原因；这些气候波动，持续了十年或者数十年之久。火山活动消停之后气温又快速上升，反映出全球气候系统在经历了一系列罕见的火山爆发，或许还有与"工业革命"初期有关的某种有限的人为变暖之后的恢复情况。但从18世纪末和19世纪初以来，随着"小冰期"为长期的变暖所取代，人类导致的温室气体增加就在长期性的气候趋势中占据了首要地位。

火山爆发频繁的那些年，也是社会和政治动荡不安的时期。火山及其原生熔岩流与灾难性的爆炸，成了时髦的奇观。意大利维苏威火山喷发后形成的火山口不但成了一处旅游胜地，还是当时"壮游"*中的一个亮点。一些不那么富有的寻欢作乐者，则可以在伦敦的休闲公园与剧院里一睹壮观的火山爆发场景。"维苏威火山大爆发，喷出滚滚烈焰"（The Eruption of Vesuvius Vomiting Forth Torrents of Fire）这样的标题，就有可能让一家报纸在竞争激烈的广告行业中大获成功。

---

* 壮游（grand tour），旧时英国富家子弟游历欧洲各主要城市的一种教育旅行。——译者注

失控的火山爆发（公元 1815 年）[*]

　　与东南亚太平洋"火山圈"发生的大规模火山爆发相比，维苏威火山喷发只能算是小打小闹，且过去与现在都是如此。取自北极与南极地区的冰芯表明，1808 年西南太平洋地区曾经出现过一场大规模的火山喷发（至于具体日期，仍然有待确定），是 15 世纪初以来规模位列第三的一次大喷发，其规模仅次于坦博拉火山爆发（参见下文所述）和 1458 年西南太平洋地区瓦努阿图岛上的库维火山喷发。1808 年的火山爆发导致遥远的英国都降了温；那一年的整个春季，苏格兰低地山丘上的积雪都久久未化。在英国南部的曼彻斯特，5 月清晨的气温竟然到了冰点以下。1810 年的夏季，接连数周之内的天气都是阴云密布。

　　一次大规模的火山爆发，对全球气温的影响会持续一两年的时间；这一点，与一系列火山爆发（其中也包括 1808 年的那一次）造成的影响大不相同。1815 年东南亚松巴哇岛上的坦博拉火山爆发之前，全球气温已经因为 1808 年那场火山喷发而下降了；坦博拉火山爆发，是现代最猛烈的一桩火山事件。坦博拉火山长

---

* 　原文为 FRANKENSTEIN'S ERUPTION。其中的 FRANKENSTEIN（弗兰肯斯坦）是英国女作家玛丽·雪莱 1818 年发表的长篇小说《弗兰肯斯坦——现代普罗米修斯的故事》（或译《科学怪人》）中的主人公，是个热衷于研究生命起源的生物科学家。此人尝试用不同尸体的各个部位拼凑出一个巨大的人体，并且最终创造出了一个怪物。后来，"弗兰肯斯坦"一词就变成了"作法自毙者"或"失控的创造物"等的代名词。——译者注

期处于休眠状态，但如今我们得知，它在 77 000 年以前曾经喷发过，对亚洲以外的遥远地区也产生了影响。1815 年那场灾难与之前相隔久远的历次喷发一样，是一桩真正的全球性事件。

隆隆作响了数个星期之后，1815 年 4 月 5 日晚，坦博拉火山开始喷发了。在 3 个小时的时间里，山上不断喷出巨大的火苗和一团团火山灰云。5 天之后，火山爆发，炽热的熔岩从山坡上倾泻而下，发出耀眼的光芒。有多达 1 万人因困于火焰、火山灰和熔岩中而死去。两三天之后，坦博拉火山坍塌下去，形成了一个宽达 6 千米的火山口，原来的顶峰则不见了踪影。此山的高度在爆发中减少了 1 500 米，而其爆炸之声，数百千米以外亦可听到。船舶上积满了厚度 1 米多的火山灰。云层之中尽是灰烬，遮天蔽日，将白昼变成了黑夜。火山爆发引起的海啸对沿海地区造成了严重的破坏，导致了大量的人员伤亡。喷发造成的一座座浮石岛屿向西最远漂到了印度洋中部。在方圆 600 千米的范围内，整整两天都是天色昏暗，有如黑夜。整个地区都变得难以辨认，田地尽毁。随着这场灾难的影响不断加剧，有数以千计的人都死于饥饿。松巴哇岛上的森林尽数被毁，此后也一直没有完全恢复原貌。如今，人们对那场火山爆发的情景仍然记忆犹新。当地人还把 1815 年 4 月坦博拉火山爆发的那段时间称为"灰雨时期"，这是有充分理由的。[3] 从全球范围来看，坦博拉火山爆发造成的环境影响与社会影响，一直持续到了遥远的将来。此山喷出的火山灰量，达到了 1980 年美国华盛顿州圣海伦斯火山喷发的 100 倍。1883 年的喀拉喀托火山爆发同样位于东南亚，它是人们系统地加以研究的第一场大规模爆发，使得直射到地球上的阳光量减少了 15% 至 20%。

这场火山喷发之后不久，火山灰便开始在平流层里肆意飘散起来。巨大的火山灰云加上其中的硫酸盐气体，形成了气溶胶；由于气溶胶的密度变得很大，足以将太阳能反射回太空，故平流层的温度升高，地表温度却下降了。陆地、海洋与天空之间的热同步遭到了破坏，季风以及原本长达 3 个月的季风降雨也遭到了削弱。1816 年，南亚的广大地区并没有出现倾盆而下的季风雨，反而遭遇了干旱。气温的波动非常剧烈，储水罐里的饮用水见了底，庄稼也无法再播种，免得播下去之后枯死。降水不足严重地抑制了树木的生长。1816 年 9 月大气状况恢复过来之后，季风却一反常态地猛烈袭来，造成了大范围的洪涝灾害。

在地球的另一端，坦博拉火山爆发则导致了欧洲 1816 年的阴冷天气。那一年的冬天十分寒冷，暴风雪无比猛烈；随着那一年过去，形势也没有出现任何好转。事实上，1816 年还被人们称为"无夏之年"；这种叫法虽然恰如其分，但它掩盖了此次事件的规模：这是一次全球性气候异常现象，而不是一桩孤立的气候事件。

那个不同寻常的夏季里，英国诗人珀西·比希·雪莱曾经携其第二任妻子玛丽，在诗人拜伦勋爵的陪同下去瑞士度假，并且在"猛烈至极的狂风暴雨"中攀登过阿尔卑斯山。当时，这对夫妇和当地人都抱怨天气寒冷，降雨几乎连绵不断，狂风与雷暴把他们困在屋子里。那是自 1753 年有记载以来，日内瓦最寒冷的一个冬天，4月至9月间下了130天的雨，7月甚至下过雪。为天气所困的玛丽，写下了她那篇标志性的恐怖小说，讲述了一位名叫"弗兰肯斯坦"的年轻科学家的故事；如今，弗兰肯斯坦已经成了文学作品当中一个不朽的角色。[4]拜伦则创作了一首题为《黑暗》（"Darkness"）的诗歌，描述了极其寒冷的一天，那天寒冷到小鸟在中午就回巢栖息。在那可怕的一年里，人们连牲畜的草料也买不起，所以马匹要么死去，要么被宰杀吃掉。在边境另一侧的巴登，这种情况还激发了德国发明家卡尔·弗赖尔·冯·德莱斯的灵感，使之发明了"跑步机"，后来则称为"脚踏车"，用以取代马匹。不过，他的这种脚踏机器（即自行车的前身）因危及行人的安全，故被当局禁止使用，连印度车水马龙的加尔各答也是如此。[5]

整个生长季里的异常低温不但毁掉了牲畜的草料，而且毁掉了所有的庄稼收成。英国的小麦达到了1816年至1857年间的最低产量，当时食物支出占到了一个家庭预算的三分之二。[6]法国的作物收成只有正常情况下的一半，部分原因就在于大范围的洪水泛滥和雷暴、冰雹。当年的葡萄收获始于10月19日，是多年以来最晚的一次。粮食价格上涨了，但幸运的是，以前收成中余下了大量储备，让粮食暂时保持着合理的低价。由于交通运输条件有了一定程度的改善，加上粮食进口，故当时出现的仅仅是粮食短缺，而不是一场普遍的饥荒。尽管如此，德国还是陷入了一场全面的粮食危机，而苏黎世的大街小巷里也挤满了乞丐。社会动荡、粮食骚乱和暴力事件在欧洲各地频频爆发,而当时的欧洲仍未从拿破仑战争的浩劫当中恢复过来。

　　制造业与贸易停滞、普遍失业和英国经济快速工业化所带来的压力造成了大范围的骚乱,但它们都被国民卫队镇压下去了。爱尔兰刚刚开始依赖从南美洲引入的那种不耐霜冻和潮湿的主要作物,即土豆,由于救济工作做得不足而陷入了大范围的饥荒之中。[7]这场生存危机导致欧洲各地出现了大规模的移民现象,成千上万饥肠辘辘的穷苦百姓沿着莱茵河而下,前往荷兰,寻找去往美洲的途径。有2万多名穷困潦倒的莱茵兰人＊移民到了北美洲,以逃避在高度分散和作物歉收风险越来越高的土地上从事自给农业的悲惨命运;至于迁往美洲的英国人和爱尔兰人之多,就更不用说了。

乱局(公元 1815 年至 1832 年)

　　暴风雨天气一直持续到了第二年。到了 1817 年,孟加拉湾的水环境产生了刺激作用,导致潜伏在干旱地区水域中的霍乱细菌出现了基因突变。坦博拉火山爆发导致的异常旱涝灾害,诱发了一场全球性的霍乱疫情,令印度人和欧洲人都大量死亡。(据估计,光是爪哇岛一地就死了 12.5 万人,比死于火山喷发中的

＊　莱茵兰(Rhineland),旧地区名,也称"莱茵河左岸地带",位于如今德国的莱茵河中游,包括今北莱茵-威斯特法伦州、莱茵兰-普法尔茨州。——译者注

人还要多。）国界在霍乱面前形同虚设，疫情势不可当地蔓延着。霍乱在 1822 年传到了波斯，1829 年传到了莫斯科，1830 年传到了巴黎，1 年之后又传到了伦敦，并在 1832 年蔓延到了北美洲。疫情对历史的长期影响是巨大的。霍乱让这个刚刚连通起来的世界面临着瘟疫带来的种种危险，并且让拥挤不堪、穷困潦倒的贫民窟里疾病肆虐，导致了种种社会不平等现象。[8] 坦博拉火山爆发造成的气候影响，为一场破坏力堪比黑死病的瘟疫奠定了基础。

坦博拉火山爆发之后的 1816 年夏季，中国上空曾经呈现出瑰丽的色彩。目击者阿裨尔（Clarke Abel）如此描述："粉色斑斓，层层叠叠……骤升于天际。"诚如环境专家吉伦·达西·伍德恰如其分地指出的那样："我们完全可以这样来形容坦博拉的火山灰尘：它是一种迷人的致命之物，对各国而言是伪装成壮观日落的悲剧。"[9] 由此带来的影响可谓立竿见影：华东地区的气温达到了历史最低，作物则基本歉收。在中国西北地区的陕西省，作物严重歉收令成千上万的民众到其他省份逃荒；他们的反应，与欧洲人无异。但受灾最严重的地方还是西南部的云南省，这是一个山区省份，与东南亚的贸易网络之间联系紧密。云南的群山之间，坐落着一处处土地肥沃的河谷，故长期以来都是一个种植水稻和小麦的粮仓。该省的气候温和、宜人，猛烈的印度季风和东亚季风都无法为害。18 世纪末和 19 世纪初云南的农业集约化使得当地人口猛涨数倍，从 1750 年的 300 万增加到了 1820 年的 2 000 万。

1815 年的云南既无春季，也无夏季，因为坦博拉火山爆发之后刚过了一个月，那里的天气就开始寒冷起来。多云多雨的天气毁掉了冬季作物；8 月份的霜冻则冻坏了稻田，让水稻也颗粒无收。由于寒冷的北风导致作物收成减少了三分之二，甚至可能更多，所以从 1815 年至 1818 年，这里就陷入了一场可怕的饥荒之中。气温比平均水平低了 3℃左右。这种温差看似很小，但别忘了：气温每下降 1℃，作物的生长季就会缩短 3 个星期。不幸的是，1814 年的一场旱灾已经让云南的粮食储备消耗一空，因此这里出现了大范围的饥荒。1816 年，这里不但下了雪，还再次出现了一场由寒冷气温和史无前例的冰雾导致的水稻歉收。这场饥荒，直到 1818 年大气条件恢复正常之后才得以缓解。

到了 1817 年初，清朝中央政府对这种紧急情况充分警觉起来，于是各级官吏开始从官方粮仓中拨出免费粮食来赈灾。这种做法并不新鲜，因为中国的官吏一直都仔细地监测着粮食的价格与分配情况，已有数个世纪之久。他们在收获季节征收粮食，然后到了冬季和春季，随着当地粮食供应减少和价格上涨，他们又会分发粮食。据本地官吏称，当时云南储存的粮食足够该省的每个成年男子吃上一个月之久。不过，由于政府多年来对粮仓疏于管理，故这个系统很快就分崩离析，而民众也陷入了饥荒之中。于是，他们转而开始种植经济作物。云南的罂粟种植面积激增，从而催生出了利润丰厚的鸦片贸易。一个世纪之后，云南的粮食几乎就全靠从东南亚进口了。鸦片贸易在 18 世纪和 19 世纪发展起来，以英国为主的西方国家纷纷把印度种植的鸦片出口和销售给中国；中国国内也种有鸦片。然后，英国人再用鸦片销售的利润购买中国的奢侈商品，比如瓷器、丝绸和茶叶，因为西方国家对这些商品的需求量都很大。

美洲的退化？（公元 1816 年至 1820 年）

在西半球，"无夏之年"不但已经变成了一个历史传说，也是数个世代以来北美洲历史上被人们撰文论述得最多的一桩气候事件。当时许多人都称之为"19 世纪的冻死之年"（Eighteen-Hundred-and-Froze-to Death）。1816 年 5 月初，美国华盛顿特区的上空中出现了尘埃云。同样是在 5 月初，格陵兰岛东部上空形成了一个强大的高压系统，引导着北极地区的大气南移，且那一年的隆冬时节也是如此。由于有一个巨大的低压槽驻留在北美洲的五大湖区上空，故冷空气涌入了新英格兰地区之后，那里的气温就大幅下降了。5 月中旬的一场黑霜，毁掉了刚刚种植的作物；当时还出现了一股寒潮，给整个美国东北部带来了厚达三分之一米的降雪。寒冷刺骨的气温笼罩着整个东部地区，向南远至弗吉尼亚的里士满，西至俄亥俄州的辛辛那提。6 月、7 月下旬和 8 月接着出现了霜冻；历史记载中，只有这一年出现过此种情况。在康涅狄格州的纽黑文，作物的生长季缩短到了只有 70 天；干草十分紧缺，牛群则变得饥肠辘辘。[10]

干旱天气加上异常寒冷，一直持续到了 1817 年；当时，业已退休的美国总统托马斯·杰斐逊曾称，他家的大部分庄稼都出现了歉收。3 年之后，他就面临破产了，因为作物歉收让他进一步陷入了债台高筑的困境。杰斐逊向来希望美国成为一个农业大国，可此时他的这个梦想似乎受到了威胁。法国著名的科学家布丰伯爵曾因很少提及上帝在气候与自然中的作用而遭到过神职人员的批评，可正是此人声称，北美洲的持久寒冷不可能让作物和小型物种以外的任何动物存活。这是一种古老的观点，认为纬度决定了气候，以至于当时还有人说，欧洲殖民者在这片被布丰伯爵称为"十足沙漠"的土地上"退化"了。

布丰伯爵的理论当然属于无稽之谈，只不过在广大听众当中一直都很受欢迎。就连玛丽·雪莱也曾提到，弗兰肯斯坦的怪物就是在"退化"的美洲想要逃离文明的。对于造访欧洲的美国人来说，天气变成了一个敏感的话题。18 世纪 80 年代初担任美国驻巴黎大使期间，杰斐逊曾是祖国的积极辩护者。他那部具有里程碑意义的作品《弗吉尼亚纪事》（*Notes on the State of Virginia*）对布丰伯爵的种种假说发起了一次正面进攻。他以业已灭绝的猛犸的硕大体形和"精神之充沛及活力与吾等无二"的美洲原住民为例，既为祖国的民众辩护，也为祖国的动物辩护。至于美国的西部，则是一幅健康与幸福的景象。[11] 对于美国，杰斐逊心怀一种充满激情的帝国愿景。他曾与布丰伯爵共进晚餐。两人用一种极其文明的方式，一致同意求同存异。

与 17 世纪一样，19 世纪早期许多论述美国的作品中充斥着的气候乐观主义，在创纪录的寒冷面前并未保持下去；那种寒冷首先是由 1808 年的火山喷发引起的，这次喷发导致纽黑文的气温远远降到了平均水平以下。接下来是坦博拉火山的爆发，它主要影响的是美国的东部沿海地区，而在像俄亥俄州这样位于其西部的地区，当年的庄稼还获得了丰收。不过，坦博拉火山事件带来的严寒，让美国的经济陷入了一场从 1819 年持续到 1822 年的萧条之中。许多人为了逃离经济萧条而迁往西部，从而形成了美洲历史上第一次为气候所驱动的大规模移民，可他们最终却沦为了土地投机商的牺牲品，只能任其摆布。除了这些移民，还有成千上万为逃离欧洲的恶劣条件而来的移民，所以这里不可避免地出现了地产泡沫和信贷危机。随着欧洲的农作物产量在 1820 年之后大幅增加，美国棉花与小麦的价格也急剧下跌了。到了此时，金融恐慌已经导致 300 多家银行在一夜之间倒闭。总而言之，坦博拉火山爆发不仅导致美国商品的欧洲市场崩了盘，而且削弱了金融系统和美国经济的方方面面，在美国人口还只有区区1 000 万的一个时期，导致了可能在 19 世纪最具破坏性的一场经济危机。

以煤驱寒（公元 1850 年及以后）

"小冰期"是什么时候结束的呢？长期以来，传统观点一直认为是在 1850 年左右，认为其结束与工业活动日益加剧导致的持续变暖有关。然而，据取自瑞士阿尔卑斯山上的冰芯来看，情况却并没有这么简单。

在19世纪中叶的冰川最盛期，全球大约有4 000座大小不一的高山冰川，它们延伸的距离差不多是如今的2倍。接下来，它们在1865年前后开始消退。科学家长久以来都认为，是气温上升和降雨减少导致了冰川的快速消退，从而标志着"小冰期"的结束。但最终证明，这种假设是错误的，因为冰川消退的时候，当地的气温比18世纪末期和19世纪初期更低。降雨量显然也没有发生变化。所以，还有某种强迫机制在发挥作用，导致了冰川的神秘消退。

人们在海拔大约4 000米的地方钻取的高海拔冰芯表明，当时的炭黑排放量及含碳气溶胶都急剧增加了；这种情况，在一定程度上是由化石燃料的不完全燃烧和其他的人类活动导致的。[12]这两种物质，随着工业革命的发展而进入了大气当中；工业革命18世纪中叶始于英国，然后在接下来的100年里蔓延到了法国、德国和西欧的大多数国家。1850年以后，炭黑的排放量急剧上升。冰川研究人员将当时冰川上的炭黑能量效应进行转换之后发现，炭黑的融化效应导致了冰川消退，而没有导致气温出现剧烈的变化。由于阿尔卑斯山脉周边地区都在大力进行工业化，故此地冰川中的炭黑含量在1850年至1870年间迅速攀升，此后则稳步增长，一直持续到进入20世纪后的很长一段时间。

为了取暖和工业用途而进行的煤炭燃烧，是造成污染的一个重要原因；同时，阿尔卑斯地区旅游交通的增长，也是如此。阿尔卑斯诸谷中的空气中弥漫着乌黑的烟尘，所以19世纪那里的家庭主妇从来就没有在户外晾晒过衣物。

对于阿尔卑斯山脉上的冰川，人们的了解超过对世界上其他任何地方的冰川；因此，若是想当然地认为阿尔卑斯山地区"小冰期"的结束与其他地方的冰川消退时间相一致，那就错了。并不是所有的冰川都在19世纪60年代同时开始消退。早在1740年，玻利维亚安第斯山脉上就出现了冰川消退的现象；喜马拉雅冰川在19世纪中叶开始消退，而阿根廷与挪威等地的冰川则到20世纪初才开始消退。跟其他许多与气候有关的现象一样，气温变化与其他变化既是地方性的，也是全球性的。

而且，欧洲也不是明确地在1850年之后变暖了。19世纪70年代各个年份都比较暖和，只是1875年之后偶尔出现过2月份极其寒冷和夏季湿润的情况。1878年至1879年间出现过一次短暂的寒潮，其间的气候条件堪比17世纪90年代。英格兰东部的农民过了圣诞节之后仍在收割庄稼；当时，产自美国大草原地区的廉价小麦正在铺天盖地地涌入英国的粮食市场。随后，就出现了农业萧条。此时也正是印度和中国持续出现季风不力的一个时期，有1 400万至1 800万人死于寒冷、干旱与季风不力导致的饥荒。晚至19世纪80年代，仍有数百名伦敦穷人在持久的寒潮中死于意外高热。1894年至1895年间的隆冬时节，泰晤士河上出现了大块大块的浮冰。接下来，漫长的气候变暖开始了。从1895年至1940年这差不多半个世纪的时间里，欧洲的冬季气候都相对温和。其间只有1916年至1917年间和1928年至1929年间的两个冬天异常寒冷，但完全没有出现"小冰期"里那种持久不断的刺骨之冷。

19世纪80年代经济萧条的局面，导致移民如潮水一般迁往了各个新的国度。成千上万失业的农场劳力从乡村迁入了城市，或者搬到了澳大利亚、新西兰，以及他们觉得有生存机会的其他地方。19世纪的移民大潮，让渴望获得土地的欧洲农民纷纷迁移到了澳大利亚、北美洲、新西兰、南非以及其他地方，寻找未开垦的肥沃之地。他们像蝗虫一般蜂拥而至，砍伐了数以百万计的树木，以供耕种、取薪，并且为发展中的市镇和城市提供建筑所用的木料。[13] 大规模的森林砍伐让大气中的二氧化碳含量增加，从而助长了气候变暖。一座原始森林中，每平方千米的林木可以吸纳多达3万吨的碳；再加上其中的林下植物，它们吸纳的碳还会更多。树木被伐之后，它们不再吸收碳，故大部分碳就会进入大气当中。据一项估算，1850年至1870年这20年间全球农业生产和土地改造的剧增，导致大气中的二氧化碳含量增加了10%左右；即便是把海洋中吸收的碳算进去之后，也是如此。虽然在那些年里，古老的加州狐尾松中的同位素水平上升了，但其时燃烧化石燃料在整个环境中还是一个无关紧要的因素。我们可以把这种情况与2020年巴西亚马孙雨林中由农民与伐木工引发的76 000次林火造成的灾难性影响进行对比。光是2020年7月，亚马孙雨林的面积就减小了1 345平方千米。

燃煤是炭黑聚积的主要原因。早在1912年8月14日，新西兰北岛的一份报纸《罗德尼与奥塔马泰亚时报、韦特马塔与凯帕拉公报》上就曾指出："如今，全世界的火炉每年都要烧掉大约 20 亿吨煤炭。煤炭与氧气结合进行燃烧后，每年会让大气中增加大约 700 万吨二氧化碳……几个世纪之后，由此产生的影响将会相当之大。"[14] 这篇默默无闻的文章，并不是人们头一次论述气候变暖的危害。早在一个月之前，即 1912 年 7 月 17 日，澳大利亚的《布雷德伍德快报》(*Braidwood Dispatch*)上就刊登过同样的报道，而那篇报道又是从同年 3 月发表过一篇类似报道的英国《大众机械》(*Popular Mechanics*)杂志上复制过来的。这种可怕的警告，并不是什么新鲜事。它们早已以某种形式，存在很长一段时间了。

燃烧的问题（公元 19 世纪晚期）

早在 17 世纪，伦敦人就对烧海煤（即在海平面或海平面以下的地方发现的烟煤）时会产生具有污染性的烟雾问题发过牢骚。感觉敏锐的约翰·伊夫林（John Evelyn）曾经抱怨过煤炭燃烧时产生的"烟汽"。英王查理二世想过一些办法来减少日益严重的雾霾问题，却无济于事。1843 年，曼彻斯特至少有 500 座工业烟囱，使得整座城市都笼罩在一层"浓云"之下，而透过云层看去，太阳"宛如无光之盘"。[15] 到了 19 世纪 50 年代，伦敦已经成了全球最富裕、实力最强大的城市，随后又成了全球最拥挤和污染最严重的城市。到 1900 年时，伦敦这座靠燃煤取暖的城市里已有650万人生活着。与此同时，该市的卫生问题却令人瞠目，让泰晤士河变成了一条可怕的下水道。该市有如"豌豆汤"一般的浓雾，阿瑟·柯南道尔爵士曾在其"夏洛克·福尔摩斯"系列小说中描写过；这种浓雾，不但在整个欧洲赫赫有名，而且一直持续到了20世纪中叶。工业活动与自然条件结合起来，便产生了一种有毒的大气。

一个深奥的研究领域，也让人们产生了空气污染日益严重的印象，那就是19世纪绘画作品中的风景画。[16]J.M.W. 透纳（1775—1851）是一位风景画家，他在光线和气氛方面的表现主义研究生动而出众。在坦博拉火山喷发之后的3年里，他和一些画家一样，绘制过一些令人震惊的日落之景。透纳说过，他绘制风景画的目的，是展示场景的本来面貌。颜色较红的日落之景，可能就反映出了火山喷发的影响。20世纪70年代，气象学家汉斯·纽伯格（Hans Neuberger）曾经对欧洲与美国的美术馆里收藏的、绘制于1400年至1967年间的画作进行了分析。他的统计分析表明，几个世纪以来，画作中的云量都在缓慢增加，但1850年之后，画作中的天空就不再那么蔚蓝，空气也更加朦胧了；至于原因，除了艺术惯例，纽伯格还认为那是由于空气污染加剧，欧洲的蓝天逐渐消失了。如今，雅典国家天文台的一个小组正在对旧时无数大师绘制的日落作品进行研究。然而，诚如环境史学家业已指出的那样，我们必须将众多因素考虑进去，才能将这些作品视作当时气候状况的可靠指标来使用；这些因素中，也包括了艺术市场的种种时尚。尽管如此，许多知名度不那么高、描绘了 19 世纪末泰晤士河上航运情况的日常画作，却都以伦敦受到污染的天空中飘浮着一层薄雾为特点。

虽说燃煤和工业污染是气候持续变暖的原因，可我们很难确定，人类活动究竟是从何时开始导致如今这种长期变暖局面的。在某种程度上，这是一个定义的问题。例如，成立于 1988 年的联合国政府间气候变化专门委员会就武断地将公元 1750 年定为起始点，认为工业活动从此开始更加广泛地扩散，从而导致化石燃料的使用与温室气体排放量增加。不过，人们将海洋的古气候数据综合起来之后，却得出了一种更加微妙的判断：海洋古气候数据表明，过去 2 000 年里海洋表面温度最低的时期出现在 1400 年至 1800 年间；这种情况，很大程度上是过去 1 000 年间火山活动加剧导致的。在许多地区，海面温度长期下降的趋势到了工业时代发生了逆转，与陆地上的相同温度趋势相吻合。海陆两种趋势都表明，全球变暖是在 1800 年之后开始的。

这些关于平均气温的资料，都掩盖了显著的地区性气温差异。19 世纪 30 年代，热带海域开始持续变暖，北半球的陆地变暖也反映出了这一点。大约 50 年之后，南半球（尤其是大洋洲和南美洲）才开始变暖。这里具有争议的问题，就是气候变化带来的影响究竟在何时超出了各种自然体系能够适应的气候变化范围。最新评估表明，属于 20 世纪的标志性特征并且持续至今的大范围气候变暖源自一种持续的趋势；这种趋势，早在 19 世纪 30 年代就在热带海洋和北半球的部分地区开始了。火山活动有没有在其中发挥作用呢？坦博拉火山爆发导致的降温并没有持续下去，反而是随着气候的恢复，进入了一个全球加速变暖的间隔期。情况极有可能是，到了19世纪中叶，工业时代气候变暖的"温室强迫效应"就已开始，并且持续至今。

人为变暖（公元1900年至1988年）

1900年至1939年间是一个西风频现、冬季气候温和的时期；这两个方面，正是北大西洋涛动处于高指数阶段的典型特征。亚速尔群岛与冰岛低压之间的气压梯度十分陡峭，足以维持盛行风。世界各地的气温都在20世纪40年代初达到了峰值，而像冰岛和斯匹次卑尔根岛这些靠近北极的地区，气温也明显上升了。北方的浮冰面积减少了10%左右；高山上的雪线上移；船只每年可以抵达斯匹次卑尔根岛的时间达到了5个月，而在20世纪20年代却只有3个月。欧洲北部和西部降雨增多，使得"一战"中的西线战场变成了一片泥泞的荒野。随着气候持续变暖，充沛的降雨也持续到了20世纪20年代和30年代。1925年以后，高山冰川退入了山间，从一座座谷底消失了。更强劲的太平洋西风带不但导致了20世纪30年代美国俄克拉何马州的"尘暴"，而且增加了落基山脉频频出现干燥之风的可能性。大气环流的变化，使得印度季风更加稳定可靠，在1925年至1960年间只出现过两次强度稍有不足的情况。

20世纪40年代，科学家开始讨论气候持续变暖的问题，因为这种变暖已经超过了以前各个时代正常的气候波动范围。据他们推测，长此以往，北极冰川将会消退，北方的浮冰也会消失。不过，他们并没有把人类的行为考虑进去，比如砍伐森林或者使用化石燃料，因而将大多数人为造成的变化排除在外，免除了人类的责任。当时，气候研究还处于起步阶段，没有计算机模型、卫星以及全球天气跟踪技术。除了无工具可用，降雨和气温的持续变化往往还掩盖了一些至关重要的长期性趋势。人们也缺乏时间跨度以千年和世纪计，并且经过了精心组织的气象资料。

随着西风带的强度减弱和欧洲西部气候变得更加寒冷、冬季通常也变得更加干燥，北大西洋涛动在 20 世纪 60 年代转入了一个低指数阶段。1965 年至 1966 年间，波罗的海完全为冰层所覆盖。1968 年的冬季异常寒冷，冰岛自 1888 年以来第一次被北极海冰所环绕。那一年，欧洲东部和土耳其也经历了两个世纪以来最寒冷的一个冬天。美国中西部和东部地区出现了创历史纪录的低温，使得许多人都认为，另一个"大冰期"即将来临。

1971 年至 1972 年间，北大西洋涛动突然发生了变化。气候变暖重新开始，速度似乎还加快了。波罗的海上，1973 年至 1974 年间全然无冰。英国度过了自 1834 年以来气温最高的一个夏季。1975 年至 1976 年间，创纪录的热浪席卷了西欧的大部分地区。越来越多的极端天气和日益增加的飓风活动，再加上无数场干旱，描绘出了一幅与 20 世纪初截然不同的全球气候图景。1988 年出现了一个暴露政治真相的时刻，一场 2 个月的热浪在美国中西部和东部地区肆虐。密西西比河上，一长段一长段的河道几近干涸。驳船搁浅了数个星期之久。"大平原"上约有一半的庄稼歉收，而美国西部为干旱所困的乡村地区则有1 000多万公顷的土地发生了火灾。

1988年6月23日，美国参议院在华盛顿特区举行的一场听证会将气候变化与全球变暖从一个鲜为人知的科学问题变成了一个公共政策的问题。气候学家詹姆斯·汉森在美国参议院的能源和自然资源委员会做证的那一天，气温高达38℃。[17]汉森利用世界各地2 000座气象站的数据证明，不但全球气温在过去一个世纪里变暖了，而且20世纪70年代初期以后，全球气温再度急剧上升。他直言道，由于人类胡乱使用化石燃料，地球正在永久性地变暖。我们未来的气候当中，将出现更加频繁的热浪、干旱和其他极端气候事件。他的证词，在一夜之间就将人为造成的全球变暖问题推到了公众的视野当中。从那以后，还没有哪一桩气候事件证明汉森的观点是错误的。

但是，气候变化意识慢慢地进入了公众觉悟的背景当中。工业发展不但改变了美国的经济，还导致美国形成了一种复杂的金融制度；这种制度发挥了巨大的作用，让绝大多数美国人都不会受到作物歉收与气候突变等严酷现实的影响。不过，自20世纪90年代以来，气候变化已经变成了公众关注的焦点；之所以如此，在很大程度上是因为大规模的厄尔尼诺现象、持续的升温和漫长的干旱周期造成了巨大的破坏。人类活动正在导致全球势不可当地变暖，这一点如今已为科学所证实。正是如今，在一个人为导致气候不断变暖的世界上，气候变化才迅速变成全球政治中的一个重大问题；尽管仍有一些落伍的理论家在喋喋不休，也是如此。

第十五章

回到未来
（今天与明天）

美洲、罗马、中国、印度；洪水、火山、干旱、温和年份；饥荒、战争、剥削、适应，以及合作。在本书中，我们已经讲述了许多关于人类祖先成功和不成功地应对气候变化的故事。但在当前这种气候变化的背景之下，过去还重要吗？毕竟，除了少数否认气候变化的人，大多数人都一致认为，如今气候变化的原因就是我们自己在工业时代的行为；可在 19 世纪以前，这样的变化是自然促成的。正如一群气候学家最近强调的那样，古时的气候变化大部分都发生在局部和地区的层次上，而如今人为导致的变暖与气候变化却是持续不断和全球性的；现在，我们可以在全球范围内几乎同时共享气候变化的信息了。[1] 这些即时性的联系，赋予每个人以新的力量。无论是谁，都可以对未来的气候变化施加影响；这种情况，有时被称为"格蕾塔·通贝里效应"。那么，为什么有人要去关注工业化之前众多常常互不联系的社会适应气候变化的方式呢？我们那些业已作古的祖先的经验，对于我们今天正在面对、未来甚至要更加直接地面对的气候变化，又可能具有哪些意义呢？正如小说家 L.P. 哈特利在 1954 年所写的那样："过去有如他乡，人们行事方式相异。"[2]

尽管在本书论及的 3 万年间，整个世界已经发生了沧桑巨变，一如我们的经济发展，但我们以及生活在这万千年里的人们，无论肤色还是国籍，都具有很浅的进化根基。我们智人在本质上都很相似，全都拥有相同的激素、躯体、血液和大脑潜能。而且，由于我们属于同一物种，故我们对意外事件所做的反应常常具有惊人的相似性，跨越了时间与空间。我们之所以明白这一点，是因为亲历者对古罗马人在维苏威火山爆发那场灾难发生后所做反应的描述，听起来与人们对 1815 年坦博拉火山爆发或者对 1980 年美国西北部太平洋沿岸圣海伦斯火山爆发的反应出奇地相似。2005 年 8 月"卡特里娜"飓风将美国新奥尔良变成一片汪洋和 2012 年超级风暴"桑迪"袭击古巴和美国东部地区的时候，人们也出现了同样的行为。

从这些自然灾难当中，我们已经得知，最强大的顺应与生存武器，就是人类身上一些可以追溯至遥远过去的品质：在适应和恢复过程中进行地方性合作十分重要；不论是社群之间、亲族群体之间进行合作，还是常常有可能在政治、宗教或者文化上处于对立状态的范围更广的群体之间进行合作，都是如此。回顾过往，我们还能看出人类这个物种所有的潜在行为；虽然其中一些行为令人毛骨悚然和具有剥削性，但我们也可以从中吸取教训。

新的科学研究也正在彻底改变我们对过去那些全球性的和地方性的气候变化的看法。半个世纪以前，我们对过去 2 000 年间欧洲和美洲的气候情况还知之甚少。如今，我们却可以破译 2 000 年甚至是更久的季节性气候变化密码了。在中国和印度、澳大利亚和新西兰以及太平洋诸岛上进行的研究表明，气候变化在人类历史上始终都是一种强大的驱动因素，只是常常并不引人注目罢了。我们也得知了当前的许多情况，明白了我们人类对全球生态系统已经造成并将继续造成的生态危害。许多研究气候变化的人士都预测说未来很危险，因为未来世界在很大程度上将受到日益激增、居住之地也越来越近的人口影响，以及受几乎全部由人类活动导致的气候变化所影响。他们恰如其分地呼吁人们寻找解决方案，减少人为导致的变暖。这依然是一个全球性的问题，而不能成为一个被狭隘的民族主义和党派政治所模糊的问题。[3]

我们要重申这一呼吁。人人都须牢记，我们是同一个物种，只有很浅的进化根基，代表了全球之间的紧密联系；而且，我们都是过去和未来的参与者。

生而为人

之所以说我们的根基很浅，是因为我们所处的现代工业世界建立在不久之前的奴隶制度与殖民主义的基础上。为了证明利用奴隶和剥削其他国度具有正当性，西方殖民主义者曾经强调，世界不同地区的人（或者"种族"，这是一个难以明确分类的术语，很大程度上是以肤浅而容易改变的外貌为基础）之间存在一条鸿沟。这种洗脑之举，根深蒂固。直到 20 世纪 90 年代，许多人类进化论者还认为，不同大陆上的现代智人之间的进化关联都极其久远（差不多有 200 万年），而且不同"种族"是在不同的地区同时进化出来的，比如在中国、欧洲、非洲等等。可如今我们得知，我们这个物种是在大约 30 万年前于非洲登上历史舞台的，身体结构（即生理上，可能心理上也是如此）则在 15 万年前以后变得和现代人完全一样了；所有生活在非洲以外的人，都是在大约 5 万年前离开那个大陆的。

的确，其中有些人后来跟尼安德特人和其他物种繁育过后代，但由此遗传下来的 DNA，却并未局限于单一的肤色、头发类型或者头部形状，而且绝对不会造成种族主义者所鼓吹的种种巨大差异。作为一个物种，我们在生物学上很相似。我们的外貌属于表面现象，且容貌也很容易在一代人的时间里就发生改变。而具有普遍性和让我们成为"生理结构上的现代人类"的，是我们的内在布局：我们都有一个很大的脑袋，具有说话、提前规划和创造性思维的能力。这些能力，有助于定义我们作为智人的独特身份。把现代人类与世间其他动物区分开来的关键行为特征，就是文化。文化既是人类的一种独特属性，也是我们适应不断变化的环境的主要手段。不过，文化具有悠久的历史，比我们人类这个物种的历史还要悠久。

让维多利亚时代那些顽固不化的人大感恐惧的是，我们竟然属于裸猿。我们的整个进化起源，可以追溯到 600 万年前甚至更久以前，追溯到早期人类与现代黑猩猩的祖先分道扬镳的时候。我们只发现了在那数百万年之后人类文化的证据：在肯尼亚境内发掘出的具有 330 万年历史的"洛迈奎 3 号"（Lomekwi 3）遗址中，出现了粗糙的残破石器这种考古记录。这些工具表明，一个古老的人类物种已经开始巧妙地利用天然石块为自己服务了。诚然，还有一些聪明的动物也会使用工具——我们会想到章鱼和黑猩猩——但它们不可能达到我们如今和过去已经达到的那种程度。

只有人类依赖于各种各样的"物质文化"（即我们制造出来的东西），并将其当成自身与环境之间的缓冲之物，而不是只依靠我们的身体。这一点独一无二，与依赖皮毛、獠牙、网子、毒液、兽角等的其他动物截然不同。文化具有令人着迷的多样性：如今极北之地的因纽特人会缝制厚厚的多层衣物，建造圆顶冰屋，并且用石头、鹿角和兽角制成的器具捕杀猎物为食，而大多数伦敦人却住在砖木房屋里，穿着工厂里生产出来的布料衣物，从超市里购买食品，并且使用计算机。但是，我们可不能为这种多样性所蒙蔽，以至于看不到我们固有的相似之处。

尽管种类繁多，但所有的人类文化都有一个共同的特点，那就是它们会持续不断地适应各种各样的变化。在狩猎社会中，一群驯鹿有可能在毫无征兆的情况下改变它们的春季迁徙路线；邻近群落（或者街道）的亲族可能发生争执；从其他女性那里搜集到的消息，有可能导致一个群体迁徙到 20 千米以外的地方去采摘成熟的果子。自给农民有可能因土地继承的问题而发生纠纷，在饥馑岁月里有可能靠住在一定距离之外的亲族提供食物。城市领导人有可能争夺贸易线路，甚至发动战争来控制像铁矿、大米或石油之类的资源。所有社会，在做出决策或者讨论决策时都会出现动荡。

令人瞩目的是，人类常常以同样的通用方法来适应。这就是为什么迁徙是适应策略中的一种强大催化剂。数千年以来，迁徙始终都是一种合乎逻辑的适应策略。不过，当我们回顾更加久远的过去时，由于没有文献记载，故我们有可能很难理解以前经济、环境、政治与社会方面的变化。适应过程很复杂。考古学家如今已经变得相当擅长发现重大经济变化和技术变化的痕迹，比如从狩猎与采集变成农业与畜牧业。虽然人类的许多行为都存在于无形的领域——比如，我们虽然无法发掘出一种业已消失的语言，或者一种早已失传的口头传统——但我们可以看到帮助我们适应了重大气候变化的种种技术创新。

在"大冰期"末期的严寒气候中，生活在欧亚大草原上的人们曾穿着用有孔针缝制的分层服装御寒，但这并不意味着，这些生活在"大冰期"里的人是最早使用针这种工具的人；他们并不是率先使用针的人，因为南非斯布都洞穴的古人早在 61 000 年前就使用这种工具了。大约 15 000 年前，陶罐开始被用于烹煮和储存食物。但同样，人们甚至在更早的时代就已经使用陶土了，它们以装饰性的小雕像形式留存于世。人类能够创新，但聪明的人还会从过去和别人那里吸取教训。用于制造斧头和刀剑的青铜，彻底改变了农业与战争；随后又出现了硬度更大的铁，以及被各地群落迅速采用的冶炼方法。灌溉技术与城市卫生设施，以及战车与有舷外支架的独木舟，都是我们这个"聪明的"物种的非凡发明。有的时候，这些发明是在相距遥远的地区独立出现的（比如说，美洲和近东地区的作物驯化就是如此）；有的时候，一些非凡的发明却会逐渐变得默默无闻，并且最终消失（比如说，随着印度河文明终结，又过了 2 000 年，才出现可以与之比肩的卫生技术）。不过，有时聪明的点子会在广大地区之间共享，从一个社群传到另一个社群；假如愿意的话，您可以喻之为一种有益的"传染病"。我们这些身处 21 世纪工业时代的人类，并不是带着超级计算机和原子能突然之间就敏捷地跳上了历史舞台的。我们的背后，至少有 300 万年的技术实验和创新，以及人类适应气候变化的数百万年历史。

为什么这些遗产会持久存续呢？因为我们总是把自己掌握的知识和经验传授给年轻人。在后"大冰期"时代气候开始变暖以前，几乎所有社会都以小型狩猎与采集群落的形式繁衍生息着；对这些群落而言，经验具有至关重要的意义。老一辈人积累起来的经验，会以口头形式代代相传，而工业化之前的所有农业和畜牧业群落也是如此；他们有时是通过口口相传，或者以歌唱、吟诵和讲故事的方式（当然还有举例）将经验传递下去。这些经验，大部分都属于有关当地环境和环境中各种动植物的深入知识；动植物不但为人们提供了食物，还提供了药物、衣物，以及用于制造狩猎武器、挖土棍棒和其他工具的原材料。这种环境知识，源自人们世世代代的仔细观察，观察的对象既有随季节更替而变化的自然现象，也有猎物和即将出现的天气情况，不论那是一场暴风雪、一场飓风，还是表明一股干燥的离岸风将毁掉正在生长的作物的种种征兆。这种知识异常全面，通过人类遗留下来的东西向我们表明了当时的情况，比如"大冰期"洞穴壁画中的驯鹿皮毛细节、为夏威夷的酋长制作斗篷所用的羽毛，或者牛群在不同季节里所吃的野草。因纽特人以前和现在都有许多的词语来描述不同的冰雪环境。阿留申群岛上曾经划着独木舟在白令海峡上乘风破浪的印第安人，也是如此。他们曾经用各种各样的词汇，描述过海峡上汹涌的波涛。这些全都属于传承性的知识，父传子、母传女，代代相传，从祖先一路传授给了后代。

知识传承

大量的环境知识，已经通过一代又一代人传承到了我们的手中；其中，记载于纸张或者羊皮纸上的知识很少，大部分都属于口述传统，且如今越来越多的口述传统正在逐年消失。历经数千年才习得的这些自然环境知识，当是我们从过去传承而来的最不朽之遗产。只可惜，随着18、19世纪开始的工业化，这个庞大而至关重要的专业知识宝库正在迅速枯竭，被工业化的粮食生产及其生产过程中所用的肥料边缘化，被人们对森林的乱砍滥伐扫到了一边；这些做法的特点，就是几乎完全无视原住民族和我们这个世界的未来。

尽管如此，世间仍然留存着一个传统的气候与环境知识宝库；它既留存于自给农民的记忆当中，也留存在世人遗忘已久的人类学档案与历史档案之中。19 世纪和 20 世纪的西方人类学家搜集了这种知识当中的一大部分；之所以如此，是因为他们对日常生活的细节怀有持久的兴趣（常常是服务于殖民主义），而日常生活就包括了自给农业和常规的传统做法。这种传统知识当中，大部分都以我们如今所称的"风险管理"为中心。与一位靠一季又一季作物收成为生、在土地上辛勤劳作的农民谈一谈，或者读一读维多利亚时期的渔民驾驶帆船在北大西洋冒险出航的故事，您就会发现，自己看到的都是一些谨慎之人。无论现在还是过去，他们所关心的，都是如何在饥荒与营养不良始终像幽灵一般徘徊于地平线上的世界里长期生存下去。

这些人都生活在农村社区，而不是大城市；如今，全世界仍有数以百万计这样的人。巨大的认知鸿沟，再加上一种紧迫感和采取行动的需要，将我们这些城里人与那些传统上与环境联系紧密的人分隔开来了。二者的生活，是脱了节的。那些生活与环境密切相关的人，对他们的农田都投入了深厚的情感——为兴建重大水电项目而安置被迫搬迁的民众时会困难重重，就是明证。自给农民对他们的土地和所处的环境了如指掌，而对生活在拥挤的都市环境里的大多数人而言，这一点是难以想象的。他们对**本地**的生态、对干旱周期之类的**局部**气候变化以及它们在环境中的征兆等方面的认识，原本是揭示小型社群如何在气候变化中生存下去的宝贵资料；可这种正在快速消失的知识，却被人们遗忘或者忽视了。亚马孙人、安第斯地区的农民、美国西南部的普韦布洛印第安人，以及非洲中部的农村社群里的人们，如今仍然严格保守着这些知识的秘密。考虑到最近几个世纪的掠夺性殖民活动，我们并不能去责怪他们。环境智慧是一种令人叹服却经常被人们忘记的历史遗产，其中的大部分知识与如今生态学家费尽辛苦得来的知识相比，要细致得多。随着气候危机不断加剧，我们是否可以认为这条鸿沟终将弥合呢？当今世界的气候瞬息万变，我们这些目前与环境脱了节的城市居民，是否会有朝一日开始更加直接地面对环境呢？倘若如此，我们将受益无穷。

亲族关系

过去的另一种宝贵遗产，就是亲族关系（指社群内部和社群之间实际存在或者想象出来的种种亲族联系）。没有哪一个人类社会做到过彻底的自给自足，连"大冰期"里的许多狩猎群落也是如此——他们在短暂的一生中，可能只会遇到群落以外的大约 30 个人。即便是规模最小的群落，也与远近不一的相邻群落保持着至少不定时的联系。有的时候，他们会聚到一起娶妻嫁夫，解决纠纷，或者交换兽皮、外来装饰品，以及像制造工具的石头之类的其他重要物品。这种接触，全然依靠亲族关系。亲属关系是一代又一代人类学家的关注焦点，而他们这样做也有充分的理由，因为家庭、大家族以及与生活在遥远之地的亲族群体保持联系，始终都是让大大小小的人类社会团结起来的必要纽带。

成为亲族群体中的成员，需要承担若干义务，比如履行婚约、相互支持，尤其是互惠互助（即在必要的时候，亲族应当彼此支持，提供食物和其他必需品）。这样的合作与互助关系，就是人们应对作物歉收和漫长干旱等风险时所采取的措施当中一个至关重要的组成部分。亲族关系曾在古普韦布洛社会中发挥过核心作用；比如，查科峡谷里的人曾经与遥远社群中的亲族保持着牢固的互助关系。假如峡谷里的生存条件变得难以为继，这种关系甚至可以让他们迁徙到亲族所在的村落里去；而他们的确就是这样做的。

强大的亲族纽带，也是工业化之前那些复杂得多的文明当中的一大组成要素。从根本来看，美索不达米亚最早的城邦都由村落凝聚而成，并且根据亲族成员的身份与职业分成了众多的社区。大多数古埃及人，都与具有数代历史的乡间村落保持着紧密的联系。南亚印度河流域的城市居民和东南亚地区的高棉村民，也是如此。古代玛雅人与安第斯地区的印加人由于生活在山间径流与降水都变幻莫测的环境里，故也严重依赖于亲族关系。

在如今规模庞大的城市社会中，隐姓埋名和独居避世的现象都极其普遍，故亲族关系这种传承受到了极度削弱。无疑，其中也有许多例外情况；但我们完全可以说，亲属关系最牢固的根基就存在于那些至今仍与土地维持着密切联系的社群中。幸好，如今一些联系最紧密的城市社群，包括具有强烈文化认同感的城市社区，以及像兄弟会和教会之类的组织，都与各自的本地成员之间保持着牢固的联系。令人瞩目的是，与"卡特里娜"飓风这样的灾难性气候事件和其他灾难做斗争时最有力的一些武器，就是亲族纽带与社群关系，以及种种具有悠久传统、可以追溯至遥远过去的制度。在面对未来将有更多极端天气事件的现实时，这样的应对机制必将变得更加重要。

迁徙时代

散居与迁徙，也是早期人类两种强大有力的传家宝。近几十年来，我们开始面对这样一种现实：在一个人口密度高得多、城市居民动辄数以百万计的世界上，人类的流动性降低了。比方说，人们怎样才能在很短的时间里大规模地离开像休斯敦、迈阿密之类的城市，或者离开上海的中心城区呢？这几乎是一项不可能完成的任务。事实上，现代民族国家还禁止人们在没有规范证件的情况下流动。

然而，自由来去的本领既是我们的天性，也是数百万年以来人类的生存常态。毕竟，狩猎与觅食靠的就是不断移动——追逐猎物、寻找可食用的植物性食物以及追踪从遥远之地所获的重要知识。在人口很少、群落只由几个家庭组成的时候，人们的迁徙毫不费力；这是一种具有高度适应性的方式，可以让人们免受异常严重的洪水和短期性或长期性干旱周期造成的破坏。多格兰（即如今的北海）心脏地带从事打鱼和觅食的狩猎部落曾经在一个地势低洼的环境中不断地迁徙，因为此种环境在一个人短暂的一生中，就能迅速改变景观。当时参与迁徙的部落人口都很少，迁徙是他们日常生活中根深蒂固的一部分。

待到农民在永久性的村落里定居下来，再也离不开他们的土地之后，这种局面就彻底改变了；由于继承规则已经牢牢扎根于亲族群体与血统当中，所以他们的土地会代代相传。很多情况下，当附近的土地已经枯竭，从事刀耕火种的农民就会将整个村落搬离。或许每一代都会发生一次迁徙，而定居地的迁徙路线经常大致呈椭圆形，故他们最终又会回到多年以前遗弃的那些地方。大多数群落的规模都很小，因此迁徙起来相对容易，这不过是一个共同做出决策和听取大家意见的问题罢了。在此种情况下，面对漫长干旱或者像灾难性暴风雨之类的其他因素时，他们往往就会选择散居到其他地方去。

迁徙是一种重要的顺应策略，而在像印度河文明这样的前工业化社会中尤其如此，因为当时的城市与农村社群保持着强大的联系。食物或水源不足，就会促使人们迁徙到乡村去寻找这些资源；而他们利用的，常常就是以种种源远流长的互助义务为基础的亲族关系。如今的大规模移民，甚至让 19 世纪时人们为应对强厄尔尼诺现象、常常迫于贫困和长期干旱而进行的移民也相形见绌。应对这种经常属于非自愿性的人口流动而采取的措施，往往会引发复杂的社会问题。不过，为摆脱气候变化而采取的散居与迁徙两种策略既具有悠久的历史，也是人类面对压力时两种近乎本能的行为。强制迁徙的现象虽然比较罕见，但也的确出现过；此处只举两个例子，即古亚述人和印加人，他们都曾将被征服民族重新安置于常常很偏远的新领地上。在当今这个世界上，人口迁徙不再是一种有益本领，而是一种负累之举了；所以，制定全球性的政策来应对生态难民，就成了一个紧迫的问题。

领导力

从早期社会中传承下来的人类行为遗产，在公元前 3100 年以后世界各地发展起来的前工业化文明中曾经显得更为重要。正是在这个时期，领导力在许多人类社会中都发挥了核心作用；它对人们克服气候变化的方式既产生过积极影响，也产生过消极影响。

领导力首先在于经验和获得的智慧，且这两种品质都与受人敬重的长者、巫医以及灵媒有关；古人认为，巫医、灵媒是人类与超自然世界之间的强大中介。祖先则对人类的生存发挥着必不可少的作用；他们一旦去世，就会成为决定人类能否延续下去的种种超自然力量之中的一部分。在与祖先耕作过的土地之间具有密切联系的农耕社会里，这种作用还变得日益强大起来。为了将所有权合法化和主张土地所有权，人们会把祖先搬出来（如今所有的民族国家也仍在如此做）。

随着人类社会变得越来越复杂，亲族关系和祖先变成了领导力的两大支柱。随着第一批前工业化文明崛起，人们对气候变化做出的文化反应与社会反应呈现出了许多更加复杂的新特点。在村落变成城镇与城市的过程中，宗族和其他亲族群体中开始形成等级制度，有些人则获得了公认的宗教权威与政治权威。长久以来，部落首领都是通过个人魅力以及巧妙地利用赏赐、任命位高权重的官职等方式来培养忠诚的追随者，从而获得并保持他们的势力。但这样的忠诚转瞬即逝，并不牢靠，因为它在很大程度上取决于馈赠与互惠，即恩宠与赏赐，无论是赏赐食物还是提供政治支持，甚至是军事援助；首领赐予这些东西的目的，都是指望获得手下效忠这种形式的回报。首领必须让追随者感到满意，否则的话，后者就会弃之而去，转而追随另一位首领。

世袭制的领导权带来了社会不平等和贫富差距。大多数前工业化文明，都属于社会不平等的集权制金字塔社会，由实力强大的个人以及他们那些位于或接近塔尖、拥有特权的亲族统治着。这些人之下，就是各级官吏和神职人员，他们对成千上万的平民百姓实施监管，并向百姓征取赋税；平民的无尽劳作则积聚起粮食盈余，支撑着整个王国。为少数人的利益服务的古代社会全都依赖于大量的粮食盈余、强大有力的政治意识形态和宗教意识形态，以及坚决果断的领导，来生存下去。它们全都很容易受到当地和全球性气候变化的影响，只是程度各异而已。在很多方面，它们与当今的许多社会并无太大的不同，因为当今社会的贫富之间也存在巨大的社会鸿沟。

在几乎每一个古代社会里，自给农民都是勉强维生，因为食不果腹是一种始终存在的现实，而谨慎的风险管理则是一种不言而喻的现实。但是，当一个拥有特权的精英阶层依赖可靠的粮食盈余以及从农民那里攫取的口粮来生存时，又会出现什么情况呢？面对变幻莫测的气候事件，比如北美洲和北海上刮向沿海地区的飓风与狂风，让秘鲁诸河谷中灌溉设施毁于一旦的百年不遇之大雨，尤其是干旱的时候，脆弱性这个幽灵就会暴露出其更加丑陋的面目来。毫无疑问，长久干旱曾经是所有前工业化文明面临的最大威胁。我们已经将干旱区分成了有可能持续1年至3年的短期性干旱，以及有可能持续一个世纪或者更久，且要严重得多的水文干旱周期。乡村里的农民对短暂的干旱都习以为常，或许还习惯了一两个荒年；在荒年里，人们会去种植一些不那么受欢迎的作物，或者去采集野生的植物性食物，但常常会无功而返。他们也许遭遇过饥荒，甚至有人饿死，但生活仍在继续。对于早期文明而言，这种短暂的干旱周期并不是毁灭性的打击，尤其是在统治者已经采取了措施储存下供荒年所用的粮食的时候。

水文干旱周期，或者我们如今所称的特大干旱，却是另一回事了。"4.2 ka事件"，即公元前2200年至公元前1900年间的那场特大干旱，其影响波及地中海东部和南亚地区。公元前2118年，季风强度减弱，尼罗河泛滥严重，埃及整个国家也四分五裂，各州之间你争我夺。粮食盈余化为乌有，人们对法老的权威也信心尽失。数代人之后，国家才在崇尚武力的统治者手下重新统一起来。人们不再说神圣的统治者能够控制尼罗河泛滥之类的话了。此时，法老们开始宣称自己是"百姓的牧人"，并且对灌溉项目和国有粮食储备进行了大力投入。于是，古埃及一直存续到了罗马时代。

组织资源

古埃及很幸运，因为其领土与肥沃之地都位于安全可靠的疆域之内，使得他国几乎不可能进行武装入侵。该国变得更具韧性，并且长期自给自足；尽管当时法老的朝廷之内派系斗争之风盛行，也是如此。在人们寿命很短、医学还处于起步阶段的一个时代，由于竞争对手在暗中争夺权力，故王位继承的问题普遍存在。持续不断的阴谋诡计与各种并不牢靠的联盟，是每一个前工业化文明社会的组成部分；其中大多数文明的兴衰速度之快，令人眼花缭乱。其中的原因，是很容易看出来的。我们仅举几例。比如说，美索不达米亚地区的几乎每一个城邦、玛雅的几乎每一个王国以及中国早期的几乎每一个诸侯国里，都存在基础设施的问题。古埃及的法老们可以通过水路，极其高效地调遣军队和运送各种各样的商品。在沙漠里，他们先是依赖驴子，后来又靠骆驼进行运输；只不过，当时喂养驮畜的粮草问题限制了商队运送的货物量。

陆上国家曾经面临着一种严酷的现实，且这种现实一直延续到了近代。统治者与商贾只能利用人力背驮肩扛，或者用驴子、骆驼等驮畜来运送货物。像木材或一袋袋谷物之类的重物，可以经由河流、湖泊甚至是近海进行运输。但从基础设施的角度来看，陆上往来的各种商品都只能运输大约 50 千米远，然后就得让驮畜休息，或者更换驮畜。这种现实，也有力地制约了朝廷能够严加掌控的领土面积——有可能少于方圆 100 千米。出了这个范围，朝廷的掌控就多属于名义上的掌控，并且严重依赖于贵族与各省官吏的忠诚了。

适应突如其来的气候变化，尤其是适应水文干旱和季风强度减弱时采取的措施，其有效程度取决于坚决果断的领导与亲族关系。强有力的领导能够让下属保持忠诚，能够组织兴建基础设施（偏远地区尤其如此），这些措施可以利用充足的粮食盈余，帮助百姓度过粮食短缺的时期。在作物歉收、百姓挨饿的时候，这些措施都至关重要。曾经把生活在摩亨佐达罗、蒂卡尔或者乌尔等城市里的人与城市腹地的社群联系起来的种种亲族关系，也是如此。这种联系就像一份保单，因为遭遇干旱的时候，互助义务可以让挨饿的民众安静平稳地散居到更理想的地区与环境中去；比如底格里斯河泛滥不力，或者数月降雨毁掉了中世纪欧洲的庄稼之时，就是如此。一种古老的生存策略，可以带来莫大的好处。

包括罗马帝国在内的前工业化文明社会，全都严重依赖于人力、驮畜，以及帝国广大地区的种植业，而其栽培的其实是单一作物。在后来的几个世纪里，帝国极大地依赖从埃及和北非地区进口的粮食，由横跨地中海往来的大型运粮船只负责运送。在以桨和帆为动力的货船以及驮畜从偏远的农田运送粮食时，为帝国供应大部分粮食的基础设施曾经做到了尽可能地高效。帝国的海上运输，在很大程度上依赖于奴隶。最后，削弱帝国经济的并不是基础设施，而是弱季风，因为弱季风大幅减少了尼罗河的洪水量，导致撒哈拉沙漠的范围北移了。跟同一时期以及此前的其他国家一样，面对那些影响到了全球广大地区且其中许多都发生在帝国疆域以外的重大气候变化时，罗马帝国也束手无策。

工业化之前的中央集权国家，都特别容易受到特大干旱与其他气候变化的影响。像一系列弱季风或者突如其来的气候变化导致洪水冲毁了灌溉所用的沟渠，随后又是干旱（吴哥的情况就曾如此）之类的情况，都超出了统治者的能力范围；国家无论实力多么强大，都无法存续下去。这些国家有可能是从内部崩溃的，但转型的社会却从它们残余的部分中崛起；转型的社会也许更加分散，也许与新的长途贸易路线相连，但始终缺乏工业规模的基础设施来应对日益增加的脆弱性与风险。

多个世纪以来，前工业文明的兴衰往往伴随着常见的经济与政治动荡。它们都很容易受到气候变化的影响，几乎无一例外。假如成功适应了气候变化，那就是它们在地方层面采取了适应措施，因为有能力的地方管理者可以集中食物供应、封锁各省边界，或者派遣工人去修建灌溉沟渠。大言不惭的古埃及州长安赫提菲，曾在其陵墓的墙壁上吹嘘过他在公元前2180年成功战胜了干旱的丰功伟绩。就算是有所夸张，我们也必须承认，此人清晰地认识到了成功适应的一大秘诀：**地方性**措施的效果，往往比那些让许多人仍然陷于危险当中的宏伟计划大得多。追随安赫提菲的后人，则不断地创造和开发出解决问题的新方法。最终，这就导致了工业化，以及随之而来的更多技术。

现代技术赋予了我们一种胜过前工业化时期那些祖辈的巨大优势。我们的技术能力如此之强，以至于我们能够登陆和探索月球、研究太平洋深处的海沟，以及涉足人工智能领域了。我们甚至到了这样的地步：许多人都天真地以为，技术可以解决气候变化的问题。确实，技术将有所帮助，古罗马的修路者和快速帆船的船长就曾受益于此；不过，我们由此付出的环境代价已经极其巨大，将来也仍会如此。找到应对未来气候挑战的方法，确实需要我们在技术解决方案上进行大力投入；但是，这种解决方案必须做到碳中和，且能够自我维持下去。这种投入将是长期的，既需要巨额资金，也需要改造社会，改变我们的自我管理和行事方式的政治意愿。控制全球气候变化的技术创新，很可能正在向我们走来，但实现这些创新的使命，却是未来数代人的巨大责任。与过去一样，创新会带来义务；只不过，如今这种情况达到了工业化之前的世界无法想象的规模而已。

转折点

有史以来第一次，适应气候变化既成了一个全球性问题，也成了一个地方性问题。此时，也正是历史遗产走上前台之时。过去其实一直与我们同在，既鼓励着我们，提醒我们注意无处不在的危险，也为我们提供了应对未来危机重重的气候之先例。古人的真知灼见，从来没有像今天这样重要过。有史以来第一次，人类正在造成巨大的气候变化，扰乱全球气候的自然循环。大气中的二氧化碳含量日益增加，全球持续加速升温，海平面上升定将淹没地处海边或者海拔接近海平面的繁荣发展着的众多城市，再加上人类长期的乱砍滥伐，导致在这个拥有 76 亿多人的世界上，到处都是破坏生态的现象。数以亿计的人，都生活在极端天气事件以及一些大江大河（比如尼罗河与密西西比河）出现剧变的威胁之下；这些剧变，都是人为造成的气候变化导致的。我们会陷入一连串潜在的气候灾难和生态灾难的重围，其中的大部分灾难也是人类活动的直接后果。这种情况，与安第斯人、印度河文明、中世纪的欧洲农民以及印度莫卧儿王朝面临的各种气候适应性变化都大不一样。如今，我们正处在一个必须面对史无前例和极其凶险的全球性气候变化的时刻。

一些气候学家、生态学家、备受世人敬重的科学家，以及一些政府机构和国际组织，已经一再提醒我们注意未来的这种危机。不过，像古罗马皇帝尼禄一样，就在整个世界都有可能燃烧起来且不可逆地变暖的时候，我们却仍在歌舞升平、虚度光阴。世间如今几乎全然缺乏**全球性的**领导力；这种领导力并非仅仅展望未来的几年或者几十年，而是放眼未来的一代代人，制定出全球性的战略，为我们的子孙后代创造出一个安全的世界。这是一种真正的全球性挑战，在人类历史上独一无二，的确将让我们和我们的后代付出极其高昂的代价。人类的未来岌岌可危,这种说法并不夸张。

采取一致行动的时机即将到来。说得委婉一点,无视过去数十万年来人类适应气候变化的经验教训,是一种目光极其短浅的做法。

前车之鉴

那么,在适应气候变化方面,我们又从过去获得了一些什么样的经验教训呢?其实都是些非常简单的道理。

第一,我们是人类,具有与每一代智人相同的行为特点,即前瞻性思维、长于规划与合作、能进行智力推理与创新等卓越的品质。在规划适应未来气候变化的措施之时,我们必须最大限度地发挥这些历久弥坚的品质;这些品质,会支撑我们为将来制订出具有决定性的适应规划。

第二,我们在预测气候变化方面已经逐渐获得了一种非凡的、如今仍在迅速改善的专业知识。本书中所描述的古代社会,从来就没有得益于科学的天气预报、卫星观测、全面的气候替代指标以及计算机建模等技术;这些进步,已经彻底改变了我们对全球气候以及对大气与海洋之间无休无止、变幻莫测的相互作用的了解。古巴比伦人和其他民族曾经把观察天体当成预测天气的一种方法,却没有成功;欧洲中世纪的天文学家也是如此。气象学家休伯特·兰姆曾称，19世纪末期之前的天气预报都属于"教堂尖塔式的气象学"，也就是从高处对云层和其他天气征候进行的观察。

完全科学的气象学，是20世纪和21世纪的产物。不过，如今仍然有许多至关重要的传统气候知识不显山不露水地留存了下来。古埃及的祭司们利用"尼罗尺"来测量和预测每年的泛滥水位。早期的欧洲水手，都看得出大风将起的迹象；加勒比海上的岛民与玛雅的占星家，有时能够发现飓风即将到来；太平洋上的航海者曾经利用波利尼西亚的盛行信风会转向180°的特点，在厄尔尼诺现象期间向东航行。如今仍然挨着土地或者海洋生活的人们都拥有非凡的预测性知识，可我们常常忽视了这些知识。考虑到气候变化大多会造成的地方性影响，我们的做法是错误的。这种口耳相传的传统知识大多依然存在，因此需要我们在为时已晚之前加以搜集和整理。

第三，在一心关注全球性气候变化的同时，我们还忘记了一点：大量适应气候变化的措施，其实都是一个**地方性**领导力与行动的问题；无论是建造防波堤，还是把住宅迁往地势更高的地方，都不例外。如前文所述，我们不断看到气候变化带来的地方性影响，而各地成功适应气候变化的例子，也比比皆是。其中一个值得注意的例子，就是英格兰东南部的梅德梅里（Medmerry）；此地过去经常被淹的沿海地带曾经屈服于海洋的威力，如今则变成了一个自然保护区。不管代价如何巨大，地方性的适应措施都至关重要；就算它们是全球性气候变化的结果，也是如此。

第四，我们是一种社会性动物，这就意味着，在一个有着令人不快的气候危机的世界上，家庭与范围更广泛的亲族之间的纽带，以及社群与成员之间联系紧密的非营利性组织之间的关系，是一种非凡的生存机制，并且具有极其重要的作用。从一开始，这些关系就是人类历史中的组成部分。它们是人类最强大的一种适应武器，只是我们一直忽视了它们的巨大潜力。此外，作为一个定居世界里的社会性动物，我们往往会利用彼此、利用环境；为了显示我们的地位高人一等也好，实际上仅仅为了在资源有限、有时还很成问题的地方确保自己的生存也罢，我们都会这样干。在我们看来，许多战争可能都与资源冲突相关，而不管战争双方声称的意识形态或者宗教借口是什么。

第五，我们生活在一个工业化的世界，拥有非凡的基础设施，它们在未来具有巨大的潜力。但我们常常忘记，无数人仍在靠着一季一季的收成为生，他们的水源供应往往变化无常，极易受到饥荒与干旱的影响。在极度干旱与饥荒时期放赈救灾的做法虽说可敬，却不是一剂长效的灵丹妙药。人们极少关注传统农业的运作方式以及传统农业中固有的、对当地环境的深入了解，这一点曾令我们深感震惊。美国西南部的普韦布洛农民、伯利兹的凯克奇玛雅人以及玻利维亚高原上的台田农民都是典型的例子，说明我们应当向这些在无人关注的情况下成功践行了多个世纪的传统农业学习。口耳相传的农业知识是过去留下来的一份强大遗产，如今却面临着消失的危险。

第六，工业化之前的文明社会在面对气候危机时，都出现过显著的动荡。一次又一次，连一些强大有力的领袖在情况紧急时也曾犹豫不决，特别是在干旱与其他气候变化否定了他们身上种种公认的超自然力量的时候。那些幸存下来的人，不管是采取了行动还是深思熟虑地适应了业已改变的环境，都是坚决果断的领导人，都能够未雨绸缪并采取大胆的行动。秘鲁沿海的奇穆人当中，就曾有一些姓名不详的目光长远的头领。中国的历代皇帝当中，偶尔也出现过高瞻远瞩的帝王；只不过，他们的努力往往遭到了思想僵化的官僚阻挠。过去的经验提醒我们，长久成功地战胜气候变化的终极助力因素将是有魅力的威权式领导力；这种领导力能够超越国家利益，从真正的全球性视角来与气候变化做斗争。

我们的起点，必须基于我们是一个由智人组成的全球性共同体这个现实，因为我们的未来依赖于那种不痴迷于选举周期和其他类似琐事的领导力。过去提醒我们，有史以来第一次，人类正面临着一种真正的、在过去300万年里从未碰到过的全球性挑战。原因就在于，是我们导致了这种挑战，而其影响将波及太多的人。本书希望通过考古学家与历史学家提供的证据，揭示过去气候变化的真相和人们生活的真实面貌。

人类会不会存续下去呢？假如历史记载具有指导意义的话，那么我们应该会存续下去。只不过，我们需要去适应，或许还是不得不去适应。我们将面临无数挑战，并且几乎可以肯定，其中会有暴力与大量的伤亡。过去提醒我们：人类既灵巧又具有创造力，能够经受比古时更加严峻的考验。回首历史的时候，由于我们如今能够用前人做梦也想不到的方式来进行回顾，所以我们就能看出过去哪些方面有效，哪些方面无效。不过，或许最重要的是，作为一个物种，我们显然需要团结与合作。人类将存续下去，而其中的一个原因就在于，我们已经理解了人类与世界上不断变化的气候之间的复杂关系。过去并非他乡，而是我们所有人的一部分，掌握着开启未来的钥匙。

致 谢

  《气候变迁与文明兴衰》一书，旨在颂扬古气候学研究以及数代新的多学科考古与历史研究中出现的一次重大革命；这些领域的研究，正在改变我们对人类祖先如何适应长期性与短期性气候变化的认知。对我们两位作者而言，这是一场非凡的探索之旅，借鉴了范围十分广泛的学术与非学术资料。除了广博的气候学与历史主题，我们还了解到了许多引人入胜的奥秘，其中既有苏美尔人的谚语、亚述人的节庆和玛雅人的节水措施，也包括了迁徙在人类生活中的重要性。除了其他的许多方面，我们的研究还涵盖了特大干旱与气候替代指标的气候学、太阳黑子极大期、自给农业，甚至是玛丽·雪莱的作品《弗兰肯斯坦》。但最重要的是，本书试图回答一个重大的问题：古代社会适应气候变化的方式，对当今人为导致的气候变暖具有什么样的意义？过去为什么对未来的气候很重要？我们相信，过去、过去不断变化的气候以及过去那些简单和复杂的社会，都为当今与未来提供了重要的经验教训。

在过去的15年里，布莱恩已经围绕着像厄尔尼诺现象、"小冰期"以及海平面上升之类的主题，撰写了一系列论述古代气候与人类社会的著作。这些作品，如今都严重落伍了，反映出研究领域在短短的数年间取得了巨大的进步。鉴于古气候学与环境史学两个领域发展迅速，故我们早该为这些作品撰写续篇了。本书的目的，就是要在一个人为变暖对我们的未来构成了前所未有的威胁的世界上，重新对气候变化做出评估。

这是一个复杂的历史谜题，需要借鉴迅速扩大、实际上还在迅猛增长的学术文献，其中很多文献都属于高度专业、论证严密并且常常相互矛盾的资料。我们遇到了许多见解深刻的书籍与论文，它们引导着我们把握浩如烟海的细节信息，对此我们深表感激。本书参考过的许多文献确实秉持着极高的标准，尤其反映了近年来环境史学领域中取得的重大进展。其中一些重要的研究人士，都是真正杰出的历史侦探。多年来与众多学科的同事之间进行的数十次对话，也让我们受益匪浅；由于同事太多，故我们无法一一致谢。我们只能向他们集体道上一声感谢，敬请大家原宥。古气候学领域的同事尤其慷慨地为我们提供了许多建议和鼓励，对此我们表示衷心感谢。

特别要感谢达格玛·德格鲁特（Dagmar DeGroot）、凯尔·哈珀、查尔斯·海厄姆（Charles Higham）、丽莎·卢塞罗（Lisa Lucero）、迈克尔·曼恩（Michael Mann）、迈克尔·麦考密克、威廉·马夸特（William Marquardt）、保罗·马耶夫斯基、乔治·迈克尔斯（George Michaels）、弗农·斯卡伯勒（Vernon Scarborough）、山姆·怀特（Sam White），以及已故的格雷厄姆·克拉克教授（Professor Grahame Clark），他曾向布莱恩介绍过气候变化与环境考古学的相关知识。

我们的出版经纪人苏珊·拉宾纳（Susan Rabiner）一如既往地让我们大受启发，是我们两个人真正的朋友。公共事务出版社（Public Affairs）的本·亚当斯（Ben Adams）一直在给我们打气，对其敏锐的洞察力，我们深表感激。米奇·艾伦（Mitch Allen）带着一贯的感知能力通读了整部原稿，并且进行了大量的润色。雪莉·洛文科夫（Shelly Lowenkopf）则宛如中流砥柱，对本书的行文产生了重大的影响。

最后，还要感谢我们的家人。假如没有莱斯利（Lesley）和安娜（Ana）的不懈支持，布莱恩就不可能撰写此书；那只常伴在他的左右、名叫"阿提克斯·卡提克斯驼鹿"（Atticus Catticus the Moose）的猫就更不必说了，只是它更喜欢晒太阳，而不是写作。娜迪娅则要感谢马修（Matthew）和雅各布（Jacob）的幽默风趣与鼓励，同时也要对马丁（Matin）、卡特娅（Katja）、基娅拉（Chiara）和亚历克斯（Alex）表示感谢。

注　释

关于古代气候与古气候学的文献资料浩如烟海，而且每天都在增加，以至于我们越来越难以跟上最新的研究成果了。下面的注释，为大家指出了一些主要的资料，以及一些全面的传记，它们可以引导大家去了解更专业的文献资料中的一些问题。这些注释，并没有要做到全面详尽的野心。

绪论：开始之前

1　S. George Philander, *Is the Temperature Rising? The Uncertain Science of Global Warming* (Princeton, NJ: Princeton University Press, 1998).

第一章　冰封的世界（约 3 万年前至约 15 000 年前）

1　John F. Hoffecker, *A Prehistory of the North* (New Brunswick, NJ: Rutgers University Press, 2005).

2　Brian Fagan, ed., *The Complete Ice Age* (London and New York: Thames & Hudson, 2009)，这本文集收录了专业人士撰写的通俗文章。至于大冰期的气温，参见 Jessica Tierney et al., "Glacial Cooling and Climate Sensitivity Revisited," *Nature* 584 (2020): 569–573. doi: 10.1038/s41586-020-2617-x。

3　Brian Fagan, *Cro-Magnon: How the Ice Age Gave Birth to the First Modern*

Humans (New York: Bloomsbury Press, 2010).

4　Ian Gilligan, *Climate, Clothing, and Agriculture in Prehistory: Linking Evidence, Causes, and Effects* (Cambridge: Cambridge University Press, 2018)，对这一主题进行了明确而缜密的分析。

5　Charles Darwin, *Charles Darwin's "Beagle" Diary*, ed. Richard Darwin Keynes (Cambridge: Cambridge University Press, 1988), 134.

6　Paul H. Barrett and R. B. Freeman, *Journal of Researches: The Works of Charles Darwin* (New York: New York University Press, 1987), pt. 3, 2:120.

7　John F. Hoffecker, *Desolate Landscapes: Ice-Age Settlement in Eastern Europe* (New Brunswick, NJ: Rutgers University Press, 2002), chap. 5.

8　Fagan, *Cro-Magnon*, 159–163.

9　Hoffecker, *Prehistory of the North*, chaps. 5 and 6.

10　Hoffecker, *Prehistory of the North*, chaps. 5 and 6.

11　Jean Combier and Anta Montet-White, eds., *Solutré 1968–1998*. Memoir XXX (Paris: Société Préhistorique Française, 2002).

12　Olga Soffer, *The Upper Palaeolithic of the Eastern European Plain* (New York: Academic Press, 1985).

第二章　冰雪之后（**15 000 年前至约公元前 6000 年**）

1　据说，古希腊哲学家西诺帕的第欧根尼（前 386—前 354）曾经从今坦桑尼亚的拉普塔镇往内陆而去，游历了 25 天。他将鲁文佐里山命名为"月亮山"，并且认为那里就是尼罗河的源头。地理学家提尔的马利纳斯（Marinus of Tyre，约 70—130）记录了第欧根尼的历次旅行，为托勒密的《地理学指南》一书奠定了基础。遗憾的是，马利纳斯的地理专著已经佚失。后来的阿拉伯旅行者，则恰如其分地把这些传说中的山峰称为"吉贝尔厄尔库姆里"（Jibbel el Kumri，即阿拉伯语中的"月亮山"）。1889 年，以"我想您就是利文斯通博士？"这句话而出名的探险家亨利·莫顿·斯坦利最终在地图上确定了这条山脉的位置。此前的欧洲旅行者从未见过这条山脉，因为它们通常都笼罩在云层之下。

2　Margaret S. Jackson et al., "High-Latitude Warming Initiated the Onset of the Fast Deglaciation in the Tropics," *Science Advances* 5 (12) (2019). doi: 10.1126/

sciadv.aaw2610.

3   Steven Mithen, *After the Ice: A Global Human History, 20,000–5000 BC*
    (Cambridge, MA: Harvard University Press, 2006)，这是一部权威而具有启发
    意义的总结性著作。

4   Vincent Gaffney et al., *Europe's Lost World: The Rediscovery of Doggerland*
    (York: Council for British Archaeology, 2009).

5   论述美洲最初定居点的文献资料多如牛毛，并且充满了争议。See David
    Meltzer, *First Peoples in a New World: Colonizing Ice Age America* (Berkeley:
    University of California Press, 2008). See also David Meltzer, *The Great
    Paleolithic War: How Science Forged an Understanding of America's Ice Age
    Past* (Chicago: University of Chicago Press, 2015).

6   同样，这方面的文献资料浩如烟海且相互矛盾。一部非常有用的总结之作：
    Graeme Barker, *The Agricultural Revolution in Prehistory* (New York: Oxford
    University Press, 2006)。

7   Bruce G. Trigger, *Gordon Childe: Revolutions in Archaeology* (New York:
    Columbia University Press, 1980)，这是了解柴尔德的观点和著作的最佳
    资料。

8   William Ruddiman, *Plows, Plagues, and Petroleum: How Humans Took Control
    of Climate* (Princeton, NJ: Princeton University Press, 2016).

9   埃及古物学家詹姆士·亨利·布雷斯特德（James Henry Breasted）在一个世
    纪前的通俗读物中创造了"肥沃新月"一词。它所指的范围呈一个巨大的
    半圆形，朝南敞开，从地中海的东南角向北隆起，穿过叙利亚、土耳其部
    分地区以及伊朗高地，然后往南至波斯湾。布雷斯特德把这里比作一个"沙
    漠海湾"。"肥沃新月"纯属一个便于使用的标签，并无严格的定义，却经
    受住了时间的检验。

10 Klaus Schmidt, *Göbekli Tepe: A Stone Age Sanctuary in South-eastern Turkey*
    (London: ArchaeNova, 2012).

11 Andrew T. Moore et al., *Village on the Euphrates* (New York: Oxford University
    Press, 2000).

12 以任何标准来看，加泰土丘都是一个由国际发掘工作者和研究人员组成
    的团队实施的真正非凡的长期性考古项目。这方面的文献资料，正在迅
    速增加。对于一般读者来说，最好从下述文献资料开始：Ian Hodder, *The*

Leopard's Tale (London and New York: Thames & Hudson, 2011)。从更专业的层面来看，同一作者编著的 *Religion in the Emergence of Civilization: Çatalhöyük as a Case Study* (Cambridge: Cambridge University Press, 2010) 一书引人入胜，可以让您对非物质考古一探究竟。

第三章　特大干旱（约公元前 **5500** 年至公元 **651** 年）

1　Nicola Crusemann et al., eds., *Uruk: First City of the Ancient World* (Los Angeles: J. Paul Getty Museum, 2019).

2　Monica Smith, *Cities: The First 6,000 Years* (New York, Penguin, 2019).

3　T. J. Wilkinson, *Archaeological Landscapes of the Near East* (Tucson: University of Arizona Press, 2003).

4　Samuel Kramer, *The Sumerians* (Chicago: University of Chicago Press, 1963), 240.

5　Mario Liverani, *The Ancient Near East: History, Society and Economy* (Abingdon, UK: Routledge, 2014).

6　Kramer, *The Sumerians*, 190.

7　William H. Stiebing and Susan L. Helft, *Ancient Near Eastern History and Culture*, 3rd ed. (Abingdon, UK: Routledge, 2017). See also Benjamin Foster, *The Age of Agade: Inventing Empire in Ancient Mesopotamia* (Abingdon, UK: Routledge, 2016).

8　J. S. Cooper, "Reconstructing History from Ancient Inscriptions: The Lagash-Umma Border Conflict," *Sources and Monographs on the Ancient Near East* 2, no. 1 (1983): 47–54.

9　Marc Van De Mieroop, *A History of the Ancient Near East ca. 3000–323 BC*, 2nd ed. (New York: Blackwell, 2006). See also Foster, *The Age of Agade*.

10　这一段在很大程度上参考了哈维·韦斯对气候变化与阿卡德王国崩溃进行的出色论述，事实上整章都是如此。参见 Harvey Weiss, "4.2 ka BP Megadrought and the Akkadian Collapse," in *Megadrought and Collapse: From Early Agriculture to Angkor*, ed. Harvey Weiss (New York: Oxford University Press, 2017), 93–159。关于干旱及其成因的文献资料也越来越多。参见 Heidi M. Cullen et al., "Impact of the North Atlantic Oscillation on Middle Eastern Climate and Streamflow," *Climatic*

Change 55 (2002): 315–338。亦请参见 Martin H. Visbeck et al., "The North Atlantic Oscillation: Past, Present, and Future," *Proceedings of the National Academy of Sciences* 98, no. 23 (2001): 12876–12877。

11   Weiss, "4.2 ka BP Megadrought and the Akkadian Collapse," 135–159，这篇文章列举了古气候学替代指标的遗址并附上了参考资料，因而价值非凡。

12   M. Charles, H. Pessin, and M. M. Hald, "Tolerating Change at Late Chalcolithic Tell Brak: Responses of an Early Urban Society to an Uncertain Climate," *Environmental Archaeology* 15, no. 2 (2010): 183–198.

13   Charles, Pessin, and Hald, "Tolerating Change at Late Chalcolithic Tell Brak," 183–198.

14   W. Sallaberger, "Die Amurriter-Mauer in Mesopotamien: der älteste historische Grenzwall gegen Nomaden vor 4000 Jahren," in *Mauern als Grenzen*, ed. A. Nunn (Mainz: Phillipp von Zabern, 2009), 27–38.

15   J. A. Black et al., *The Literature of Ancient Sumer* (New York: Oxford University Press, 2004), 128–131.

16   卡尔胡的一处王室碑文上描绘了这场盛宴的情形。Van De Mieroop, *A History of the Ancient Near East*, 234.

17   Kuna Ba: Ashish Sinha et al., "Role of Climate in the Rise and Fall of the Neo-Assyrian Empire," *Science Advances* 5, no. 11 (2019). doi: 10.1126/sciadv. aax6656.

18   Nathan J. Wright et al., "Woodland Modification in Bronze and Iron Age Central Anatolia: An Anthracological Signature for the Hittite State?" *Journal of Archaeological Science* 55 (2015): 219–230.

19   Touraj Daryaee, *Sasanian Persia: The Rise and Fall of an Empire*. Rpt. ed. (New York: I. B. Tauris, 2013). See also Eberhard Sauer, ed., *Sasanian Persia: Between Rome and the Steppes of Eurasia* (Edinburgh: Edinburgh University Press, 2019).

20   Fagan, *Cro-Magnon*, 146–152.

第四章　尼罗河与印度河（公元前 **3100** 年至约公元前 **1700** 年）

1   Herodotus, *The Histories*, trans. Robin Waterfield (Oxford: Oxford University Press, 1998), bk. 2, line 111, 136.

2　J. Donald Hughes, "Sustainable Agriculture in Ancient Egypt," *Agricultural History* 66, no. 2 (1992): 13.

3　Barry Kemp, *Ancient Egypt: The Anatomy of a Civilization*, 3rd ed. (Abingdon, UK: Routledge, 2018)，这是一部了解古埃及文明的出色指南。

4　I. E. S. Edwards, *The Pyramids of Egypt* (Baltimore: Pelican, 1985), 12.

5　Mark Lehner, *The Complete Pyramids* (London: Thames & Hudson, 1997). See also Miroslav Verner, *The Pyramids*. Rev. ed. (Cairo: American University in Cairo Press, 2021).

6　佩皮二世的在位时间存有争议，有可能短至 64 年；但按照法老的标准来看，这仍然是一段令人印象深刻的漫长统治时期。

7　在埃及学当中，气候变化在古王国的没落过程中所起的作用仍是一个具有争议的问题。有一篇论文对各种观点进行了有益的总结：Ellen Morris, "Ancient Egyptian Exceptionalism: Fragility, Flexibility and the Art of Not Collapsing," in *The Evolution of Fragility: Setting the Terms*, ed. Norman Yoffee (Cambridge, UK: McDonald Institute for Archaeological Research, 2019), 61–88。

8　人们认为《伊普味陈辞》(*The Admonitions of Ipuwer*)的创作时间可以追溯至中王国时期，这是一部不完整的文学作品，保存在大约公元前 1250 年的一份纸莎草纸上，但其正文源自更早的时代。这是世人已知最早的一部政治伦理学专著。伊普味认为，贤明的法老应当约束其手下官吏，并且执行众神的意志。引自 Barbara Bell, "Climate and the History of Egypt: The Middle Kingdom," *American Journal of Archaeology* 79 (1975): 261。

9　Barbara Bell, "The Dark Ages in Ancient History, I: The First Dark Age in Egypt," *American Journal of Archaeology* 75 (1971): 9.

10　对印度河文明的概述之作：Andrew Robinson, *The Indus: Lost Civilizations* (London: Reaktion, 2021)。亦请参见 Robin Coningham and Ruth Young, *From the Indus to Ashoka: Archaeologies of South Asia* (Cambridge: Cambridge University Press, 2015)。

11　Ashish Sinha et al, "Trends and Oscillations in the Indian Summer Monsoon Rainfall over the Past Two Millennia," *Nature Communications* 6, no. 6309 (2015); Peter B. deMenocal, "Cultural Responses to Climate Change During the Late Holocene," *Science* 292, no. 5517 (1976): 667–673. See also Alena Giesche et al., "Indian Winter and Summer Monsoon Strength over the 4.2 ka BP Event in Foraminifer Isotope Records from the Indus River Delta in the Arabian Sea," *Climate of the Past* 15, no. 1 (2019): 73. doi: 10.5194/cp-15-73-2019.

12　Gayatri Kathayat et al., "The Indian Monsoon Variability and Civilization Changes in the Indian Subcontinent," *Science Advances* 3 (2017): e1701296.

13　Mortimer Wheeler, *The Indus Civilization*, 3rd ed. (Cambridge: Cambridge University Press, 1968), 44.

14　基本资料：Cameron A. Petrie, "Diversity, Variability, Adaptation, and 'Fragility' in the Indus Civilization," in Yoffee, *Evolution of Fragility*, 109–134。

15　C. A. Petrie and J. Bates, " 'Multi-cropping', Intercropping and Adaptation to Variable Environments in Indus South Asia," *Journal of World Prehistory* 30 (2017): 81–130，这是一篇全面论述印度河农业的论文。

第五章　罗马的衰亡（约公元前 200 年至公元 8 世纪）

1　由于我们两位作者都不是研究古罗马的专业人士，故本章在很大程度上参考了凯尔·哈珀（Kyle Harper）一部经过了严密论证的综合性著作：《罗马的命运：气候、疾病和帝国的终结》(*The Fate of Rome: Climate, Disease, and the End of an Empire,* Princeton, NJ: Princeton University Press, 2017)。哈珀汇集了广博的资料，讨论了气候变化与流行病在帝国漫长的崩溃过程中的核心作用。这是一部非凡的作品，有时会引发争论，有时又引人深思，可以引领读者巧妙掌握这一主题的纷繁难懂之处。当然，在这里进行简要总结的时候，我们忽略了其中的许多争议与意见不一的地方。哈珀的作品当中，还含有一份全面的参考书目。亦请参见 Rebecca Storey and Glenn R. Storey, *Rome and the Classic Maya* (Abingdon, UK: Routledge, 2017)。

2　对于古罗马气候的概述，请参见 Kyle Harper and M. McCormick, "Reconstructing the Roman Climate," in *The Science of Roman History*, ed. W. Scheidel (Princeton, NJ: Princeton University Press, in preparation)。还有一份重要的综合性资料：Michael McCormick et al., "Climate Change During and After the Roman Empire: Reconstructing the Past from Scientific and Historical Evidence," *Journal of Interdisciplinary History* 43, no. 2 (2012): 169–220。关于"奥克莫克二号"火山喷发的资料：Joseph R. McConnell et al., "Extreme Climate After Massive Eruption of Alaska's Okmok

Volcano in 43 BCE and Effects on the Late Roman Republic and Ptolomaic Kingdom," *Proceedings of the National Academy of Sciences* 117, no. 27 (July 7, 2020): 15443–15449. doi: 10.1073/pnas.2002722117。

3 暗渠是指坡度平缓的地下渠道或者隧道，利用含水层或者深井来灌溉农田。它们在伊朗被称为"坎儿井"，在中东和北非地区广泛应用了数个世纪。它们基本上属于地下引水渠。

4 该段的引文与来源：Harper, *Fate of Rome*, 53–54。

5 Harper, *Fate of Rome*, 54.

6 关于西格韦尔斯（Sigwells）：Richard Tabor, *Cadbury Castle: The Hillfort and Landscapes* (Stroud, UK: History Press, 2008), 130–142。关于卡茨戈尔（Catsgore）：R. Leech, *Excavations at Catsgore, 1970–1973* (Bristol, UK: Western Archaeological Trust, 1982)。

7 Harper, *Fate of Rome*, 57.

8 Harper, *Fate of Rome*, 57–58.

9 1斗相当于1配克（peck），或者约合9升的干量货物。

10 这几段以哈珀的《罗马的命运》第92页至98页论述为基础。对于印度洋上的海运与贸易进行的总结，参见 Brian Fagan, *Beyond the Blue Horizon: How the Earliest Mariners Unlocked the Secrets of the Oceans* (New York: Bloomsbury Press, 2012), chaps. 7 to 9。

11 Hui-Yuan Yeh et al., "Early Evidence for Travel with Infectious Diseases Along the Silk Road: Intestinal Parasites from 2000-Year-Old Personal Hygiene Sticks in a Latrine at Xuanquanzhi Relay Station in China," *Journal of Archaeological Science: Reports* 9 (2016): 758–764.

12 William H. McNeill, *Plagues and Peoples* (New York: Doubleday, 1976), and Harper, *Fate of Rome*, chap. 3，都论及了"安东尼瘟疫"。

13 西普里安（约200—258）虽有柏柏尔人的血统，但后来成了迦太基主教，他同时也是一位著名的早期基督教作家。他描述的那场瘟疫，后来就以他的名字命名。引自 Harper, *Fate of Rome*, 130。

14 整体概述请参见 Lucy Grig and Gavin Kelly, eds., *Two Romes: Rome and Constantinople in Late Antiquity* (Oxford: Oxford University Press, 2012)。

15 Harper, *Fate of Rome*, 185.

16 M. Finné et al., "Climate in the Eastern Mediterranean, and Adjacent Regions

During the Past 6000 Years—a Review," *Journal of Archaeological Science* 38 (2011): 3153–3173.

17　E. Cook, "Megadroughts, ENSO, and the Invasion of Late-Roman Europe by the Huns and Avars," in *The Ancient Mediterranean Environment Between Science and History*, ed. William Harris (Leiden: Brill, 2013), 89–102. See also Q-Bin Zhang et al., "A 2,326-Year Tree-ring Record of Climate Variability on the Northeastern Qinghai-Tibetan Plateau," *Geophysical Research Letters* 30, no. 14 (2003). doi: 10.1029/2003GL017425.

18　引自 Harper, *Fate of Rome*, 192。阿米亚努斯·马凯林努斯（Ammianus Marcellinus，约 330—约 395）既是一名战士，也是古罗马最后一位了不起的历史学家。他的主要作品是《大事编年史》（*Res gestae*），这是一部从塔西佗结束之处写起的 31 卷本历史巨著，前 13 卷现已佚失。

19　Described by Harper, *Fate of Rome*, 199–200.

20　在概述"查士丁尼瘟疫"时，我们主要参考了哈珀的《罗马的命运》第 6 章。然而，关于这场瘟疫的地方性影响和随之而来的死亡率，以及鼠疫杆菌的历史，我们还需要了解更多的信息。亦请参见 William Rosen, *Justinian's Flea* (New York: Penguin Books, 2008)。

21　以弗所的约翰（约 507—588）曾是叙利亚正教会的领袖兼历史学家。他的《教会史》（*Ecclesiastical History*）中的第三部分论及了"查士丁尼瘟疫"，其中的内容都是他目睹的第一手资料。他认为那是神之震怒的征兆。引自 Harper, *Fate of Rome*, 227。

22　Stuart J. Borsch, "Environment and Population: The Collapse of Large Irrigation Systems Reconsidered," *Comparative Studies in Society and History* 46, no. 3 (2004): 451–468，以及该作者的其他论文。

23　古罗马政治家卡西奥多鲁斯（约 485—585）也是一位可敬的学者与作家。此人在爱奥尼亚海边的庄园里修建了维瓦留姆修道院，专门用于阅读和抄录手稿。

24　爱德华·吉本（1737—1794）是一位历史学家兼下院议员，著有不朽之作《罗马帝国衰亡史》。此书出版于 1776 年至 1788 年间，总计 6 卷。Edward Gibbon and David P. Womersley, *History of the Decline and Fall of the Roman Empire*, 3 vols. (London: Penguin Press, 1994).

第六章 玛雅文明之变（约公元前 **1000** 年至公元 **15** 世纪）

1　在学术界，"Mesoamerica"（中美洲）一词被用来指前工业文明得到发展的中美洲地区，包括如今的墨西哥中部、伯利兹、危地马拉、萨尔瓦多、洪都拉斯、尼加拉瓜和哥斯达黎加北部。

2　玛雅文明这一术语的内核，就是从公元 250 年前后一直持续到公元 900 年左右的古典玛雅文明。我们在此使用这一术语，只是为了方便起见；不过，它无疑在很大程度上掩盖了文化的多样性。

3　要想详细了解我们在此所述的低地情况，请参见 B. J. Turner II and Jeremy A. Sabloff, "Classic Period Collapse of the Central Maya Lowlands: Insights About Human-Environment Relationships for Sustainability," *Proceedings of the National Academy of Sciences* 109, no. 35 (2012): 13908–13914。

4　对古典玛雅文明进行通俗论述的经典作品: Michael Coe and Stephen Houston, *The Maya*, 9th ed. (London and New York: Thames & Hudson, 2015)。Linda Schele and David Freidel's *A Forest of Kings* (New York, William Morrow, 1990)，生动而通俗地描绘了玛雅的王权情况，只是如今有点过时了。

5　Richard R. Wilk, "Dry-Season Agriculture Among the Kekchi Maya and Its Implications for Prehistory," in *Prehistoric Lowland Maya Environment and Subsistence Economy*, ed. Mary Pohl (Cambridge, MA: Peabody Museum of Archaeology and Ethnology, Harvard University, 1985), 47–57. See also Richard R. Wilk, *Household Ecology: Economic Change and Domestic Life Among the Kekchi Maya of Belize*. Arizona Studies in Human Ecology (Tucson: University of Arizona Press, 1991).

6　B. L. Turner II, "The Rise and Fall of Maya Population and Agriculture: The Malthusian Perspective Reconsidered," in *Hunger and History: Food Shortages, Poverty, and Deprivation*, ed. L. Newman (Cambridge: Cambridge University Press, 1990), 178–211.

7　Robert J. Oglesby et al., "Collapse of the Maya: Could Deforestation Have Contributed?" *Papers in the Earth and Atmospheric Sciences* 469 (2010). http://digitalcommons.unl.edu/geosciencefacpub/469.

8　论述古典玛雅文明崩溃的文献非常多。一般性的概述之作，请参见 T. Patrick Culbert, ed., *The Classic Maya Collapse* (Albuquerque: University of

New Mexico Press, 1973), 但如今此作有点过时了; 另外可见 D. Webster, *The Fall of the Ancient Maya* (London and New York: Thames & Hudson, 2002)。在此，我们很大程度上参考了一部有用的分析之作: Turner and Sabloff, "Classic Period Collapse of the Central Maya Lowlands"。

9   David Hodell, M. Brenner, and J. H. Curtis, "Terminal Classic Drought in the Northern Maya Lowlands Inferred from Multiple Sediment Cores in Lake Chichancanab (Mexico)," *Quaternary Science Reviews* 24 (2005): 1413–1427.

10 Douglas Kennett and David A. Hodell, "AD 750–100 Climate Change and Critical Transitions in Classic Maya Sociopolitical Networks," in *Megadrought and Collapse: From Early Agriculture to Angkor*, ed. Harvey Weiss (New York: Oxford University Press, 2017), 204–230. See also Douglas Kennett et al., "Development and Disintegration of Maya Political Systems in Response to Climate Change," *Science* 338 (2012): 788–791.

11 Copán: William L. Fash and Ricardo Agurcia Fasquelle, "Contributions and Controversies in the Archaeology and History of Copán," in *Copán: The History of an Ancient Maya Kingdom*, ed. E. Wyllys Andrews and William L. Fash (Santa Fe, NM: School of American Research Press, 2005), 3–32. See also William L. Fash, E. Wyllys Andrews, and T. Kam Manahan, "Political Decentralization, Dynastic Collapse, and the Early Postclassic in the Urban Center of Copán, Honduras," in *The Terminal Classic in the Maya Lowlands: Collapse, Transition, and Transformation*, ed. Arthur A. Demarest, Prudence M. Rice, and Don S. Rice (Boulder: University Press of Colorado, 2005), 260–287.

12 Arthur Demarest, *Ancient Maya: Rise and Fall of a Rainforest Civilization* (Cambridge: Cambridge University Press, 2004).

13 Jeremy A. Sabloff, "It Depends on How You Look at Things: New Perspectives on the Postclassic Period in the Northern Maya Lowlands," *Proceedings of the American Philosophical Society* 109 (2007): 11–25. See also Marilyn A. Masson, "Maya Collapse Cycles," *Proceedings of the National Academy of Sciences* 109, no. 45 (2012): 18237–18238.

14 Marilyn A. Masson and Carlos Peraza Lope, *Kukulkan's Realm: Urban Life at Mayapan* (Boulder: University of Colorado Press, 2014), 5.

1　L. G. Thompson et al., "A 1500-Year Record of Climate Variability Recorded in Ice Cores from the Tropical Quelccaya Ice Cap," *Science* 229 (1985): 971–973.

2　Michael Moseley, *The Inca and Their Ancestors*, 2nd ed. (London and New York: Thames & Hudson, 2001)，这是一部旁征博引的综合性作品。

3　Ruth Shady and Christopher Kleihege, *Caral: First Civilization in the Americas.* Bilingual ed. (Chicago: CK Photo, 2010).

4　关于莫切人：除了 Moseley, *The Inca and Their Ancestors*，请参见 Jeffrey Quilter, *The Ancient Central Andes* (Abingdon, UK: Routledge, 2013)。

5　Walter Alva and Christopher Donnan, *Royal Tombs of Sipán* (Los Angeles: Fowler Museum of Cultural History, 1989). 更新之作：Nadia Durrani, "Gold Fever: The Tombs of the Lords of Sipan," *Current World Archaeology* 35 (2009): 18–30。

6　L. G. Thompson et al., "Annually Resolved Ice Core Records of Tropical Climate Variability over the Past 1800 Years," *Science* 229 (2013): 945–950.

7　Brian Fagan, *Floods, Famines, and Emperors: El Niño and the Fate of Civilizations*. Rev. ed. (New York: Basic Books, 2009), chap. 7，其中为普通读者进行了描述。

8　Michael Moseley and Kent C. Day, eds., *Chan Chan: Andean Desert City* (Albuquerque: University of New Mexico Press, 1982).

9　Brian Fagan, *The Great Warming* (New York: Bloomsbury Press, 2008), chap. 9，其中进行了大致的描述。

10　Charles R. Ortloff, "Canal Builders of Pre-Inca Peru," *Scientific American* 359, no. 6 (1988): 100–107.

11　Tom D. Dillehay and Alan L. Kolata, "Long-Term Human Response to Uncertain Environmental Conditions in the Andes," *Proceedings of the National Academy of Sciences* 101, no. 2: 4325–4330.

12　Alan L. Kolata, *The Tiwanaku: Portrait of an Andean Civilization* (Cambridge, MA: Blackwell, 1993). 还有两卷编著作品，它们属于详尽的专著：Alan L. Kolata, ed., *Tiwanaku and Its Hinterland: Archaeology and Paleoecology of an Andean Civilization*, vol. 1: *Agroecology* and vol. 2: *Urban and Rural*

Archaeology (Washington, DC: Smithsonian Institution, 1996 and 2003)。

13 Charles Stanish et al., "Tiwanaku Trade Patterns in Southern Peru," *Journal of Anthropological Archaeology* 29 (2010): 524–532.

14 这一节在很大程度上参考了 Lonnie G. Thompson and Alan L. Kolata, "Twelfth Century A.D.: Climate, Environment, and the Tiwanaku State," in *Megadrought and Collapse: From Early Agriculture to Angkor*, ed. Harvey Weiss (New York: Oxford University Press, 2017), 231–246。

15 R. A. Covey, "Multiregional Perspectives on the Archaeology of the Andes During the Late Intermediate Period (c. A.D. 1000–1400)," *Journal of Archaeological Research* 16 (2008): 287–338.

16 E. Arkush, *Hillforts of the Ancient Andes: Colla Warfare, Society, and Landscape* (Gainesville: University Press of Florida, 2011). See also E. Arkush and T. Tung, "Patterns of War in the Andes from the Archaic to the Late Horizon: Insights from Settlement Patterns and Cranial Trauma," *Journal of Archaeological Research* 219, no. 4 (2013): 307–369; Alan L. Kolata, C. Stanish, and O. Rivera, eds., *The Technology and Organization of Agricultural Production in the Tiwanaku State* (Pittsburgh, PA: Pittsburgh Foundation, 1987).

17 Clark L. Erickson, "Applications of Prehistoric Andean Technology: Experiments in Raised Field Agriculture, Huatta, Lake Titicaca, 1981–2," in *Prehistoric Intensive Agriculture in the Tropics*, ed. I. S. Farrington. International Series 232 (Oxford: British Archaeological Reports, 1985), 209–232. 还有一篇论述这个地区传统农业的宝贵论文：Clark Erickson, "Neo-environmental Determinism and Agrarian 'Collapse' in Andean Prehistory," *Antiquity* 73 (1999): 634–642。

第八章　查科与卡霍基亚（约公元 **800** 年至 **1350** 年）

1 Brian Fagan, *Before California: An Archaeologist Looks at Our Earliest Inhabitants* (Lanham, MD: Rowman & Littlefield, 2003); Jeanne Arnold and Michael Walsh, *California's Ancient Past: From the Pacific to the Range of Light* (Washington, DC: Society for American Archaeology, 2011).

2 Lynn H. Gamble, *First Coastal Californians* (Santa Fe, NM: School for Advanced Research, 2015), 这是一部供普通读者阅读的佳作。

3　Douglas J. Kennett and James P. Kennett, "Competitive and Cooperative Responses to Climatic Instability in Coastal Southern California," *American Antiquity* 65 (2000): 379–395. See also Douglas J. Kennett, *The Island Chumash: Behavioral Ecology of a Maritime Society* (Berkeley: University of California Press, 2005).

4　Lynn H. Gamble, *The Chumash World at European Contact* (Berkeley: University of California Press, 2011).

5　Frances Joan Mathien, *Culture and Ecology of Chaco Canyon and the San Juan Basin* (Santa Fe, NM: National Park Service, 2005). See also Gwinn Vivian, *Chacoan Prehistory of the San Juan Basin* (New York: Academic Press, 1990).

6　描述查科供普通读者阅读的作品：Brian Fagan, *Chaco Canyon: Archaeologists Explore the Lives of an Ancient Society* (New York: Oxford University Press, 2005)。关于该峡谷的近期研究成果的论文：Jeffrey J. Clark and Barbara J. Mills, eds., "Chacoan Archaeology at the 21st Century," *Archaeology Southwest* 32, nos. 2–3 (2018)。

7　Jill E. Neitzel, *Pueblo Bonito: Center of the Chacoan World* (Washington, DC: Smithsonian Books, 2003). See also Timothy R. Pauketat, "Fragile Cahokian and Chacoan Orders and Infrastructures," in *The Evolution of Fragility: Setting the Terms*, ed. Norman Yoffee (Cambridge, UK: McDonald Institute for Archaeological Research, 2019), 89–108.

8　Vernon Scarborough et al., "Water Uncertainty, Ritual Predictability and Agricultural Canals at Chaco Canyon, New Mexico," *Antiquity* 92, no. 364 (August 2018): 870–889.

9　Douglas L. Kennett et al., "Archaeogenomic Evidence Reveals Prehistoric Patrilineal Dynasty," *Nature Communications* 8, no. 14115 (2017). doi: 10.1038/ncomms14115.

10　这一节参考的文献：David W. Stahle et al., "Thirteenth Century A.D.: Implications of Seasonal and Annual Moisture Reconstructions for Mesa Verde, Colorado," in Weiss, *Megadrought and Collapse*, 246–274。亦请参见Mark Varien et al., "Historical Ecology in the Mesa Verde Region: Results from the Village Ecodynamics Project," *American Antiquity* 72 (2007): 273–299。

11　关于卡霍基亚的文献资料极多。参见 Timothy R. Pauketat, *Cahokia: Ancient America's Great City on the Mississippi* (New York: Viking Penguin, 2009)，以

及同一作者的 *Ancient Cahokia and the Mississippians* (Cambridge: Cambridge University Press, 2004)。亦请参见 Timothy R. Pauketat and Susan Alt, eds., *Medieval Mississippians: The Cahokian World* (Santa Fe, NM: School of Advanced Research, 2015)；Pauketat, "Fragile Cahokian and Chacoan Orders and Infrastructures," 89–108。

12   A. J. White et al., "Fecal Stanols Show Simultaneous Flooding and Seasonal Precipitation Change Correlate with Cahokia's Population Decline," *Proceedings of the National Academy of Sciences* 116, no. 12 (2019): 5461–5466.

13   Samuel E. Munoz et al., "Cahokia's Emergence and Decline Coincided with Shifts of Flood Frequency on the Mississippi River," *Proceedings of the National Academy of Sciences* 112, no. 20 (2015): 6319–6327. See also Timothy R. Pauketat, "When the Rains Stopped: Evapotranspiration and Ontology at Ancient Cahokia," *Journal of Anthropological Research* 76, no. 4 (2020): 410–438.

14   A. J. White et al., "After Cahokia: Indigenous Repopulation and Depopulation of the Horseshoe Lake Watershed AD 1400–1900," *American Antiquity* 85, no. 2 (April 2020): 263–278.

第九章　消失的大城市（公元 802 年至 1430 年）

1   要想了解高棉文明的概况，请参见 Charles Higham, *The Civilization of Angkor* (London: Cassel, 2002)，或者 Michael D. Coe, *Angkor and the Khmer Civilization* (London and New York: Thames & Hudson, 2005)。亦请参见 Roland Fletcher et al., "Angkor Wat: An Introduction," *Antiquity* 89, no. 348 (2015): 1388–1401。

2   对最新研究的通俗论述，请参见 Brian Fagan and Nadia Durrani, "The Secrets of Angkor Wat," *Current World Archaeology* 7, no. 5 (2016):14–21。

3   关于在吴哥进行的激光雷达勘测：Damian Evans et al., "Uncovering Archaeological Landscapes at Angkor Using Lidar," *Proceedings of the National Academy of Sciences* 110 (2013): 12595–12600。

4   Roland Fletcher et al., "The Water Management Network of Angkor, Cambodia," *Antiquity* 82 (2008): 658–670.

5   本章的其余部分主要参考的文献是：Roland Fletcher et al., "Fourteenth to Sixteenth Centuries AD: The Case of Angkor and Monsoon Extremes in Mainland

Southeast Asia," in *Megadrought and Collapse: From Early Agriculture to Angkor*, ed. Harvey Weiss (New York: Oxford University Press, 2017), 275–313；此处引自其中的第 279 页。

6   P. D. Clift and R. A. Plumb, *The Asian Monsoon: Causes, History, and Effects* (Cambridge: Cambridge University Press, 2008).

7   对这种复杂的恶化过程的概述，见于 Fletcher, "Fourteenth to Sixteenth Centuries AD," 292–304。

8   B. M. Buckley et al., "Climate as a Contributing Factor in the Demise of Angkor, Cambodia," *Proceedings of the National Academy of Sciences* 107 (2010): 6748–6752. See also B. M. Buckley et al., "Central Vietnam Climate over the Past Five Centuries from Cypress Tree Rings," *Climate Dynamics Heidelberg* 48, nos. 11–12 (2017): 3707–3708.

9   关于丹达克洞穴（Dandak Cave）：A. Sinha et al., "A Global Context for Mega-droughts in Monsoon Asia During the Past Millennium," *Quaternary Science Reviews* 30 (2010): 47–62。关于万象洞的洞穴堆积物：R.-H Zhang et al., "A Test of Climate, Sun, and Culture Relationships from an 1810-Year Chinese Cave Record," *Science* 322 (2008): 940–942。

10   R. A. E. Coningham and M. J. Manson, "The Early Empires of South Asia," in *Great Empires of the Ancient World*, ed. T. Harrison (London and New York: Thames & Hudson, 2009), 226–249.

11   De Silva, K. M., *A History of Sri Lanka* (New Delhi: Penguin Books, 2005).

12   R. A. E. Coningham, *Anuradhapura: The British-Sri Lankan Excavations at Anuradhapura Salgaha Watta*. 3 vols. (Oxford, UK: Archaeopress for the Society for South Asian Studies, 1999, 2006, 2013).

13   Lisa J. Lucero, Roland Fletcher, and Robin Coningham, "From 'Collapse' to Urban Diaspora: The Transformation of Low-Density, Dispersed Agrarian Urbanism," *Antiquity* 89, no. 337 (2015): 1139–1154.

14   Mike Davis, *Late Victorian Holocausts: El Niño Famines and the Making of the Third World* (Brooklyn, NY: Verso Books, 2001).

15   Frederick Williams, *The Life and Letters of Samuel Wells Williams, MD: Missionary, Diplomatist, Sinologue* (New York: G. P. Putnam's Sons, Knickerbocker Press, 1889), 432.

第十章　非洲的影响力（公元前 1 世纪至公元 1450 年）

1　Mike Davis, *Late Victorian Holocausts: El Niño Famines and the Making of the Third World* (Brooklyn, NY: Verso Books, 2001), 201.

2　Davis, *Late Victorian Holocausts*, 201.

3　Brian Fagan, *Floods, Famines, and Emperors: El Niño and the Fate of Civilizations*. Rev. ed. (New York: Basic Books, 2009), 16. 阿布·扎伊德·艾尔赛拉菲（Abu Zayd al-Sirafi）是一名航海者。公元 916 年前后，他撰写了 *Accounts of China and India*, trans. Tim Macintosh-Smith (New York: New York University Press, 2017)。

4　Matthew Fontaine Maury, *Explanations and Sailing Directions to Accompany the Wind and Current Charts* (New York: Andesite Press, 2015)，初版于 1854 年。

5　Lionel Casson, *The Periplus Maris Erythraei: Text with Introduction, Translation, and Commentary* (Princeton, NJ: Princeton University Press, 1989). 关于古代红海航线的更多内容，请参见 Nadia Durrani, *The Tihamah Coastal Plain of South-West Arabia in Its Regional Context c.6000 BC–AD 600*. BAR International Series (Oxford: Archaeopress, 2005)。

6　文献资料浩如烟海，并且在迅速增加。优秀的概述，请参见 Timothy Insoll, *The Archaeology of Islam in Sub-Saharan Africa* (Cambridge: Cambridge University Press, 2003), 172–177。

7　Roger Summers, *Ancient Mining in Rhodesia and Adjacent Areas* (Salisbury: National Museums of Rhodesia, 1969), 218.

8　David W. Phillipson, *African Archaeology*, 3rd ed. (Cambridge: Cambridge University Press, 2010).

9　T. N. Huffman, "Archaeological Evidence for Climatic Change During the Last 2000 Years in Southern Africa," *Quaternary International* 33 (1996): 55–60.

10　后续各段主要参考的是 P. D. Tyson et al., "The Little Ice Age and Medieval Warming in South Africa," *South African Journal of Science* 96, no. 3 (2000): 121–125。

11　Peter Robertshaw, "Fragile States in Sub-Saharan Africa," in *The Evolution of Fragility: Setting the Terms*, ed. Norman Yoffee (Cambridge, UK: McDonald Institute for Archaeological Research, 2019), 135–160，对本节涉及的问题进行

了讨论。亦请参见 Matthew Hannaford and David J. Nash, "Climate, History, Society over the Last Millennium in Southeast Africa," *WIREs Climate Change* 7, no. 3 (2016): 370–392。

12 Graham Connah, *African Civilizations*, 3rd ed. (Cambridge: Cambridge University Press, 2015)，这是一部权威的概述之作。T. N. Huffman， "Mapungubwe and the Origins of the Zimbabwe Culture," *South African Archaeological Society Goodwin Series* 8 (2000): 14–29，从这篇文章开始了解相关问题会很有帮助；Robertshaw, "Fragile States in Sub-Saharan Africa" 和 Tyson et al., "The Little Ice Age and Medieval Warming in South Africa" 两篇论文则提供了最新的信息。

13 Peter S. Garlake, *Great Zimbabwe* (London: Thames & Hudson, 1973)，此书尽管有点过时，但仍属基础文献。Robertshaw, "Fragile States in Sub-Saharan Africa" 一文参考了许多最近的研究。

14 相关讨论见 Tyson et al., "The Little Ice Age and Medieval Warming in South Africa"。

第十一章　短暂的暖期（公元 536 年至 1216 年）

1 凯撒里亚的普罗科匹厄斯（Procopius of Caesarea，约 500—约 570）是拜占庭的一位希腊学者兼律师，曾大力批评过查士丁尼一世皇帝。此人的《查士丁尼战争史》（*History of the Wars*）是记载 6 世纪早期诸事件和 "查士丁尼瘟疫" 的宝贵资料。Procopius, *History of the Wars* (Cambridge, MA: Loeb Classical Library, 1914), IV, xiv, 329.

2 Michael McCormick, Paul Edward Dutton, and Paul A. Mayewski, "Volcanoes and the Climate Forcing of Carolingian Europe, A.D. 750–950," *Speculum* 82 (2007): 865–895，此文是论述这一时期的气候以及火山喷发与气候之间关系的基本资料，我们在很大程度上参考了这篇论文。

3 巴塞洛缪·安格利库斯（Bartholomeus Anglicus，约 1203—1272）通常被称为 "英国人" 巴塞洛缪，是一位方济各会学者兼教会官员。他的 19 卷本《万物本性》（*De proprietatibus rerum*）一书是现代百科全书的前身，曾经广为传阅。此书论述的主题范围广泛，包括上帝和动物。

4 Ulf Büntgen and Nicola Di Cosmo, "Climatic and Environmental Aspects of the Mongolian Withdrawal from Hungary in 1242 CE," *Nature Scientific Reports* 6

(2016): 25606.

5   Hubert Lamb, *Climate, History and the Modern World*, 2nd ed. (Abingdon, UK: Routledge, 1995)，它是了解兰姆作品的优秀指南。至于"中世纪气候异常期"，请参见他的 "The Early Medieval Warm Epoch and Its Sequel," *Palaeogeography, Palaeoclimatology, Paleoecology* 1 (1965): 13–37。

6   Michael Mann et al., "Global Signatures and Dynamical Origins of the Little Ice Age and the Medieval Climate Anomaly," *Science* 326 (2009): 1256–1260.

7   Ulf Büntgen and Lena Hellman, "The Little Ice Age in Scientific Perspective: Cold Spells and Caveats," *Journal of Interdisciplinary History* 44 (2013): 353–368. Sam White, "The Real Little Ice Age," *Journal of Interdisciplinary History* 44, no. 3 (winter 2014): 327–352，其中也提供了一些重要的见解。宾特根与赫尔曼强调说，这一切煞费苦心的研究都只是暂时的，因为许多高度技术性的问题还有待解决。其中的核心问题，就在于需要有可靠的仪器测量网络，来校准精心搜集与精确断代的替代指标资料。然而大致来看，现有的研究至少提供了气候变化的总体印象，比早期的研究要精确多了。未来的气候变化情况将变得更加精确，因为其中很大一部分将来自极其复杂、有时甚至非常深奥且掌握在专家手中的统计计算。不过，对于中世纪的气候及其变迁，我们了解的情况已经比短短几年之前都要丰富得多了。

8   Ulf Büntgen et al. "Tree-ring Indicators of German Summer Drought over the Last Millennium," *Quaternary Science Reviews* 29 (2010): 1005–1016.

9   论述中世纪农业的文献资料有很多。Grenville Astill and John Langdon, eds., *Medieval Farming and Technology: The Impact of Agricultural Change in Northwest Europe* (Leiden: Brill, 1997)，是一部重要的概述之作。

10   马姆斯伯里的威廉（William of Malmesbury，约 1096—1143）是英格兰西南部的一位修士，也是一位备受推崇的历史学家，地位仅次于"尊者比德"（Venerable Bede）。他的《历史小说》（*Historia Novella*）第 5 卷（Book Ⅴ）描述了当时的葡萄园。

11   参考的是 Hubert Lamb, *Climate, History and the Modern World* (London: Methuen, 1982), 169–170。

12   William Chester Jordan, *The Great Famine* (Princeton, NJ: Princeton University Press, 1996)，对那场饥荒进行了最权威的描述，我们在这里也主要参考了这部作品。亦请参见 William Rosen, *The Third Horseman: Climate Change*

and the Great Famine of the 14th Century (New York: Viking, 2014)。

13   本 段 引 文 来 源：Abbott of St. Vincent: Martin Bouquet et al., eds., *Recueil des historiens des Gaules et de la France*, 21:197。From Jordan, *The Great Famine*, 18.

14   本段参考了 Rosen, *The Third Horseman*, 149–151。

15   Wendy R. Childs, ed. and trans., *Vita Edwardi Secundi: The Life of Edward II* (New York: Oxford University Press, 2005), 111.

16   C. A. Spinage, *Cattle Plague: A History* (New York: Springer, 2003).

第十二章   "新安达卢西亚"与更远之地（公元 **1513** 年至今）

1   对于古代北欧人在格陵兰岛定居以及随后越过大洋前往北美洲的航海活动，人们已经进行了深入的研究，其中包括丹麦考古学家在格陵兰岛进行的出色发掘工作。参见 Kristen A. Seaver, *The Frozen Echo: Greenland and the Exploration of North America, ca. A.D. 1000–1500* (Stanford, CA: Stanford University Press, 1996)。至于兰塞奥兹牧草地，参见 Helga Ingstad, ed., *The Norse Discovery of America* (Oslo: Norwegian University Press, 1985)。人们一直在质疑，兰塞奥兹牧草地究竟是不是埃里克过冬的地方。这一争议尚未解决。

2   Nicolás Young et al., "Glacier Maxima in Baffin Bay During the Medieval Warm Period Coeval with Norse Settlement," *Science Advances* 1, no. 11 (2015). doi: 10.1126/sciadv.1500806.

3   Brian Fagan, *Fish on Fridays: Feasting, Fasting, and the Discovery of the New World* (New York: Basic Books, 2006)，其中进行了综合论述。

4   Sam W. White, *A Cold Welcome: The Little Ice Age and Europe's Encounter with North America* (Cambridge, MA: Harvard University Press, 2017)，此书是关于这一主题的权威资料。在撰写本章余下的内容时，我们在很大程度上也参考了此书。

5   White, *A Cold Welcome*, 9–19，怀特在书中此部分论述了气候。亦请参见 Karen Kupperman, "The Puzzle of the American Climate in the Early Colonial Period," *American Historical Review* 87 (1982): 1262–1289。

6   Anne Lawrence-Mathers, *Medieval Meteorology: Forecasting the Weather from Aristotle to the Almanac* (Cambridge: Cambridge University Press, 2019).

7   White, *A Cold Welcome*, 28–47，怀特在书中此部分有全面的论述。

8   White, *A Cold Welcome*, 31–32.

9   本段中的引文源自 White, *A Cold Welcome*, 38, 41。

10   关于罗阿诺克: Karen Kupperman, *Roanoke: The Abandoned Colony* (Lanham, MD: Rowman & Littlefield, 2007)。

11   David W. Stahle et al., "The Lost Colony and Jamestown Droughts," *Science* 280, no. 5363 (1998): 564–567.

12   Richard Halkuyt, *Voyages and Discoveries: The Principal Navigations, Voyages, Traffiques and Discoveries of the English Nation*, ed. Jack Beeching. Reissue ed. (New York: Penguin, 2006). . See also White, *A Cold Welcome*, 103–108.

13   转引自 White, *A Cold Welcome*, 105。

14   关于詹姆斯敦的这一节, 参考了 White, *A Cold Welcome*, chap. 6。亦请参见 Karen Kupperman, *The Jamestown Project* (Cambridge, MA: Harvard University Press, 2007), 以 及 James Horn, *A Land as God Made It: Jamestown and the Birth of America* (New York: Basic Books, 2005)。

15   Stahle et al., "The Lost Colony and Jamestown Droughts", 说明了树木年轮方面的研究情况。亦请参见 T. M. Cronin et al., "The Medieval Climate Anomaly and Little Ice Age in Chesapeake Bay and the North Atlantic Ocean," *Palaeogeography, Palaeoclimatology, Paleoecology* 297 (2010): 299–310。

16   Karen Kupperman, "Apathy and Death in Early Jamestown," *Journal of American History* 66 (1979): 24–40.

17   Helen C. Rountree, *The Powhatan Indians of Virginia: Their Traditional Culture* (Norman: University of Oklahoma Press, 1989), 这本书是一份重要的参考资料。

18   这个方面的文献资料正在快速增加。其中的概述之作, 请参见 Martin Gallivan, "The Archaeology of Native Societies in the Chesapeake: New Investigations and Interpretations," *Journal of Archaeological Research* 19 (2011): 281–325。

19   Helen C. Rountree, *Pocahontas, Powhatan, Opechancanough: Three Indian Lives Changed by Jamestown* (Charlottesville: University of Virginia Press, 2005), 64.

20   William M. Kelso, *Jamestown: The Truth Revealed* (Charlottesville: University of Virginia Press, 2018).

21　努纳勒克因近期的考古发掘才为世人所知：Paul M. Ledger et al., "Dating and Digging Stratified Archaeology in Circumpolar North America: A View from Nunalleq, Southwestern Alaska," *Arctic* 69, no. 4 (2019): 278–390. 亦请参见 Charlotta Hillerdal, Rick Knecht, and Warren Jones, "Nunalleq: Archaeology, Climate Change, and Community Engagement in a Yup'ik Village," *Arctic Anthropology* 56 (2019): 18–38。

22　Gideon Mailer and Nicola Hale, *Decolonizing the Diet: Nutrition, Immunity, and the Warning from Early America* (New York: Anthem Press, 2018)，它是对这一新兴研究领域进行概述的一部有益之作。

23　A. Park Williams et al., "Large Contribution from Anthropogenic Warming to an Emerging North American Megadrought," *Science* 368, no. 6488 (2020): 314–318。供一般读者阅读的概述之作，请参见 David W. Stahle, "Anthropogenic Megadrought," *Science* 368, no. 6488 (2020): 238–239。

第十三章　冰期重来（约公元 **1321** 年至 **1800** 年）

1　Hubert Lamb and Knud Frydendahl, *Historic Storms of the North Sea, British Isles, and Northwestern Europe* (Cambridge: Cambridge University Press, 1991)，这是一项出色的研究，说明了"大曼德雷克"和其他风暴背后的气象状态。引自第 93 页。

2　Ole J. Benedictow, *The Black Death, 1346–1353: The Complete History* (Woodbridge, UK: Boydell & Brewer, 2006).

3　M. Harbeck et al., "Distinct Clones of Yersinia pestis Caused the Black Death," *PLOS Pathology* 9, no. 5 (2013): c1003349.

4　Boris V. Schmid et al., "Climate-Driven Introduction of the Black Death and Successive Plague Reintroductions into Europe," *Proceedings of the National Academy of Sciences* 112, no. 10 (2015): 3020–3025.

5　François Matthes, "Report of Committee on Glaciers," *Transactions of the American Geophysical Union* 20 (1939): 518–523.

6　近年来，环境史学家对"小冰期"极其关注，故如今有丰富的历史资料，其中大部分都集中于 16 世纪与 17 世纪。我们尤其推荐这两部著作：Philipp Blom, *Nature's Mutiny: How the Little Ice Age of the Long Seventeenth Century*

Transformed the West and Shaped the Present (New York: W. W. Norton, 2020)，以及 Dagmar Degroot, *The Frigid Golden Age: Climate Change, the Little Ice Age, and the Dutch Republic, 1560–1720* (Cambridge: Cambridge University Press, 2018)。亦请参见 Geoffrey Parker, *Global Crisis: War, Climate Change and Catastrophe in the Seventeenth Century* (New Haven, CT: Yale University Press, 2013)。至于冰雪频现和"小冰期"的开始，请参见 Martin M. Miles et al., "Evidence for Extreme Export of Arctic Sea Ice Leading the Abrupt Onset of the Little Ice Age," *Science Advances* 6, no. 38 (2020). doi.10.1126/sciadv.aba4320。

7　沙勒的话转引自 Blom, *Nature's Mutiny*, 30–31。

8　描述来自 Blom, *Nature's Mutiny*, 39–40。

9　Dagmar Degroot, *The Frigid Golden Age*，是这一节参考的权威资料。

10　Dagmar Degroot, *The Frigid Golden Age*, 130.

11　相关论述见 Dagmar Degroot, *The Frigid Golden Age*, 130–149。

12　荷兰工程师科尼利厄斯·费尔默伊登（Cornelius Vermuyden，1595—1677）曾在英格兰的数个地区兴建排水工程，其中还包括英格兰东部的沼泽。在人们开始使用蒸汽泵之前，他的努力只取得了一定程度的成功。

13　罗伯特·贝克维尔（Robert Bakewell，1725—1795）是一位农学家，长于畜牧，尤其是绵羊的畜牧。他曾给牧场施肥，以改良牧草。他饲养的绵羊盛产羊毛，被出口到远至澳大利亚和新西兰这样的地方，同时他也是第一个饲养牛来获得牛肉的人，这种牛的体重在 18 世纪翻了一倍多。

14　威廉·德勒姆（William Derham，1657—1735）曾是距伦敦不远的阿普敏斯特的教区牧师。此人酷爱数学、哲学和科学，发明了最早的以合理方式精准测量声速的办法。引自 "Observations upon the Spots That Have Been upon the Sun, from the Year 1703 to 1711. with a Letter of Mr. Crabtrie, in the Year 1640. upon the Same Subject. by the Reverend Mr William Derham, F. R. S," *Philosophical Transactions of the Royal Society* 27 (1711): 270。

15　供普通读者阅读的关于太阳活动极小期的概述，请参见 Dagmar Degroot, *The Frigid Golden Age*, 30–49。

16　J.-C. Thouret et al., "Reconstruction of the AD 1600 Huaynaputina Eruption Based on the Correlation of Geological Evidence with Early Spanish Chronicles," *Journal of Vulcanology and Geothermal Research* 115, nos. 3–4 (2002): 529–570.

17　Gary K. Waite, *Eradicating the Devil's Minions: Anabaptists and Witches in*

Reformation Europe, 1525–1600 (Toronto: University of Toronto Press, 2007).

18　本节主要参考了 Degroot, *The Frigid Golden Age*, chaps. 2 and 3。关于荷兰东印度公司的部分见该书第 81 页至第 108 页。

第十四章　可怕的火山喷发（公元 **1808** 年至 **1988** 年）

1　弗朗西斯科·何塞·德卡尔达斯（Francisco José de Caldas）在 1805 年至 1810 年曾任哥伦比亚波哥大天文台的台长一职。引自 A. Guevara-Murua et al., "Observations of a Stratospheric Aerosol Veil from a Tropical Volcanic Eruption in December 1808: Is This the 'Unknown' ~1809 Eruption?" *Climate of the Past Discussions* 10, no. 2 (2014): 1901。这桩神秘的火山喷发事件究竟发生在 1808 年末还是 1809 年，如今仍然存有争议。

2　Stefan Brönnimann et al., "Last Phase of the Little Ice Age Forced by Volcanic Eruptions," *Nature Geoscience* 12 (2019): 650–656.

3　此处我们参考了 Gillen D'Arcy Wood, *Tambora: The Eruption That Changed the World* (Princeton, NJ: Princeton University Press, 2014)，这是描述那次火山喷发的一部优秀的通俗作品；还有 William Klingaman and Nicholas P. Klingaman, *The Year Without Summer: 1816 and the Volcano That Darkened the World and Changed History* (New York: St. Martin's Press, 2013)。

4　Miranda Shelley, *Mary Shelley* (London: Simon & Schuster, 2018).

5　卡尔·弗赖尔·冯·德莱斯（Karl Freiherr von Drais, 1785—1851）是一位多产的发明家，他不但发明了脚踏车，还在 1821 年发明了最早的带有键盘的打字机，甚至发明了用脚来蹬踩的人力轨道车，即如今轨道手摇车的前身。1848 年，作为对法国大革命一种迟到的致敬，他放弃了自己的贵族头衔，去世时身无分文。

6　John D. Post, *The Last Great Subsistence Crisis in the Western World* (Baltimore: John Hopkins University Press, 1977)，是一份权威的参考资料。

7　关于爱尔兰的饥荒，见 Wood, *Tambora*, chap. 8。

8　Christopher Hamlin, *Cholera: The Biography* (New York: Oxford University Press, 2008)，是一部标准的作品。

9　引自 Wood, *Tambora*, 97。此书第 5 章中描述了云南发生的一些事件，我们的论述便是以此为基础的。

10   本段参考了 Wood, *Tambora*, chap. 9。

11   Thomas Jefferson, *Notes on the State of Virginia* (Chapel Hill: University of North Carolina Press, 2006). 1784 年初版于巴黎。

12   Thomas H. Painter et al., "End of the Little Ice Age in the Alps Forced by Industrial Black Carbon," *Proceedings of the National Academy of Sciences* 110, no. 38 (2013): 15216–15221.

13   Richard H. Grove, *Ecology, Climate, and Empire: Colonialism and Global Environmental History, 1400–1940* (Cambridge, UK: White House Press, 1997).

14   *Rodney and Otamatea Times, Waitemata and Kaipara Gazette*, August 14, 1912.

15   Peter Brimblecombe, *The Big Smoke: A History of Air Pollution in London Since Medieval Times* (Abingdon, UK: Routledge, 1987). See also Stephen Halliday, *The Great Stink of London: Sir Joseph Bazalgette and the Cleansing of the Victorian Metropolis* (Stroud, UK: Sutton, 2001).

16   C. S. Zerefos et al., "Atmospheric Effects of Volcanic Eruptions as Seen by Famous Artists and Depicted in Their Paintings," *Atmospheric Chemistry and Physics* 7, no. 15 (2007): 4027–4042; Hans Neuberger, "Climate in Art," *Weather* 25, no. 2 (1970): 46–56.

17   James Hanson, congressional testimony, June 23, 1988.

第十五章　回到未来（今天与明天）

1   Raphael Meukom et al., "No Evidence for Globally Coherent Warm and Cold Periods over the Preindustrial Common Era," *Nature* 571 (2019): 550–554.

2   "过去有如他乡"（"The past is a foreign country"）：L. P. Hartley, *The Go Between* (New York: New York Review Book Classics, 2011)。David Lowenthal, *The Past Is a Foreign Country*, 2nd ed. (Cambridge: Cambridge University Press, 2015)，是最近对这个主题进行讨论的一部作品。

3   要想了解全球变暖的方方面面与潜在的解决之道，最有效的办法就是参见 Paul Hawken, ed., *Drawdown: The Most Comprehensive Plan Ever Proposed to Reverse Global Warming* (New York: Penguin Books, 2017)。这部非凡之作中的论文，提供了一些观点与可能的解决办法；它们虽说有时极其简单，但总是具有前瞻性。